中等职业学校教学用书

Access 2010 项目教程

主　编　赵增敏　李　娴　余晓霞
副主编　宋晓丽　刘　颖　黄山珊

电子工业出版社

Publishing House of Electronics Industry

北京 · BEIJING

内 容 简 介

本书根据教育部颁发的《中等职业学校专业教学标准（试行）信息技术类（第一辑）》中的相关教学内容和要求编写。本书的编写从满足经济发展对高素质劳动者和技能型人才的需求出发，在课程结构、教学内容、教学方法等方面进行了新的探索与改革创新，以利于学生更好地掌握本课程的内容，利于学生理论知识的掌握和实际操作技能的提高。

本书结合学生成绩管理系统和进销存管理系统的开发，采用"项目引领"和"任务驱动"的教学方式，详细地介绍了 Access 2010 数据库基础知识、数据库的设计与实现、查询的创建和应用、窗体的创建和应用、报表的创建和应用、宏的创建和应用，以及进销存管理系统开发等内容。全书内容通俗易懂，紧密联系编程实际，具有良好的可操作性。

本书可作为各种 Access 数据库应用培训机构的教材，还可供需要提高自己计算机应用技能的广大计算机爱好者使用。本书配有教学指南、电子教案和案例素材，详见前言。

图书在版编目（CIP）数据

Access 2010 项目教程/赵增敏，李娴，余晓霞主编. —北京：电子工业出版社，2016.8

中等职业学校教学用书

ISBN 978-7-121-29630-7

Ⅰ. ①A… Ⅱ. ①赵… ②李… ③余… Ⅲ. ①关系数据库系统－中等专业学校－教材 Ⅳ. ①TP311.138

中国版本图书馆 CIP 数据核字（2016）第 185785 号

策划编辑：关雅莉

责任编辑：关雅莉 特约编辑：孔晓慧
印　　刷：涿州市京南印刷厂
装　　订：涿州市京南印刷厂
出版发行：电子工业出版社
　　　　　北京市海淀区万寿路 173 信箱　邮编　100036
开　　本：787×1 092　1/16　印张：21　字数：537.6 千字
版　　次：2016 年 8 月第 1 版
印　　次：2016 年 8 月第 1 次印刷
定　　价：39.80 元

凡所购买电子工业出版社图书有缺损问题，请向购买书店调换。若书店售缺，请与本社发行部联系，联系及邮购电话：（010）88254888，88258888。

质量投诉请发邮件至 zlts@phei.com.cn，盗版侵权举报请发邮件至 dbqq@phei.com.cn。

服务热线：（010）88254617，luomn@phei.com.cn。

前言

　　本书根据教育部颁发的《中等职业学校专业教学标准（试行）信息技术类（第一辑）》中的相关教学内容和要求编写。本书的编写从满足经济发展对高素质劳动者和技能型人才的需求出发，在课程结构、教学内容、教学方法等方面进行了新的探索与改革创新，以利于学生更好地掌握本课程的内容，利于学生理论知识的掌握和实际操作技能的提高。

　　在编写过程中，编者力求使本书突出以下特色。

　　1. 内容先进。本书选择 Access 2010 作为蓝本来讲述本课程。Access 2010 是 Access 数据库管理软件的新版本，它秉承了以前版本的功能强大、界面友好、容易上手等优点，同时也发生了很大变化，这些变化主要体现在用户界面、文件格式、网络访问功能、新的数据类型、格式文本的存储、表和窗体的设计方法、宏功能的增强以及安全性的提高等方面。通过使用 Access 2010，无须掌握很深的数据库知识，即可轻松创建富有吸引力和功能性的跟踪应用程序，并使数据库应用程序和报告适应不断变化的业务需求。

　　2. 知识实用。本书不仅讲述数据库的基本知识和基本操作技能，还注意介绍应用开发中经常用到的一些技巧，这些技巧稍加修改即可应用于自己的开发实践中。在讲解各类 Access 数据库对象时，突出了宏对象在各类对象之间的组织和协调作用，尤其强调了嵌入宏在窗体设计中的应用。

　　3. 突出实践。本书以"学生成绩管理系统"为主线、通过一系列具有很强实用性的任务来讲述本课程，使学生在动手操作的过程中掌握数据库应用开发的相关知识和技能。每个任务所涉及的内容与学生关系密切，有助于激发学生的学习兴趣和提高学生学习的主动性。前 5 个项目中分别创建了"学生成绩管理系统"所需要的各种数据库对象，到项目 6 即可完成整个系统的开发和集成。为了进一步提高学生的数据库应用开发能力，项目 7 按照软件开发的流程，从需求分析和数据库设计开始，一直到各个系统功能模块的实现和系统集成，一步一步地完成了"进销存管理系统"开发的完整过程，该项目可以作为课程设计的教学内容。

　　4. 结构合理。本书采用了"项目引领"和"任务驱动"的教学方法，每个项目的开始首先明确提出本项目的学习目标，继而通过一系列任务来展开本项目的教学内容，每个任务包括"任务描述"、"实现步骤"以及"知识与技能"等环节；通过丰富的任务来模拟数据库应用开发的场景，并通过这些任务的分析和实现过程，深入浅出、循序渐进地引导读者学习和掌握本课程的知识体系。每个项目后均附有项目小结、项目思考和项目实训。

　　本书包含 7 个项目。项目 1 介绍使用 Access 2010 所需的基础，讲述 Access 2010 新的用户界面，并介绍 Access 数据库中包含的各类对象；项目 2 讲述数据库的设计与实现，主要包括设计和创建数据库、在数据表视图中创建表、在表中添加现有字段、使用设计视图创建表、通过导入数据创建表、设置查阅字段列、设置字段的输入掩码和有效性规则、在表中添加和编辑记录以及在表之间建立关系；项目 3 介绍查询的创建和应用，主要包括创建选择查询、通过搜索条件筛选记录、创建多表查询、在查询中进行计算、创建参数查询、创建交叉表查询、创建子查询、通过追加查询添加记录、通过更新查询修改记录以及通过删除查询删除记录；项目 4 讲述窗体的创建和应用，主要包括使用窗体工具创建窗体、使用多项目工具创建窗体、使用分割窗体工具创建窗体、使用窗体向导创建窗体、使用数据透视表工具创建窗体、使用数据透视图创建窗体、使用空白窗体工具创建窗体、使用设计视图创建窗体、创建主/子窗体组合、创建多页窗体、创建导航窗体以及创建切换面板窗体；项目 5 讨论报表的创建和应用，主要使用报表工具创建报表、使用报表向导创建报表、使用标签向导创建报表、使用空白报表工具创建报表、使用设计视图创建报表、创建分组汇总报表、创建和使用子报表、创建包含图表的报表以及预览和打印报表；项目 6 介绍宏的创建和应用，主要包括通过宏打开数据库对象、实现记录操作、实现窗体查询、通过自动运行宏实现密码验证、通过宏导出子窗体数据、宏邮寄报表数据以及通过宏实现系统集成；项目 7 讲述进销存管理系统开发，主要任务包括设计和实现数据库、实现用户注册及权限管理功能、实现进销存数据管理功能以及集成进销存管理系统。书中用到的一些公司名、人名、电话号码和电子邮件地址均为虚构，如有雷同，实属巧合。

本书由赵增敏、李娴、余晓霞任主编，宋晓丽、刘颖、黄山珊任副主编。全书由赵增敏统稿。参加本书编写、程序测试和文字录入的还有吴洁、余霞、卢捷、王亮、彭辉、段丽霞、朱粹丹、赵朱曦、郭宏等，在此一并致谢。

由于编者水平所限，书中疏漏和错误之处在所难免，欢迎广大读者提出宝贵意见。

为了方便教师教学，本书还配有教学指南、电子教案和习题答案（电子版）。请有此需要的教师登录华信教育网（www.huaxin.edu.cn 或 www.hxedu.com.cn）免费注册后进行下载，有问题时请在网站留言板留言或与电子工业出版社联系（E-mail：hxedu@phei.com.cn）。

编　者

2016 年 7 月

目 录

走进 Access 2010

项目描述

　　Access 2010 是 Microsoft Office 2010 办公软件的一个重要组成部分，是一个关系数据库管理系统，具有功能强大、易学好用、方便快捷、扩展性强以及安全可靠等特点。Access 2010 是一款优秀的桌面数据库管理系统，非常适合于开发中小型信息管理系统，广泛应用于账务、行政、金融、统计以及审计等领域。通过本项目将学习 Access 2010 的基础知识，主要包括数据库的基本概念、Access 2010 用户界面以及 Access 数据库构成部件等。

项目目标

　　（1）理解数据库的基本概念
　　（2）掌握启动和退出 Access 2010 的方法
　　（3）初步了解 Access 2010 用户界面
　　（4）初步了解 Access 数据库的构成部件

任务 1.1　理解数据库

➤ 任务描述

　　Access 2010 是一个关系数据库管理软件，使用它可以开发中小型信息管理系统，用于存储、查询、更新、分析和输出数据。那么，什么是数据库？什么是关系数据库？什么是数据库管理系统？如何使用 Access 2010 设计和开发出一个实用的数据库管理系统，了解数据库的基础理论是非常必要的。本任务就来介绍与数据库相关的一些基本概念。

➤ 知识与技能

　　学习使用 Access 2010 之前，应首先了解以下基本概念。

1. 数据库

　　在实际工作中，人们往往使用文字处理程序或电子表格中的表格来处理数据。但是，随着该表格逐渐变大，数据就会开始出现一些冗余或不一致，表格形式的数据变得难以理解，而且搜索或提取部分数据以进行查看的方法也有限。一旦开始出现这些问题，最好将数据转移到数据库中，通过数据库来组织和管理数据。

　　数据库可以使用数据库管理系统（例如 Access 2010）来创建。数据库可以看成是与特定主题或用途相关的数据和对象的集合，在数据库中可以存储有关人员、产品、订单或其他任何内容的信息。数据库是一种用于收集和组织信息的工具，可以用来搜索、排序和重新组织数据。按照所使用的数据模型，数据库可分为网状数据库、层次数据库和关系数据库。

2. 关系数据库

按照关系模型创建的数据库称为关系数据库。本书中将要介绍的 Access 数据库就是一种关系数据库。此外，目前比较流行的 Visual FoxPro、SQL Server、Sybase、MySQL、Oracle、DB2 数据库等也都属于关系数据库。

一个关系数据库可以包含多个表。每个表用于存储某个特定主题的数据。一个表由一些行和列组成，表中的一列称为一个字段，每个字段用于存储某种特性的数据；表中的一行称为一条记录，每条记录包含表中一项的相关信息。一条记录中各个字段可能具有不同的数据类型，但所有记录同一字段的数据类型一定是相同的。

在同一个数据库中，可以通过公用字段在相关表之间建立关系，以达到存储和查询各种信息的目的。

3. 数据库管理系统

数据库管理系统就是用于管理数据库的软件，它提供用户与数据库之间的操作界面，让用户可以方便地创建和管理数据库。数据库管理系统通常具有数据定义、数据处理和数据安全等方面的功能。

Access 2010 是一个运行于 Windows 操作系统平台上的关系数据库管理系统。在 Access 2010 中，不仅可以在数据表中定义主关键字和外部关键字，也可以对数据实施完整性规则和有效性规则；不仅可以使用附件数据类型字段和多值字段，也可以在备注字段中存储格式文本，此外还提供了更加可靠的安全系统。

为了便于用户创建和管理数据库，Access 2010 提供了各种方便易用的基本工具，包括表设计器、窗体设计器、查询设计器、报表设计器、宏生成器以及代码编辑器等。利用 Access 2010 可以管理文本、数字、图片、声音以及动画等各种类型的数据，还可以使用多种方式对这些数据进行筛选、分类和检索；在 Access 2010 中，既可以通过窗体来查看数据库中的数据，也可以通过报表将数据按照指定的格式打印出来。

一般情况下，Access 数据库会将自身的表与其他对象（例如查询、窗体、报表、宏和模块）一起存储在单个文件中。

使用 Access 2010 数据库管理系统，可以执行以下操作。

（1）向数据库中添加新数据，例如学生表的新生记录或商品表中的商品记录；
（2）编辑数据库中的现有数据，例如更改学生某门课程的成绩或某个商品的进货记录；
（3）删除信息，如果某学生已退学或某商品已停止销售，则应删除相关信息；
（4）以不同的方式组织和查看数据；
（5）通过报表、电子邮件、Intranet 或 Internet 与他人共享数据。

4. 数据库系统

一个完整的数据库系统由 5 个部分组成，即计算机硬件系统、数据库、数据库管理系统、数据库应用程序以及用户。

计算机硬件系统是运行任何数据库软件的物质基础。例如，数据库是以文件形式存储在计算机硬盘上的数据集合，用户通过键盘向数据库中添加数据，并通过显示器查看数据库中存储的数据。

以 Access 2010 格式创建的数据库使用 Access 2007 格式，其文件扩展名为.accdb。也可以使用 Access 2010 以早期文件格式（如 Access 2000 和 Access 2002–2003）来创建数据库文件。Access 数据库文件与 Access 应用程序关联。

数据库管理系统（例如 Access 2010）用于描述、管理和维护数据库，该系统运行于计算机操作系统之上，对数据库进行统一管理和控制。

数据库应用程序是使用数据库管理系统开发的应用程序（如学生成绩管理系统），通过它可以为用户提供信息服务，包括添加、修改、删除、查询数据、报表打印以及报表导出等。

用户是使用计算机硬件和数据库管理系统对数据库进行操作的各种人员，不同类别的用户通常拥有不同的数据访问权限。

任务 1.2　认识 Access 2010 用户界面

▶ 任务描述

与以前的 Access 版本相比，Access 2010 用户界面拥有一个全新的用户界面，这个新的用户界面经过广泛的研究和可用性测试，旨在简化查找所需命令的过程。在本任务中将基于模板创建一个名为"罗斯文"的 Access 数据库，并结合该数据库来认识 Access 2010 中新的用户界面元素，主要包括"文件"选项卡（Backstage 视图）、功能区、命令选项卡、上下文命令选项卡、快速访问工具栏、导航窗格、选项卡式文档、状态栏以及微型工具栏等。

▶ 实现步骤

下面首先在 Access 2010 中创建一个数据库，然后对 Access 2010 用户界面组成进行探讨。

1. 启动 Access 2010

要启动 Access 2010，可执行下列操作之一。

（1）在任务栏上单击"开始"按钮，然后选择"所有程序"→"Microsoft Office"→"Microsoft Access 2010"命令。

（2）通过打开 Access 数据库文件（*.accdb、*.mdb）启动 Access 2010。由于在安装过程中 Access 数据库文件与 Access 应用程序之间自动建立了关联，因此，当在 Windows 资源管理器中打开一个 Access 数据库文件时，也会启动 Access 2010，并打开选定的数据库文件。

2. 认识"可用模板"主页

启动 Access 2010 时将会出现如图 1.1 所示的"文件"选项卡，也称为 Backstage 视图。"可用模板"主页位于该选项卡中间，该页列出了当前在 Access 2010 中可以使用的模板。

在"可用模板"主页上，可以创建一个新的空数据库，或者通过模板创建数据库，也可以打开最近的数据库（如果之前已经打开某些数据库）；还可以直接转到 Microsoft Office Online，以了解有关 Microsoft Office 2010 和 Microsoft Access 2010 的详细信息。

图 1.1 "文件"选项卡

3. 创建"罗斯文"数据库

为了看到更多的用户界面元素，下面基于模板创建一个 Access 数据库，操作步骤如下。

（1）在"可用模板"主页上单击"样本模板"。

（2）在"样本模板"页上单击"罗斯文"模板。

（3）在右侧窗格中指定 Access 数据库文件名（例如"罗斯文.accdb"），单击 图标选择目标文件夹（例如"D:\Access 2010\项目 1\任务 1.1"），单击"创建"按钮，如图 1.2 所示。

图 1.2 创建"罗斯文"数据库

　　此时，将在指定位置上创建 Access 数据库并在其中创建表、查询、窗体以及报表等对象，然后打开该数据库，此时可以看到如图 1.3 所示的 Access 2010 用户界面。

①快速访问工具栏　　　②功能区　　　　　　　　　　　　　③导航窗格
④状态栏　　　　　　　⑤在工作区打开的窗体（启动屏幕）

图 1.3　Access 2010 用户界面

4. 功能区和命令选项卡

　　功能区提供了 Access 2010 中主要的命令界面，用来取代以前版本中的菜单和工具栏。功能区的主要优点之一是，它将通常需要使用菜单、工具栏、任务窗格以及其他用户界面组件才能显示的任务或入口点集中在一个地方。这样一来，只需在一个位置查找命令，而不用四处查找命令。当打开数据库时，功能区显示在 Access 2010 主窗口的顶部，它在此处显示了活动命令选项卡中的命令。

　　功能区由一系列命令选项卡组成。在 Access 2010 中，主要的命令选项卡包括"开始"、"创建"、"外部数据"和"数据库工具"。每个选项卡都包含多个命令组，这些命令组展现了一些命令和其他用户界面元素。若要隐藏功能区，可双击活动命令选项卡；若要重新显示功能区，可再次双击活动命令选项卡。若要激活某个活动命令选项卡，可单击该选项卡。

　　默认情况下，将显示"开始"命令选项卡，如图 1.4 所示。使用该选项卡可执行以下操作：选择不同的视图；从剪贴板复制和粘贴；设置当前的字体特性；设置当前的字体对齐方式；对备注字段应用格式文本格式；使用记录（刷新、新建、保存、删除、汇总、拼写检查及更多）；对记录进行排序和筛选；查找记录。

图 1.4　"开始"命令选项卡

　　"创建"命令选项卡如图 1.5 所示。在该选项卡中可执行以下操作：插入新的空白表；使用表模板创建新表；在 SharePoint 网站上创建列表，在链接至新创建的列表的当前数据库中创建表；在设计视图中创建新的空白表；基于活动表或查询创建新窗体；创建新的数据透视表或图表；基于活动表或查询创建新报表；创建新的查询、宏、模块或类模块。

图 1.5　"创建"命令选项卡

　　"外部数据"命令选项卡如图 1.6 所示。在该选项卡中可执行以下操作：导入或链接到外部数据；导出数据；通过电子邮件收集和更新数据；创建保存的导入和保存的导出；运行链接表管理器。

图 1.6　"外部数据"命令选项卡

　　"数据库工具"命令选项卡如图 1.7 所示。在该选项卡中可执行以下操作：将部分或全部数据库移至新的或现有 SharePoint 网站；启动 Visual Basic 编辑器或运行宏；创建和查看表关系；显示/隐藏对象相关性；运行数据库文档或分析性能；将数据移至 Microsoft SQL Server 或 Access（仅限于表）数据库；管理 Access 加载项；创建或编辑 Visual Basic for Applications (VBA) 模块。

图 1.7　"数据库工具"命令选项卡

　　除了通过鼠标单击选择所需的命令选项卡和相关命令之外，也可以在功能区中使用键盘快捷方式。操作方法是：按下并释放 Alt 键以显示键盘提示，然后按在所需命令选项卡上的或按离所需命令选项卡最近的键盘提示中显示的键，如图 1.8 所示。

图 1.8　使用键盘快捷方式

5. 上下文命令选项卡

除标准命令选项卡之外，在 Access 2010 中还可以使用一种称为"上下文命令选项卡"的新的用户界面元素。根据上下文（即进行操作的对象以及正在执行的操作）的不同，标准命令选项卡旁边可能会出现一个或多个上下文命令选项卡。

上下文命令选项卡包含在特定上下文中需要使用的命令和功能。例如，当在"设计"视图中打开一个窗体时会出现一个名为"设计"的上下文命令选项卡，单击"设计"选项卡时，功能显示仅当窗体处于设计视图时才能使用的命令，例如视图切换、窗体控件等，如图 1.9 所示。在"设计"选项卡右边还出现了"排列"和"格式"上下文命令选项卡。

图 1.9　在"设计"视图中打开窗体时出现的上下文命令选项卡

再如，如果在"设计"视图中打开一个表，则上下文选项卡中将包含仅在该视图中使用表时才能应用的命令，例如设计主键、插入行、删除行等，如图 1.10 所示。

图 1.10　在"设计"视图中打开表时出现的"设计"上下文命令选项卡

6. "文件"选项卡

当单击"文件"时，将会打开"文件"选项卡，使用该选项卡中的命令可以完成一些常见任务，例如新建文件、打开文件、保存文件以及设置 Access 选项等，如图 1.11 所示。

图 1.11　"文件"选项卡（Backstage 视图）

7. 快速访问工具栏

快速访问工具栏位于控制菜单图标 右侧，默认情况下该工具栏中包含"保存"、"撤消"和"恢复" 3 个命令按钮，如图 1.12 所示。根据需要，也可以在快速访问工具栏中添加其他命令按钮。操作方法是：单击快速访问工具栏右边的 按钮，然后从弹出菜单中选中要添加的命令。

图 1.12 快速访问工具栏

8. 导航窗格

当在 Access 2010 中打开数据库或创建新数据库时，数据库对象的名称将显示在导航窗格中，如图 1.13 所示。

数据库对象包括表、窗体、查询、报表、宏和模块。导航窗格将数据库对象划分为多个类别，各个类别中又包含多个组。某些类别是预定义的，也可以创建自己的自定义组。单击导航窗格上部的向下箭头 ，可以显示分组列表，如图 1.14 所示。

导航窗格取代了早期版本的 Access 中所用的数据库窗口。如果在以前版本中使用数据库窗口执行任务，那么现在可以在 Access 2010 中使用导航窗格来执行同样的任务。例如，如果要在数据表视图中向表中添加行，则可以从导航窗格中打开该表。

若要打开数据库对象或对数据库对象应用命令，可右键单击该对象，然后从上下文菜单中选择一个菜单项。上下文菜单中的命令因对象类型而不同。

若要打开数据库对象（例如表、窗体或报表），可执行下列操作之一。

（1）在导航窗格中双击对象。

（2）在导航窗格中选择对象，然后按 Enter 键。

（3）在导航窗格中右键单击对象，然后在上下文菜单中单击菜单项。

默认情况下，当在 Access 2010 中打开数据库时将显示导航窗格。默认情况下，通过设置程序选项可以阻止显示导航窗格。若要显示或隐藏导航窗格，可单击导航窗格右上角的按钮（ ）或按 F11 键。处于隐藏状态的导航窗格如图 1.15 所示。

图 1.13 导航窗格

图 1.14 对象分组

图 1.15 处于隐状态的导航窗格

9. 选项卡文档

在 Access 2010 中，可以使用选项卡式文档代替重叠窗口来显示数据库对象，如图 1.16 所示。为便于日常的交互使用，可能更愿意采用选项卡式文档界面。也可以通过设置 Access 选项来启用或禁用选项卡式文档。不过，如果要更改选项卡式文档设置，则必须关闭然后重新打开数据库，新设置才能生效。

图 1.16　选项卡式文档

10. 状态栏

与早期版本 Access 一样，在 Access 2010 中也会在窗口底部显示状态栏，如图 1.17 所示。使用状态栏可以显示状态消息、属性提示、进度指示等。在 Access 2010 中，状态栏也具有两项标准功能，即视图/窗口切换和缩放。

图 1.17　状态栏

使用状态栏上的可用控件可以在不同视图之间快速切换活动窗口。如果要查看支持可变缩放的对象，则可以使用状态栏上的滑块，调整缩放比例以放大或缩小对象。

11. 微型工具栏

在早期版本的 Access 中，设置文本格式通常需要使用菜单或显示"设置格式"工具栏。在 Access 2010 中可以使用微型工具栏更加轻松地设置文本格式。选择要设置格式的文本后，微型工具栏会自动出现在所选文本的上方，如图 1.18 所示。

图 1.18　微型工具栏

如果将鼠标指针靠近微型工具栏，则微型工具栏会渐渐淡入，而且可以用它来应用加粗、倾斜、字号、颜色等。如果将鼠标指针移开微型工具栏，则该工具栏会慢慢淡出。如果不想使用微型工具栏将文本格式应用于某项选择，只需要将指针移开一段距离，微型工具栏即会消失。

若要使用微型工具栏设置文本格式，可选择要设置格式的文本，此时微型工具栏将透明地显示在文本的上方，使用微型工具栏设置格式即可。

➤ 知识与技能

通过快捷方式启动 Access 2010 后，可以对快速访问工具栏进行自定义，也可以禁止显示导航窗格。

1. 创建 Access 2010 快捷方式

为了快速启动 Access 2010，也可以在 Windows 桌面、"开始"菜单或"快速启动"工具栏上创建 Access 2010 的快捷方式。

（1）若要在 Windows 桌面上创建快捷方式，可右键单击"开始"→"所有程序"→"Microsoft Office"→"Microsoft Access 2010"，然后选择"发送到"→"桌面快捷方式"。

（2）若要在"开始"菜单中创建快捷方式，可右键单击"开始"→"所有程序"→"Microsoft Office"→"Microsoft Access 2010"，然后选择"附加到「开始」菜单"。

（3）若要在快捷工具栏上创建快捷方式，可将桌面上的 Access 2010 快捷方式拖到屏幕左下角的快捷工具栏上。

2. 自定义快速访问工具栏

默认情况下，快速访问工具栏上仅显示 3 个常用命令，即"保存"、"撤消"和"恢复"。不过，也可以根据需要对快速访问工具栏进行自定义，方法是：单击该工具栏右侧的下拉箭头，然后从弹出菜单中选取要添加的命令（例如"新建"、"打开"等），如图 1.19 所示。

图 1.19　自定义快速访问工具栏

如果在弹出的菜单中找不到需要添加的命令，则可以通过"Access 选项"对话框来添加。为此，可单击"文件"选项卡，单击"选项"，以打开"Access 选项"对话框，单击"快速访问工具栏"，如图 1.20 所示，然后执行下列操作。

（1）若要向快速访问工具栏上添加命令，可从左侧的列表中选择要添加的一个或多个命令，然后单击"添加"按钮。

（2）若要从快速访问工具栏中删除命令，可在右侧的列表中单击该命令，然后单击"删除"按钮或者在列表中双击该命令。

（3）若要使快速访问工具栏显示在功能区的下方，可选中"在功能区下方显示快速访问工具栏"复选框。完成设置后单击"确定"按钮。

图 1.20 "Access 选项"对话框

3. 禁止显示导航窗格

默认情况下，当在 Access 2010 中打开数据库（包括使用 Access 早期版本创建的数据库）时，将会显示导航窗格。若要在默认情况下禁止显示导航窗格，可执行以下操作。

（1）单击"文件"，然后单击"选项"。

（2）当出现如图 1.21 所示的"Access 选项"对话框时，在左侧窗格中单击"当前数据库"，在"导航"下清除"显示导航窗格"复选框。

图 1.21 在默认情况下禁止显示导航窗格

（3）单击"确定"按钮。

任务 1.3　认识 Access 数据库对象

▶ 任务描述

在任务 1.2 中创建了"罗斯文"数据库，用于存储罗斯文贸易公司的各种信息，包括员工、客户、供应商、运货商、采购、库存以及订单等。由此可知，数据库就是一个与特定主题或用途相关的数据和对象的集合。在本任务中，将结合"罗斯文"数据库来了解一下 Access 数据库中包含哪些类型的数据库对象。

▶ 实现步骤

下面首先打开"罗斯文"数据库，然后查看其中包含的各种数据库对象。

（1）在 Access 2010 中单击"文件"，再单击"打开"命令，选择并打开"罗斯文"数据库。

（2）在导航窗格中选择"表"类别，双击"产品"表，如图 1.22 所示，在"数据表"视图中打开"产品"表，如图 1.23 所示。使用状态栏右端的按钮可在不同视图之间切换。

图 1.22　打开"产品"表　　　　　　　　图 1.23　浏览"产品"表中的数据

（3）在导航窗格中选择"窗体"类别，双击"采购订单明细"窗体，如图 1.24 所示，此时将在"窗体视图"中打开这个窗体，不仅可以查看和编辑供应商信息，也可以查看和编辑与该供应商相关的"采购订单明细"，如图 1.25 所示。

图 1.24　打开窗体　　　　　　图 1.25　查看"采购订单明细"窗体的运行结果

（4）在导航窗格中选择"查询"类别，双击"按员工和日期产品销售量"查询，如图 1.26 所示，则会在"数据表"视图中显示此查询的运行结果，看起来像表一样，如图 1.27 所示。

图 1.26　打开查询　　　　　　图 1.27　查看"按员工和日期产品销售量"查询的运行结果

（5）在导航窗格中选择"报表"类别，如图 1.28 所示，双击"前十个最大订单"报表，此时将在"报表视图"中打开这个报表，如图 1.29 所示。

图 1.28　打开报表　　　　　　图 1.29　查看"前十个最大订单"报表

（6）在导航窗格中选择"宏"类别，右键单击"删除所有数据"并选择"设计视图"，如图 1.30 所示，此时可在设计视图中打开宏对象，如图 1.31 所示。

图 1.30　打开宏　　　　　　图 1.31　查看宏对象设计

　　（7）在导航窗格中选择"模块"类别，双击"采购订单"模块，如图 1.32 所示，此时可以打开 VBA 编辑环境，在这里可以看数据库中包含的模块源代码，如图 1.33 所示。

图 1.32　打开模块　　　　　　　　　　　　　图 1.33　查看模块源代码

知识与技能

　　Access 2010 数据库可以包含 6 种类型的数据库对象，即表、查询、窗体、报表、宏和模块，这些对象也称为 Access 数据库的部件。若要查看某种类型的数据库对象，可单击导航窗格上部的向下箭头，选中"对象类型"和"所有 Access 对象"。当查看某种类型的对象时，首先在导航窗格中选择该对象类型，然后在某种视图中打开对象。

1. 表

　　表是数据库中最重要的基础对象，它包含数据库中的所有数据，其他数据库对象（例如查询和报表等）都是依赖于表而存在的。表是关于特定主题数据的集合，例如学生和成绩、作者和图书、产品和供应商等。为每个主题使用一个表，意味着用户只须存储一次数据，这样就不会发生冗余，并且减少了数据输入的出错概率。例如，当在数据库中存储有关教学管理的信息时，每个学生的信息只需要在专门设置为保存学生数据的表中输入一次，有关课程和成绩的数据将存储在其专用表中，有关教师的数据将存储在另外的表中。这个过程称为标准化。

　　数据库表在外观上与电子表格相似，因为二者都是以行和列存储数据。这样，通常可以将电子表格导入数据库表中。将数据存储在电子表格中与存储在数据库中的主要区别在于数据的组织方式不同。

　　表中的每一行称为一条记录，记录用来存储各条信息。每一条记录包含一个或多个字段，字段对应表中的列。例如，罗斯文数据库中有一个名为"订单"的表，其中每一条记录（行）都包含有关不同订单的信息，每一字段（列）都包含不同类型的信息（如订单 ID、员工姓名、订单日期以及发货日期等）。必须将字段指定为某一数据类型，可以是文本、日期或时间、数字或其他类型。

在 Access 2010 中，可以在"设计"视图用于设置表中各个字段和整个表的属性，包括指定字段的名称、为字段选择数据类型以及设置表的主键和索引等。在"数据表"视图中可以查看表中包含的实际数据，可以向表中添加新记录、编辑现有记录或删除无用记录。

2. 查询

查询是 Access 数据库中应用最多的部件，可以用来执行多种功能。使用查询可以按照不同的方式来查看、更新和分析数据，还可以将查询作为窗体和报表的记录源。查询的最常用功能是从表中检索特定数据。如果要查看的数据通常分布在多个表中，则可以通过查询在一张数据表中查看这些数据。此外，由于通常不需要一次看到所有的记录，因此可以在查询中添加一些条件，从而从大量数据中筛选出所需要的记录。

查询可分为两种基本类型，即选择查询和操作查询。选择查询仅仅检索数据以供使用，既可以在屏幕中查看查询结果，也可以将结果打印出来或者将其复制到剪贴板中，还可以将查询结果用作窗体或报表的记录源。操作查询用于对数据执行某些操作任务，可以用来创建新表或者向现有表中添加数据，也可以更新数据或者删除数据。某些查询是可更新的，即可以通过查询数据表来编辑基础表中的数据。如果所使用的是可更新的查询，则应当记住所做的更改实际上是在基础表中完成的，而不只是在查询数据表中完成的。

查询可以在"设计"视图、"SQL"视图或"数据表"视图中来查看。"设计"视图提供了一个友好的用户界面，可以用于创建和修改视图；"数据表"视图用于查看查询的运行结果，通常呈现为数据表，看起来就像表一样；"SQL"视图用于查看相应的 SQL 语句，例如选择查询对应于 SELECT 语句，追加查询对应于 INSERT 语句，更新查询对应于 UPDATE 语句。

3. 窗体

窗体有时也称为数据输入屏幕。窗体是用来处理数据的界面，它通常包含一些可执行各种命令的命令按钮，可以用来查看、输入和编辑表中的数据。

窗体提供了一种简单易用的处理数据的格式，而且还可以向窗体中添加一些控件，例如命令按钮。通过对按钮进行编程可以确定在窗体中显示哪些数据、打开其他窗体或报表或者执行其他各种任务。例如，可能有一个可用于处理客户数据的称为"客户"的窗体，该窗体中可能包含一个可以打开一个订单窗体的按钮，可以在该订单窗体中输入客户的新订单。

使用窗体还可以控制其他用户与数据库数据之间的交互方式。例如，可以创建一个只显示特定字段且只允许执行特定操作的窗体。这有助于保护数据并确保输入的数据正确。

窗体有多种用途，但最常用的是作为数据输入和数据显示的方式。数据输入窗体可以帮助操作者方便快捷地将数据输入到表中，显示窗体则用于显示从给定表中提取的特定信息。

4. 报表

报表可以用来汇总和显示表中的数据。一个报表通常可以回答一个特定问题，例如"前十个最大的订单是哪些？"。通过对每个报表设置格式，可以采用最容易阅读的方式来显示信息。报表可以在任何时候运行，而且将始终反映数据库中的当前数据。

通常将报表的格式设置为适合打印的格式，但是报表也可以在屏幕进行查看、导出到其他程序或者以电子邮件的形式发送。

5. 宏

Access 中的宏可以视为一种简化的编程语言，通过宏可以向数据库中添加操作和控制功能。宏是由一个或多个操作组成的集合，其中每个操作用来自动完成特定的任务。例如，可以将一个宏附加到窗体上的某一命令按钮，这样每次单击该按钮时，所附加的宏就会运行。

宏包括可执行任务的操作，例如打开报表、运行查询或者关闭数据库。大多数手动执行的数据库操作都可以利用宏自动执行，因此宏是非常省时的方法。

6. 模块

与宏类似，使用模块对象也可以向数据库中添加功能。尽管可以从宏操作列表中进行选择以在 Access 中创建宏，但是还可以用 Visual Basic for Applications（VBA）编程语言来编写模块。模块是声明、语句和过程的集合，它们作为一个单元存储在一起。

一个模块可以是类模块，也可以是标准模块。类模块可附加到窗体或报表，而且通常包含一些特定于所附加到的窗体或报表的过程。标准模块包括与任何其他对象无关的常规过程。在导航窗格的"模块"下列出了标准模块，但没有列出类模块。

7. 操作数据库对象

使用导航窗格可以对 Access 数据库包含的对象进行以下操作。

（1）打开数据库对象：在导航窗格中选择一种组织方式，然后双击要打开的对象。

（2）查找数据库对象：在搜索框中输入该对象的名称或名称的一部分。

（3）复制数据库对象：在导航窗格中单击该对象，在"开始"命令选项卡中依次单击"复制"和"粘贴"按钮，然后在"粘贴为"对话框中指定对象副本的名称，复制表时还需要设置粘贴选项。

（4）重命名数据库对象：在导航窗格中用右键单击该对象并选择"重命名"，然后为该对象指定新的名称。

（5）将表数据导出到其他格式文件中，在导航窗格中用右键单击该表，并在弹出菜单中指向"导出"，然后选择所需的目标文件格式。

（6）删除数据库对象：在导航窗格中单击该对象并按 Delete 键，并在弹出的提示框中单击"是"按钮加以确认。

项目小结

本项目介绍了使用 Access 2010 所需要的一些基础知识，主要包括以下 3 个部分。

（1）数据库基本概念：包括数据库、关系数据库、数据库管理系统和数据库系统等。

（2）Access 2010 的用户界面：主要包括"开始使用 Microsoft Office Access"页面、功能区、命令选项卡、上下文选项卡、文件菜单、快速访问工具栏，导航窗格、选项卡式文档、状态栏以及微型工具栏。

（3）Access 数据库的构成部件：包括表、查询、窗体、报表、宏和模块。在 Access 2010 的导航窗格中选择某个对象类别，可以查看此类别中的所有对象，通过双击可打开对象。利用导航窗格还可以对数据库对象进行复制、重命名以及删除等操作。

项目思考

一、填空题

1. 数据库可以看成是与特定主题或用途相关的_____和_____的集合。

2. 一个完整的数据库系统由_____、_____、_____、_____和_____5 部分组成。

3. Access 2010 中的功能区用来取代以前版本中的_____和_____。

4. Access 2010 数据库可包含 6 种类型的数据库对象，即____、_____、_____、_____、__和____。

二、选择题

1. 在下列各项中，（　　）不属于关系数据库。

　　A. Visual FoxPro　　　　　　　B. Visual Basic

　　C. SQL Server　　　　　　　　D. MySQL

2. Access 2010 是一个（　　）。

　　A. 关系数据库　　　　　　　　B. 关系数据库管理系统

　　C. 数据库系统　　　　　　　　D. 层次数据库

3. 以 Access 2010 格式创建的数据库的文件扩展名为（　　）。

　　A. .doc　　　　　　　　　　　B. .mdb

　　C. .accdb　　　　　　　　　　D. .bmp

4. 在 Access 数据库中，数据存储在（　　）中。

　　A. 查询　　　　　　　　　　　B. 表

　　C. 窗体　　　　　　　　　　　D. 报表

5. 如果一个 Access 数据库包含 3 个表、4 个查询和 5 个窗体，则该数据库可存储在（　　）个文件中。

　　A. 1　　　　　　　　　　　　B. 3

　　C. 4　　　　　　　　　　　　D. 5

三、简答题

1. 什么是关系数据库？请列举几种关系数据库。

2. 使用 Access 2010 可以执行哪些操作？

3. Access 2010 的用户界面主要包括哪些部分？

4. Access 2010 功能区主要包括哪些命令选项卡？

5. 如何基于罗斯文数据库模板创建一个 Access 数据库？

项目实训

1. 分别在 "开始" 菜单中、桌面上、快速启动工具栏上为 Access 2010 创建快捷方式。

2. 通过快捷方式启动 Access 2010，然后基于"罗斯文"模板创建一个数据库，并将数据库文件命名为"罗斯文.accdb"。

3. 通过打开"罗斯文.accdb"数据库启动 Access 2010，然后退出 Access 2010。

4. 在 Access 2010 中打开"罗斯文.accdb"数据库，然后执行以下操作。

（1）在功能区中分别选中"开始"、"创建"、"外部数据"以及"数据库工具"命令选项卡，并观察这些命令选项卡各有哪些命令组？

（2）在导航窗格中分别选择"表"、"查询"、"窗体"、"报表"、"宏"和"模块"类别，并观察这些类别中分别包含哪些对象？

（3）在导航窗格中选择"表"类别，然后分别打开"员工"、"产品"、"客户"、"供应商"和"订单"表，并观察出现了哪些上下文选项卡。

（4）在导航窗口中选择"查询"类别，然后分别打开"按类别产品销售"、"产品采购订单数"以及"客户扩展信息"查询。

（5）在导航窗格中选择"报表"类别，然后分别打开"按类别产品销售"、"供应商通信簿"以及"前十个最大订单"报表。

（6）在导航窗格中选择"宏"类别，然后右键单击"删除所有数据"并选择"设计视图"命令，在设计视图中打开这个宏对象。

（7）在导航窗格中选择"模块"类别，然后分别打开"客户订单"和"实用工具"模块，在 VBA 编辑环境中查看模块的源代码。

数据库的设计与实现

　　本书的主线是使用 Access 2010 来开发一个学生成绩管理系统。在表中存储数据是使用数据库的基础，为此首先要创建一个空数据库，然后在该数据库创建一些表并输入一些测试性数据，还要在相关表之间建立起关系。本项目将结合"学生成绩管理"数据库来介绍如何设计和实现数据库，主要任务包括设计数据库、创建数据库、在数据库中创建表、设置表字段的属性、在表中输入记录以及在相关表之间建立关系等。

项目目标

（1）了解设计数据库的相关原则
（2）掌握创建数据库的方法步骤
（3）掌握创建表的方法步骤
（4）掌握设置字段属性的方法
（5）掌握在表之间建立关系的方法

任务 2.1　设计数据库

➤ 任务描述

　　合理的数据库设计对于实现使用数据库的目标至关重要，是开发数据库管理系统的一个关键性步骤。通过设计数据库来创建业务模型，可以让用户访问最新的、准确的信息。一旦实现数据库，再回过头来对数据库设计进行修改将会花费大量的时间。在本任务中将对"学生成绩管理"数据库进行设计，以学习和掌握良好设计的相关原则，主要内容包括通过系统需求分析确定数据库中需要哪些表，每个表需要包含哪些字段，每个字段使用何种数据类型，在表中通过哪个字段来唯一地标识每一条记录，此外还将确定如何通过公共字段在相关表之间建立关系，最终获得一个既能满足实际需要又能轻松适应变化的数据库。

➤ 实现步骤

　　要对"学生成绩管理"数据库进行设计，可以通过以下步骤来实现。

1. 明确数据库的用途

在创建数据库之前，通过与学生成绩管理人员交流可以知道，要开发的成绩管理系统应具有以下主要功能。

（1）系统用户管理：对用户信息进行添加、修改、删除和查询。

（2）系别信息管理：对系别基本信息进行添加、修改、删除和查询。

（3）教师信息管理：对教师基本信息进行添加、修改、删除和查询。

（4）班级信息管理：对班级信息进行添加、修改、删除和查询。

（5）课程信息管理：对课程信息进行添加、修改、删除和查询。

（6）授课信息管理：对教师授课信息进行添加、修改、删除和查询。

（7）学生信息管理：对学生基本信息进行添加、修改、删除和查询。

（8）选课信息管理：对学生选课信息进行添加、修改、删除和查询。

（9）学生成绩管理：对学生成绩信息进行添加、修改、删除和查询。

2. 明确数据库中需要的表

在数据库设计过程中，收集可能希望在数据库中记录的各种信息，将这些信息项划分到主要的实体或主题中，每个主题构成一个表。在"学生成绩管理"数据库中，涉及的主题主要包括系统系别、教师、班级、学生、课程、授课、选课以及成绩。这样，"学生成绩管理"数据库需要使用 9 个表来存储相关数据，即"系统用户"表、"系别"表、"教师"表、"班级"表、"课程"表、"授课"表、"学生"表、"选课"表以及"成绩"表。

3. 明确表中需要的字段

确定了数据库中的表之后，还需要确定在每个表中存储哪些信息，每个信息项都将成为一个字段，并作为列显示在表中。例如，学生表中包含学号和姓名等字段。

确定每个表中需要哪些字段之后，还需要进一步确定每个字段存储什么类型的数据，对于某些字段还要明确数据的长度。

下面列出"学生成绩管理"数据库中各个表包含的字段及其数据类型。

（1）"系统用户"表："用户编号"（数字），"用户名"（文本），"登录密码"（文本）。

（2）"系别"表："系别编号"（数字）、"系别名称"（文本）。

（3）"教师"表："教师编号"（数字），"系别编号"（数字）、"姓名"（文本）、"性别"（文本）、"出生日期"（日期/时间），"参加工作时间"（日期/时间），"政治面貌"（文本），"学历"（文本），"职称"（文本），"手机号码"（文本），"个人简历"（附件），"照片"（附件）。

（4）"班级"表："班级编号"（文本），"专业名称"（文本），"系别编号"（数字）。

（5）"课程"表："课程编号"（数字），"课程名称"（文本），"课程类别"（文本），"课程性质"（文本），"考试类别"（文本），"学分"（数字）。

（6）"授课"表："教师编号"（数字），"课程编号"（数字），"班级编号"（文本），"学年"（文本），"学期"（文本），"学时"（数字）。

（7）"学生"表："学号"（文本），"班级编号"（文本），"姓名"（文本），"性别"（文本），"出生日期"（日期/时间），"是否团员"（是/否），"入学日期"（时间/日期），"入学成绩"（数字），"手机号码"（文本），"电子信箱"（文本），"照片"（附件）。

（8）"选课"表："学号"（文本），"课程编号"（数字）。

（9）"成绩"表："学号"（文本），"课程编号"（数字），"学年"（文本），"学期"（数字），"成绩"（数字）。

4. 明确表中的主键

每个表应包含一个或多个字段，用于对存储在该表中的每条记录进行唯一标识。这通常是一个唯一的标识号，例如身份证号、学号或教师编号。在数据库术语中，该标识号称为表的主键。在 Access 中，可以使用主键字段将多个表中的数据关联起来，从而实现数据组合。

在"学生成绩管理"数据库中，各个表的主键由一个或两个字段组成。"系统用户"表的主键是"用户编号"字段；"教师"表的主键为"教师编号"字段；"班级"表的主键为"班级编号"字段；"课程表"中的主键为"课程编号"字段；"学生"表的主键为"学号"字段；对于"选课"表和"成绩"表而言，主键均由"学号"和"课程编号"两个字段组成；授课表的主键则是由"教师编号"、"班级编号"和"课程编号" 3 个字段组成。

5. 创建表关系

Access 是关系数据库管理系统。在关系数据库中，可以将信息划分到基于主题的不同表中，然后使用表关系根据需要将信息组合在一起。例如，在成绩表和学生表中都有学号字段，在成绩表和课程表中都有课程编号字段，通过这些公共字段分别在成绩表和学生表、成绩表和课程表之间建立关系，这在查询学生成绩时是十分有用的。

为了在数据库设计中表示一对多关系，可以获取关系"一"方的主键，并将其作为附加的一个或多个字段添加到关系"多"方的表中。例如，学号字段是学生表中的主键，但也可以在成绩表中添加学号字段，用于确定每条成绩记录所对应的学号。成绩表中的学号字段称为外键。外键是另一个表的主键。成绩表中的学号字段之所以是外键，是因为它也是学生表中的主键。在这种情况下，学生表也称为父表或主表，成绩表也称为子表或从表。

在"学生成绩管理"数据库中，可以通过公共字段在相关表之间创建以下关系。

（1）在"系别"表与"教师"表之间通过"系别编号"字段建立关系。

（2）在"系别"表与"班级"表之间通过"系别编号"字段建立关系。

（3）在"教师"表与"授课"表之间通过"教师编号"字段建立关系。

（4）在"课程"表与"授课"表之间通过"课程编号"字段建立关系。

（5）在"班级"表与"学生"表之间通过"班级编号"字段建立关系。

（6）在"班级"表与"授课"表之间通过"班级编号"字段建立关系。

（7）在"学生"表与"选课"表之间通过"学号"字段建立关系。

（8）在"学生"表与"成绩"表之间通过"学号"字段建立关系。

（9）在"授课"表与"选课"表之间通过"课程编号"字段建立关系。

（10）在"授课"表与"成绩"表之间通过"课程编号"字段建立关系。

6. 绘制数据库模型图

完成数据库设计后，可以使用 Microsoft Office Visio 软件将设计结果绘制成一张数据库模型图，用来描述数据库的结构，并表示数据库中包含哪些表，每个表中包含哪些字段，每个字段使用什么数据类型，哪些表之间通过主键和外键建立了关系。

完成 "学生成绩管理" 数据库设计后，所绘制的数据库模型图如图 2.1 所示。在此模型图中，一共包含 9 个实体，每个实体对应于数据库中的一个表。实体图的标题行标出表的名称，例如 "系别"、"班级"、"课程" 及 "授课" 等。表中的每个字段用以下 3 列来表示。

图 2.1　"学生成绩管理" 数据库模型图

（1）左边的列表示该字段是否为表中的主键（PK）或外键（FK）。

（2）中间的列表示出字段名称，对于表的主键字段，名称还带有下画线。

（3）右边的列给出字段的数据类型和字段大小。

表之间的关系使用一条带箭头的线段或折线来表示，带箭头的一端指向主表（公共字段在该表中为主键），不带箭头的一端指向从表（公共字段在该表中为外键）。

从图 2.1 可以看出，某些表中的主键同时也是外键。例如，"成绩" 表中的主键由 "学号" 和 "课程编号" 两个字段组成，这些字段同时又是该表中的外键，其中 "学号" 字段是 "学生" 表中的主键，"课程编号" 字段是课程表中的主键。"授课" 表中的主键由 "教师编号"、"班级编号" 和 "课程编号" 3 个字段组成，这些字段同时又是该表中的外键，因为 "学号" 字段是 "学生" 表中的主键，"班级编号" 字段是 "班级" 表中的主键，"课程编号" 字段则是 "课程表" 中的主键。

➤ 知识与技能

通过本任务应对数据库设计原则和设计步骤有所了解。

1. 数据库设计原则

在数据库设计过程中应当遵循以下原则：尽量不要包含冗余数据，因为这种重复信息不仅会浪费空间，还会增加出错和不一致的可能性。信息的正确性和完整性也很重要，如果在数据库中包含不正确的信息，则任何从数据库中提取信息的报表也将包含不正确的信息。因此，基于这些报表所作的任何决策都将提供错误信息。

因此，良好的数据库设计应该满足以下几个标准。

（1）将信息划分到基于主题的表中，以减少冗余数据。

（2）向 Access 提供根据需要链接表中信息时所需的信息。

（3）可以帮助支持和确保信息的准确性和完整性。

（4）可以满足数据处理和报表需求。

2. 数据库设计步骤

数据库的设计过程主要包括以下步骤。

（1）确定数据库的用途。这可以帮助进行其他步骤的准备工作。

（2）查找和组织所需的信息。收集可能希望在数据库中记录的各种信息，例如系别和班级，学号和成绩、产品名称和订单号。

（3）将信息划分到表中。将信息项划分到主要的实体或主题中，例如系别、班级、教师、学生、课程或成绩等。每个实体或主题构成一个表。

（4）将信息项转换为列。确定希望在每个表中存储哪些信息。每个项将成为一个字段，并作为列显示在表中。例如，"学生"表中可以包含"学号"和"姓名"等字段。

（5）指定主键。选择每个表的主键。主键是一个用于唯一标识每个行的一个或多个字段。例如，主键可以是"学号"或"课程编号"，也可以是"学号"和"课程编号"的组合。

（6）建立表关系。查看每个表，并确定各个表中的数据如何彼此关联。根据需要，将字段添加到表中或创建新表，以便清楚地表达这些关系。

（7）优化设计。分析设计中是否存在错误。创建表并添加一些示例数据记录。确定是否可以从表中获得期望的结果。根据需要对设计进行调整。

（8）应用规范化规则。应用数据规范化规则确定表的结构是否正确，并根据需要对表进行调整。规范化规则可使数据冗余减到最小，并数据库中方便地强制数据完整性。

（9）在 Word 文档中将数据库设计的结果绘制成表格，或者使用 Microsoft Office Visio 软件绘制成数据库模型图。这些表格或模型图为实现数据库提供了依据。

任务 2.2　创建数据库

➤ 任务描述

在任务 2.1 中对"学生成绩管理"数据库进行了设计并绘制了数据库模型图，已经确定了这个数据库中包含哪些表，每个表中包含哪些字段，每个字段使用什么数据类型，以哪些字段作为表的主键以及应当在哪些表之间创建关系。在本任务中，将在 Access 2010 中创建一个空数据库并将其命名为"学生成绩管理.accdb"。随后可以在这个数据库中创建表、查询和窗体等数据库对象，也可以对这些数据库对象进行管理。

➤ **实现步骤**

在 Access 2010 中创建数据库有多种方法。通常可以先创建一个空数据库，然后在其中添加表、查询、窗体、报表等对象，这是灵活性最强的方法。创建空数据库的操作步骤如下。

（1）启动 Access 2010，单击"文件"选项卡。

（2）在"可用模板"主页上单击"空数据库"模板，如图 2.2 所示。

（3）在右边窗格中单击 按钮，打开"文件新建数据库"对话框，通过浏览找到要保存数据库的文件夹并指定数据库文件名，然后单击"确定"按钮。

（4）在本任务中，选择"D:\Access 2010"作为保存数据库的文件夹，将数据库文件名更改为"学生成绩管理.accdb"，如图 2.3 所示。

图 2.2　选择"空数据库"模板　　　　　图 2.3　指定数据库文件路径

（5）单击"创建"按钮，将创建一个空数据库（默认情况下采用 Access 2007 文件格式），然后打开该数据库并在数据表视图中显示一个名为"表 1"的新表，如图 2.4 所示。

图 2.4　创建数据库时自动创建的表

（6）此时可在这个表中添加新的字段并输入一些数据，然后保存对新表所作的修改，再将其关闭。若要放弃这个新表，可直接将其关闭，此时导航窗格中不包含任何对象。

➤ **知识与技能**

在 Access 2010 中，除了创建空数据库之外，也可以基于模板创建数据库。对于现有数据库可以使用各种方法打开，也可以更改名称或位置另行保存，不用时可以将其关闭。

1. 基于模板创建数据库

模板是预设的数据库，其中包含执行特定任务时所需的所有表、查询、窗体和报表。Access 2010 提供了许多数据库模板，使用这些模板可以加快数据库的创建过程。例如，有些模板可用于跟踪问题、管理联系人或记录费用；有些模板则包含一些可以帮助演示其用法的示例记录。如果某个模板符合设计需要，则使用该模板通常可以最快地开始使用数据库。既可以按原样使用模板数据库，也可以对这些数据库进行自定义以更好地满足实际需要。

若要基于模板创建数据库，可执行以下操作。

（1）单击"文件"选项卡。

（2）在"可用模板"主页上单击"样本模板"，也可以单击"Office.com 模板"下的某个模板，从 Office Online 网站上下载更多模板，如图 2.5 所示。

图 2.5 选择"样本模板"

（3）此时会出现更多模板，如图 2.6 所示。可根据需要选择要使用的模板。

图 2.6 单击要使用的数据库模板

（4）Access 将在"文件名"框中显示一个建议的数据库文件名。根据实际需要，也可以更改该数据库的文件名。

（5）如果希望保存数据库的文件夹不同于文件名框下方显示的文件夹，则可单击　按钮并通过浏览找到要保存数据库的文件夹，然后单击"确定"按钮。

（6）在使用本机模板的情况下，单击"创建"按钮，如图 2.7 所示；在使用 Office Online 模板的情况下，单击"下载"按钮，如图 2.8 所示。

图 2.7　基于本地模板创建数据库　　　　　图 2.8　基于在线模板创建数据库

Access 将创建或下载数据库，然后将该数据库打开。此时可以使用导航窗格通过浏览来查找想要使用的其他窗体或报表。

2. 打开数据库

若要打开现有的 Access 数据库，可执行以下操作。

（1）打开"文件"选项卡。

（2）单击"打开"命令，然后在"打开"对话框中通过浏览找到要打开的数据库。

（3）执行下列操作之一：

①若要以在"Access 属性"对话框中指定的默认模式，或者由管理策略所设置的模式打开数据库，则双击该数据库。

②若要打开数据库以在多用户环境中进行共享访问，以便与其他用户一起读写数据库，则直接单击"打开"按钮。

③若要打开数据库以进行只读访问，以便可查看数据库但不可编辑数据库，则单击"打开"按钮旁边的箭头，然后单击"以只读方式打开"命令，如图 2.9 所示。

④若要以独占访问方式打开数据库，则单击"打开"按钮旁边的箭头，然后单击"以独占方式打开"命令。当以独占访问方式打开数据库时，试图打开该数据库的任何其他人将收到"文件已在使用中"消息。

⑤若要打开数据库以进行只读访问，则单击"打开"按钮旁边的箭头，然后单击"以独占只读方式打开"命令。此时其他用户仍能打开该数据库，但是被限制为使用只读模式。

图 2.9 以只读方式打开 Access 数据库

注意

"文件"选项卡中列出了最近使用过的数据库文件名。通过单击这些文件名可快速打开相应的数据库。

3. 另存数据库

对于当前已打开的数据库文件，若要换个路径或文件名，可单击"文件"选项卡，然后选择"数据库另存为"命令，在弹出的"另存为"对话框中指定新的路径或文件名，然后单击"保存"按钮。

注意

执行"数据库另存为"命令之前必须关闭所有打开的数据库对象。

4. 关闭数据库

若要关闭当前打开的数据库，可单击"文件"选项卡，然后选择"关闭数据库"命令。此时将返回"可用模板"主页。

任务 2.3   使用数据表视图创建表

➤ 任务描述

在任务 2.2 中已经创建了一个名为"学生成绩管理"的空数据库，它可以作为存储各种数据库对象的容器来使用。创建数据库之后，还需要按照数据库设计的要求创建一些表，分别用于存储各种数据。一个表由结构和数据组成。创建表时首先定义表结构，然后向表中输入数据记录。通过定义表结构可以确定表中包含哪些字段，字段值属于什么数据类型，在字段中最多可以输入多少字符（文本型字段），以及字段以什么格式来显示等。

在本任务中，将在"数据表"视图中为"学生成绩管理"数据库创建两个表，即"系统用户"表和"系别"表，分别用于存储系统用户和系别的相关信息。

➤ **实现步骤**

在"数据表"视图中创建表时，可以指定字段的名称，也可以输入数据记录，字段的数据类型由 Access 根据输入的数据来确定。在"数据表"视图中创建表的操作步骤如下。

（1）打开"学生成绩管理"数据库。

（2）在功能区选择"创建"命令选项卡，然后在"表格"命令组中单击"表"命令，如图 2.10 所示。

图 2.10　选择"表"命令

此时将在"数据表"视图中打开一个新表，其名称暂定为"表 1"，默认情况下该表仅包含一个名称为 ID 的字段，功能区还出现了"字段"和"表"命令选项卡，如图 2.11 所示。

图 2.11　在数据表视图中打开新表

（3）创建"用户编号"字段。双击 ID 字段，将字段名称由 ID 更改为"用户编号"，然后按 Enter 键，对该字段进行重命名。该字段为自动编号类型，不用修改。

说明：由于该字段默认为表中的主键，因此"唯一"复选框处于选中状态。

（4）创建"用户名"字段。单击第 2 列标题栏的"单击以添加"，从弹出菜单中选择"文本"作为字段的数据类型，如图 2.12 所示。

图 2.12　设置新增字段的数据类型

　　新增加的字段暂时命名为"字段 1"，将其重命名为"用户名"并按 Enter 键；在"字段"选项卡中对该字段的相关属性进行设置：在"属性"组中将字段大小设置为 10；若要改变字段的数据类型，可在"格式"组中重新进行选择；在"字段验证"组中选中"必需"复选框，以确保必须在该字段中输入内容，如图 2.13 所示。

图 2.13　创建"用户名"字段

　　（5）创建其他字段。使用相同的方法，在该表中创建"密码"和"权限"两个字段，它们的数据类型都是"文本"，字段大小分别为 10 和 6。

　　（6）在表中输入记录。在该表中输入一些记录作为测试数据，由于"用户编号"字段为自动编号类型，所以不必在此字段中输入数据，只需要在其他 3 个字段中输入数据即可，如图 2.14 所示。

图 2.14　在表中输入数据记录

　　（7）保存表。在快速访问工具栏上单击"保存"按钮 📧，在"另存为"对话框中将表名称指定为"系统用户"，然后单击"确定"按钮，如图 2.15 所示。

　　此时，在"数据表"视图和导航窗格中，表的名称由原来的"表1"变成了"系统用户"，如图 2.16 所示。

图 2.15　保存表

　　（8）使用上述方法步骤，在"学生成绩管理"数据库中创建"系别"表。该表包含"系别编号"和"系别名称"两个字段，其中"系别编号"字段为自动编号类型，且为表的主键；"系别名称"名称为文本类型，字段长度为 20。在该表中输入 3 条记录，然后将其保存为"系别"，如图 2.17 所示。

图 2.16　创建"系统用户"表

图 2.17　创建"系别"表

➤ **知识与技能**

在"数据表"视图中创建表时，可以增加或删除字段并对字段进行重命名，也可以对字段的数据类型和各种属性进行设置，还可以在表中输入记录。

1. 在"数据表"视图中创建表

若要在"数据表"视图中创建表，可执行以下操作。

（1）单击"创建"选项卡，在"表格"组中单击"表"。

（2）在表中添加字段。默认情况下新表仅包含一个名为 ID 的字段，其数据类型为自动编号。要添加新字段，可执行下列操作之一：

①单击最右侧列标题行中的"单击以添加"，选择数据类型并指定字段名。

②单击位于新字段左侧的字段列，在"字段"选项卡的"添加和删除"组中单击某个数据类型（例如"数字"和"文本"），或单击"其他"并从弹出菜单中选择所需的数据类型，然后指定字段名。

③右键单击新字段右侧的字段列，从弹出菜单中选择"插入字段"命令，此时将插入一个文本类型的字段，可对字段进行重命名，并设置字段的数据类型。

（3）重命名字段。默认情况下新增字段的名称暂定为"字段 1"、"字段 2"等，应根据实际需要来指定字段名称。若要重命名字段，可执行下列操作之一：

①双击要重命名的字段名，然后输入新名称并按 Enter 键。

②单击要重命名的字段列，在"字段"选项卡的"属性"组中单击"名称和标题"，在"输入字段属性"对话框中设置字段的名称，然后单击"确定"按钮，如图 2.18 所示。

③右键单击要重命名的字段列，从弹出菜单中选择"重命名字段"命令，输入新的字段名，然后按下 Enter 键加以确认。

图 2.18　"输入字段属性"对话框

（4）设置字段的默认值。如果希望未在字段中输入数据时由系统自动提供数据，可对该字段设置默认值，具体方法是在"字段"选项卡的"属性"组中单击"默认值"，然后在弹出的对话框中指定一个默认值。

（5）设置字段的数据类型。在表中插入字段时默认情况下使用文本类型，若要更改字段的数据类型，可在"字段"选项卡的"格式"组选择其他数据类型，如图 2.19 所示。

图 2.19　设置字段的数据类型

（6）设置字段的非空性。若要设置一个字段必须输入值，不能为空，可单击该字段所在列，然后在"字段"选项卡的"字段验证"组中选取"必需"复选框。

（7）调整字段的次序。若要调整字段次序，可将字段名称直接拖到新的位置上。

（8）从表中删除字段。对于不需要的字段，可通过执行下列操作之一将其删除。

①单击该字段所在的列，在"字段"选项卡的"添加和删除"组中单击"删除"命令。

②右键单击该字段所在的列，从弹出菜单中选择"删除字段"命令。

2. 字段命名

定义表结构时，必须为每个字段指定一个名称。该名称不能与表中其他任何字段的名称重复，而且必须符合以下对象命名规则。

（1）长度最多不能超过 64 个字符。

（2）可以包含字母、数字、空格及特殊的字符的任意组合，但不能包含句点（.）、感叹号（!）、重音符号（`）以及方括号（[ ]）。

（3）不能以先导空格开头，也不能包含控制字符（从 0 到 31 的 ASCII 值）。

3. 字段的数据类型

定义表结构时，必须为每个字段指定一个数据类型。在 Access 2010 中，对于字段可以使用以下数据类型。

（1）文本：文本或文本和数字的组合，以及不需要计算的数字（例如手机号码）。最多为255 个字符，Access 不会为文本字段中未使用的部分保留空间。

（2）备注：长文本或文本和数字的组合，最多为 63 999 个字符。

（3）数字：用于数学计算的数值数据。

（4）日期/时间：从 100 到 9999 年的日期与时间值。

（5）货币：货币值或用于数学计算的数值数据，这里的数学计算的对象是带有 1 到 4 位小数的数据，精确到小数点左边 15 位和小数点右边 4 位。

（6）自动编号：每当向表中添加一条新记录时，由 Access 指定的一个唯一的顺序号（每次递增 1）或随机数。自动编号字段不能更新。通常占用 4 个字节。

（7）是/否："是"和"否"值，以及只包含两者之一的字段（Yes/No、True/False 或 On/Off）。

（8）OLE 对象：Access 表中链接或嵌入的对象，例如 Excel 电子表格、Word 文档、图形、声音或其他二进制数据。最多为 1GB，受可用磁盘空间限制。

（9）超链接：文本或文本和以文本形式存储的数字组合，用作超链接地址。超链接地址最多包含 3 个部分：显示的文本、地址和子地址。还可以指定工具提示显示的文本。

（10）附件：任何支持的文件类型。可以将图像、电子表格文件、文档、图表和其他类型的支持文件附加到数据库的记录，还可以查看和编辑附加的文件。

（11）查阅向导：创建一个字段，通过该字段可以使用列表框或组合框从另一个表或值列表中选择值。单击该选项将启动"查阅向导"，它用于创建一个查阅字段。在向导完成之后，Access 将基于在向导中选择的值来设置数据类型。

4. 设置主键

主键是表中具有唯一标识每条记录的值的一个或多个字段。主键不允许为空值（Null），并且其值不能重复。若要在表中创建主键，可通过以下操作来设置主键。

（1）若当前已在"数据表"视图中打开表，可单击状态栏上的"设计视图"按钮，以切换到"设计"视图。

（2）选择将要定义为主键的一个或多个字段。若要选择一个字段，可单击所需字段的行选定器。若要选择多个字段，可按住 Ctrl 键并单击每个所需字段的行选择器。

（3）在"设计"选项卡的"工具"组中单击"主键"命令，如图 2.20 所示。

图 2.20　在"设计"视图中设置表的主键

（4）若要从表中删除主键，可单击当前主键字段的行选择器，然后在"设计"选项卡的"工具"组中单击"主键"命令。

任务 2.4　使用设计视图创建表

➤ 任务描述

使用"数据表"视图创建表时可以同时定义表结构和输入表数据。不过，在"数据表"视图中创建表后通常还要切换到表的"设计"视图，以便对表字段的更多属性进行设置。在本任务中将直接使用"设计"视图为"学生成绩管理"数据库创建更多的表，包括"教师"、"班级"、"学生"、"授课"、"选课"和"成绩"表，这些表的结构分别在表 2.1～2.6 中列出。

表 2.1　"教师"表结构

字段名称	数据类型	字段大小	备　注
教师编号	数字	长整型	自动编号，主键，标题为"教师"
系别编号	数字	整型	与"系别"表中的项相同
姓名	文本	10	
性别	文本	1	取值为"男"或"女"
出生日期	日期/时间		格式为"短日期"
参加工作日期	日期/时间		格式为"短日期"
政治面貌	文本	4	取值为"共产党员"、"共青团员"或"其他"
学历	文本	4	取值为"大学本科"或"研究生"
职称	文本	4	取值为"正高"、"副高"、"中级"或"初级"
手机号码	文本	11	
电子信箱	文本	20	
照片	附件		
个人简历	附件		

表 2.2　"班级"表结构

字段名称	数据类型	字段大小	备　注
班级编号	文本	5	自动编号，主键
系别编号	数字	整型	与"系别"表中的项相同
专业名称	文本	20	

表 2.3　"学生"表结构

字段名称	数据类型	字段大小	备　注
学号	文本	6	主键
班级编号	文本	5	与"班级"表中的项相同
姓名	文本	10	
性别	文本	1	取值为"男"或"女"
出生日期	日期/时间		

（续表）

字段名称	数据类型	字段大小	备　　注
是否团员	是/否		格式为"是/否"
入学日期	日期/时间		
入学成绩	数字	整型	
手机号码	文本	11	
电子信箱	文本	20	
照片	附件		

表 2.4　"授课"表结构

字段名称	数据类型	字段大小	备　　注
教师编号	数字	整型	主键，与"教师"表中的项相同
班级编号	文本	5	主键，与"班级"表中的项相同
课程编号	数字	整型	主键，与"课程"表中的项相同
学年	文本	9	例如 2015–2016
学期	数字	整型	查阅字段，取值为 1 或 2
学时	数字	整型	

表 2.5　"选课"表结构

字段名称	数据类型	字段大小	备注
选课 ID	数字	整型	自动编号，主键
学号	文本	6	与"学生"表中的项相同
编程编号	数字	整型	与"授课"表中的项相同，标题为"课程"

表 2.6　"成绩"表结构

字段名称	数据类型	字段大小	备注
学号	文本	6	主键，与"学生"表中的项相同，标题为"学生"
课程编号	数字	整型	主键，与"授课"表中的项相同，标题为"课程"
成绩	数字	整型	

➤ **实现步骤**

在"设计"视图中创建表时，需要定义每个字段，即指定字段名和数据类型，并根据需要对字段的其他属性进行设置，具体操作步骤如下。

（1）打开"学生成绩管理"数据库。

（2）在"创建"选项卡的"表格"组中单击"表设计"命令，如图 2.21 所示。

图 2.21　单击"表设计"命令

此时将打开"设计"视图，该视图上部网格中的每一行用于定义表中的一个字段，在此可设置字段的名称、数据类型和字段说明；字段说明是可选的，当在窗体上选择该字段时，将在状态栏上显示字段说明。该视图下部是"字段属性"节，由"常规"和"查阅"两个选项卡组成。"常规"选项卡用于设置字段的大小、格式、输入掩码、标题、默认值等属性，"查阅"选项卡用于设置查阅字段的相关属性，例如显示控件、行来源类型以及行来源等；进入设计视图后还会出现"设计"上下文选项卡，如图 2.22 所示。

图 2.22 在"设计"视图中创建表

（3）在"设计"视图中定义以下字段。

①字段 1：字段名称为"教师编号"，数据类型为"自动编号"。

②字段 2：字段名称为"系别编号"，数据类型为"数字"，字段大小为"整数"。

③字段 3：字段名称为"姓名"，数据类型为"文本"，字段大小为 10。

④字段 4：字段名称为"性别"，数据类型为"文本"，字段大小为 1。

⑤字段 5：字段名称为"出生日期"，数据类型为"日期/时间"，格式为"短日期"。

⑥字段 6：字段名称为"参加工作日期"，数据类型为"日期/时间"，格式为"短日期"。

⑦字段 7：字段名称为"政治面貌"，数据类型为"文本"，字段大小为 4。

⑧字段 8：字段名称为"学历"，数据类型为"文本"，字段大小为 4。

⑨字段 9：字段名称为"职称"，数据类型为"文本"，字段大小为 4。

⑩字段 10：字段名称为"手机号码"，数据类型为"文本"，字段大小为 11。

⑪字段 11：字段名称为"电子信箱"，数据类型为"文本"，字段大小为 20。

⑫字段 12：字段名称为"照片"，数据类型为"附件"。

⑬字段 13：字段名称为"个人简历"，数据类型为"附件"。

（4）设置表的主键。单击"教师编号"字段所在的行，在"设计"选项卡的"工具"组中单击"主键"命令，如图 2.23 所示。

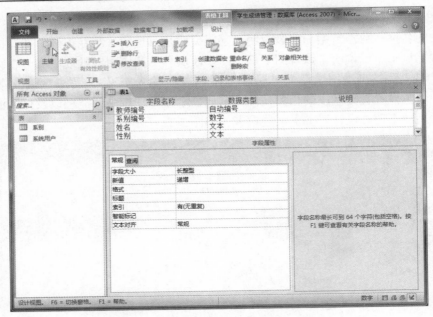

图 2.23　设置表的主键

注 意

　　如果表的主键由多个字段组成（例如"成绩"表和"授课"表），则要按住 Ctrl 键并单击每个所需字段的行选择器以选择这些字段。

　　（5）完成表中所有字段的定义后，在快速访问工具栏上单击"保存"命令 ，在"另存为"对话框中将表名称指定为"教师"，然后单击"确定"按钮

　　（6）使用相同的方法，创建其他各表。

▶ **知识与技能**

　　在本任务中，使用"设计"视图在"学生成绩管理"数据库中创建了 6 个表，包括"教师"表、"班级"表、"学生"表、"授课"表、"选课"表以及"成绩"表。在使用"设计"视图定义表结构时经常要用到以下操作。

　　1. 定义表结构时的字段操作

　　使用"设计"视图定义表结构时，可以在表中插入字段或者从表中删除字段，也可以调整字段的顺序。

　　（1）在表中插入字段：单击要在其下方插入行的那一行，然后在"设计"上下文选项卡中单击"插入行"命令，如图 2.24 所示。

图 2.24　"设计"上下文选项卡

（2）在表末尾添加字段：单击第一个空白行，然后输入字段名称并选择数据类型。

（3）从表中删除一个或多个字段：选定这些字段所在的行，然后在"设计"上下文选项卡中单击"删除行"命令。

（4）调整字段的顺序：选定一个或多个字段，然后将这些字段拖动到新的位置。

2. 设置字段的显示格式

在"字段属性"节的"常规"选项卡中，可以对字段的"格式"属性进行设置，以指定字段值的显示格式。对于不同数据类型的字段，Access 2010 提供了不同的预定义格式。

（1）对于"日期/时间"数据类型的字段，可用的预定义格式有"常规日期"、"长日期"、"中日期"、"短日期"、"长时间"、"中时间"以及"短时间"等。

（2）对于数字型和货币型字段，可用的预定义格式有"常规数字"、"货币"、"欧元"、"固定"、"标准"、"百分比"以及"科学记数"等。

（3）对于"是/否"数据类型的字段，预定义格式有"是/否"、"真/假"以及"开/关"等。

（4）对于"文本"和"备注"数据类型的字段，可在"格式"框中创建自定义格式。

3. 设置字段的标题

在"字段属性"节的"常规"选项卡中，可以为字段设置标题。字段标题可用作"数据表"视图中的字段列标题，也可以用作窗体或报表上字段标签的内容。如果未指定字段标题，则以字段名作为标签。标题可以不同于字段名称。

4. 设置字段的其他属性

在"字段属性"节的"常规"选项卡中，可以对以下字段属性进行设置。

（1）输入掩码：在字段中输入数据时使用的模式。请参阅任务 2.7。

（2）默认值：添加新记录时自动输入到字段中的值。

（3）有效性规则：用于限制字段的表达式。请参阅任务 2.8。

（4）有效性文本：当用户输入有效性规则所不允许的值时出现的出错消息。

（5）必填字段：指定字段中是否必须有值。

（6）允许空字符串：指定字段是否允许零长度字符串。

（7）索引：可加速字段中搜索和排序的速度，但可能会使更新变慢。选择"有（无重复）"可禁止在该字段中出现重复值。

任务 2.5　通过导入数据创建表

➤ 任务描述

除了直接在 Access 数据库中创建表之外，还可以将外部数据（如 Excel 电子表格、文本文件以及 XML 文件等）导入到数据库中并生成表。在本任务中，首先使用 Excel 2010 创建一个课程表，然后将这个 Excel 电子表格中的数据导入到"学生成绩管理"数据库中，由此创建一个名为"课程"的数据库表。从 Excel 电子表格导入数据后，在"设计"视图中打开"课程"表并对表中各个字段的属性进行设置。

➤ **实现步骤**

本任务的实施过程可分为两个阶段：前一阶段在 Excel 2010 中进行，后一阶段在 Access 2010 中进行。

（1）在 Excel 2010 中创建一个工作簿，然后输入课程名称、课程类别、课程性质、考试类别以及学分等信息，如图 2.25 所示。

图 2.25　在 Excel 2010 中创建课程表

（2）将 Excel 工作簿文件命名为"课程表.xlsx"，保存在"D:\Access 2010\项目 2\任务 2.5"文件夹中。

（3）打开"学生成绩管理"数据库。

（4）单击"外部数据"命令选项卡，然后单击"导入并链接"组中的"Excel"命令，如图 2.26 所示。

图 2.26　向数据库中导入电子表格

（5）在如图 2.27 所示的"获取外部数据–Excel 电子表格"对话框中，单击"浏览"按钮，选择前面步骤中创建的 Excel 电子表格"课程表.xlsx"，选中"将源数据导入当前数据库的新表中"复选框，然后单击"确定"按钮。

（6）此时显示如图 2.28 所示的"导入数据表向导"对话框，单击"显示工作表"，选择电子表格中的 Sheet1 工作表，然后单击"下一步"按钮。

图 2.27　选择电子表格作为数据来源

图 2.28　从电子表格文件中选择要导入的工作表

（7）在如图 2.29 所示的"导入数据表向导"对话框中，选中"第一行包含列标题"复选框，从而将工作表中的列标题设置为数据库表中的字段名称，然后单击"下一步"按钮。

（8）在如图 2.30 所示的"导入数据表向导"对话框中，对各个字段的数据类型进行设置。

①选择"课程名称"字段，将数据类型设置为"文本"。

②选择"课程类别"字段，将数据类型设置为"文本"。

③选择"考试类别"字段，将数据类型设置为"文本"。

④选择"学分"字段，将数据类型设置为"整型"。

完成字段选项设置后，单击"下一步"按钮。

图 2.29　设置用工作表的列标题作为表的字段名称

图 2.30　设置字段的数据类型选项

（9）在如图 2.31 所示的"导入数据表向导"对话框中，选中"让 Access 添加主键"单选按钮框，此时将生成一个名称为 ID 的自动编号字段，该字段被设置为表的主键；然后单击"下一步"按钮。

（10）在如图 2.32 所示的"导入数据表向导"对话框中，指定将数据导入到"课程"表中，然后单击"完成"按钮。

（11）在如图 2.33 所示的"获取外部数据–Excel 电子表格"对话框中，选择"保存导入步骤"复选框，输入导入步骤的名称（如"导入 – 课程表"）和相关说明信息，然后单击"保存导入"按钮。

图 2.31　设置表的主键

图 2.32　指定表的名称

（12）在导航窗格中选择"表"，然后双击"课程"表，在"数据表"视图中查看表中的数据记录，如图 2.34 所示。

（13）切换到"设计"视图，对"课程"表中各个字段的属性进行设置。

①将"ID"字段重命名为"课程编号"，然后将该字段设置为表的主键。

②将"课程名称"字段的大小设置为 30。

③将"课程类别"字段的大小设置为 4。

④将"课程性质"字段的大小均设置为 2。

⑤将"考试类别"字段的大小均设置为 2。

图 2.33 保存外部数据导入步骤

图 2.34 在"数据表"视图中查看"课程"表中的数据

➤ 知识与技能

在本任务中通过导入外部数据创建了"课程"表,导入操作保存后还可以重复执行。

1. 导入数据

如果已经使用 Excel 电子表格、文本文件或 XML 文件存储了数据,而且用 Access 开发数据库应用系统时需要用到这些数据,则可以将其他格式的数据导入到 Access 数据库中,这样可以节省录入数据所需的时间。导入操作是通过运行导入向导来实现的。

将 Excel 工作簿中的数据添加到 Access 2010 数据库中有多种方法,可以将数据从打开的工作表复制并粘贴到 Access 数据表中，也可以将工作表导入新表或现有的表中，或者从 Access 数据库链接到工作表。

如果要把文本文件中的数据导入 Access 数据库中，则创建文本文件时，可用逗号或分号来分隔每个数据项（对应于表中的字段），每条信息占用一行（对应于表中的记录）。

2. 保存导入操作

在 Access 2010 中运行导入向导时，可将所用的操作设置保存为规格，以便能够随时重复该操作。规格包含在不必由用户提供任何输入的情况下 Access 重复操作所需要的所有信息。例如，从 Excel 2010 工作簿导入数据的规格中存储了 Excel 源文件的名称、目标数据库的名称及其他详细信息，例如，是否向现有的表追加数据或向新表导入数据、主键信息、字段名称等。对于涉及 Access 所支持的任何文件格式的导入操作，都可以保存操作的详细信息。

若要运行已保存的导入操作，可在"外部数据"选项卡的"导入并链接"组中单击"已保存的导入"命令，如图 2.35 所示，此时出现在如图 2.36 所示的"管理数据任务"对话框，单击"已保存的导入"选项卡，单击已保存的导入步骤，然后单击"运行"按钮。

图 2.35 运行已保存的导入操作   图 2.36 "管理数据任务"对话框

3. 创建表的方法

在 Access 2010 中创建表有多种方法，现归纳如下。

（1）在"数据表"视图中创建表，可以添加字段并设置其数据类型，以及输入记录。

（2）在"设计"视图中创建表，可以对表字段的更多属性进行设置。

（3）通过导入数据创建表，可以将 Excel 电子表格、文本文件或 XML 文件中的数据导入数据并创建新表，也可以将数据导入已存在的表中。

4. 修改表结构的方法

在创建表结构的过程中对各个字段的名称、数据类型、格式以及标题等属性进行了设置。创建表之后根据需要还可以对表结构进行修改，方法是：在导航窗格中选择"表"类别，右键单击表并选择"设计视图"，在"设计"视图中打开表，对字段定义进行修改并加以保存。

任务 2.6　设置查阅字段列

▶ 任务描述

默认情况下，在"数据表"视图中向表中输入记录时，对于大多数数据类型（如文本型、数字型、日期/时间型）的字段而言，都是使用文本框控件来输入字段值的；对于是/否型字段，则可通过复选框控件来设置其值。在实际应用中，某些字段的值可能只是一些固定的值。例如，在"学生"表中，"性别"字段的值只能是"男"或"女"；"课程"表中的"课程类别"字段的值只能是"公共基础"或"专业技能"。如果反复输入这些值，不仅效率低下，还会让操作人员感到单调乏味。那么，输入数据时能否让用户从列表框中选择所需要的值呢？

在创建一对多关系的情况下，从表中的外键字段值必须与主表中的主键字段值相同。例如，"班级"表中的"系别编号"必须与"系别"表中的同名字段相同；"学生"表中的"班级编号"必须与"班级"表中的同名字段相同；"选课"表中的"学号"字段必须与"学生"表中的同名字段相同，"课程编号"字段则必须与"课程"表中的同名字段相同（允许选择多项）。在这些场合，在"学生"表中不能接受"班级"表中不存在的班级编号，在"选课"表中不能接受"学生"表不存在的学号以及"课程"表中不存在的课程编号。那么，如何才能保证"选课"表中的学号和课程编号与相关表中的项相同呢？

通过在表中创建或设置查阅字段列可以解决上述问题。有了查阅字段列，在"数据表"视图中打开表时，字段的输入控件可以不使用文本框而是使用组合框，并从自行输入的值或另一个表或查询为该字段提供数据。

在本任务中，通过对"学生成绩管理"数据库中的一些表进行修改，将某些字段设置为查阅字段。例如，对"教师"表进行修改，将其中的"系别编号"设置为查阅字段列，以便从"系别"表中获取系别信息，此外也将该表中的"性别"、"政治面貌"、"学历"、"职称"字段设置为查阅字段，以便从预定义的值列表中获取数据。

▶ 实现步骤

在本任务中将设置各种类型的查阅字段，包括值列表查阅字段、表/查询查阅字段、包含多列的查阅字段以及包含多值的查阅字段。

1. 设置"值列表"查阅字段

值列表查阅字段从预定义的一组值中获取数据。这一类查阅字段可以使用"查阅向导"来创建，也可以直接通过设置字段的相关属性来创建。

（1）打开"学生成绩管理"数据库。

（2）在"设计"视图中打开"教师"表，选择"性别"字段，从"数据类型"单元格的列表框中选择"查阅向导"，如图 2.37 所示。

（3）在如图 2.38 所示的"查阅向导"对话框中，选择"自行键入所需的值"选项，然后单击"下一步"按钮。

（4）在如图 2.39 所示的"查阅向导"对话框中，指定查阅列中所需列数为 1，在列表中输入"男"和"女"两个值，还可以通过拖动或双击列的右边缘来调整列的宽度，然后单击"下一步"按钮。

图 2.37　选择"查阅向导"

图 2.38　设置查阅列获取数据的方式

（5）在如图 2.40 所示的"查阅向导"对话框中，指定查阅字段的标签为"性别"，选择"限于列表"复选框，然后单击"完成"按钮。

图 2.39　确定查阅列中显示的值

图 2.40　确定查阅列的标签文字

（6）返回"设计"视图后，选择"性别"字段，在"字段属性"节中选择"查阅"选项卡，以查看查阅字段列的属性设置情况。在这里可以看到，"显示控件"属性为"组合框"，"行来源类型"属性为"值列表"，"行来源"属性为""男";"女""；"限于列表"属性设置为"是"，以限制添加或修改记录时该字段只能从列表框中选择值，如图 2.41 所示。

图 2.41　设置查阅字段列的属性

（7）切换到"数据表"视图，单击"性别"列的单元格中的向下箭头，可从列表框中选择所需的值，如图 2.42 所示。

图 2.42　测试查阅字段列

（8）通过设置属性创建查阅字段。在"设计"视图中单击"政治面貌"字段所在行，在"字段属性"节选择"查阅"选项卡，将"显示控件"属性设置为"组合框"，将"行来源类型"属性设置为"值列表"，将"行来源"属性设置为"共产党员;共青团员;其他"（对于文本型字段，Acess 会对每项自动添加引号），其他属性则使用默认值，如图 2.43 所示。

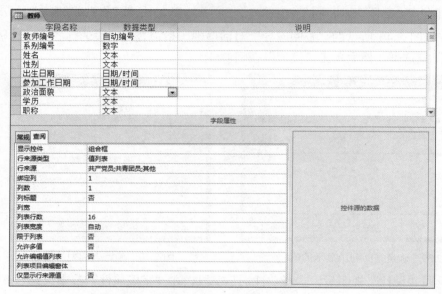

图 2.43　通过设置属性创建查阅字段

（9）通过将"显示控件"属性设置为"组合框"，"行来源类型"属性设置为"值列表"，将"教师"表中的以下字段也设置为值列表查阅字段。

① "学历"字段："行来源"属性为"大学本科;研究生"。

② "职称"字段："行来源"属性为"正高;副高;中级;初级"。

（10）使用相同的方法，将以下表中的指定字段设置为值列表查阅字段。

① "学生"表中的"性别"字段："行来源"属性为"男;女"。

② "授课"表中的"学年"字段："行来源"属性为"2014–2015;2015–2016"。

③ "授课"表中的"学期"字段："行来源"属性为"1;2"。

2. 设置"表/查询"查阅字段

"表/查询"查阅字段从另一个表或查询中获取数据，可以使用"查阅向导"来创建。

（1）在"设计"视图中打开"教师"表，选择"系别编号"字段，然后从"数据类型"列表框中选择"查阅向导"，如图 2.44 所示。

（2）在如图 2.45 所示的"查阅向导"对话框中，选择"使用查阅字段获取其他表或查询中的值"选项，然后单击"下一步"按钮。

图 2.44　选择"查阅向导"

图 2.45　确定查阅字段获取值的方式

（3）在如图 2.46 所示的"查阅向导"对话框中，选择"系别"表为查阅字段提供数据，然后单击"下一步"按钮。

（4）在如图 2.47 所示的"查阅向导"对话框中，在"可用字段"列表框中单击字段名称，单击 按钮，将该字段添加到"选定字段"列表框中，然后单击"下一步"按钮。在本任务中，已将"系别编号"和"系别名称"两个字段都添加到"选定字段"列表框中。

图 2.46　选择为查阅字段提供数据的表

图 2.47　确定查阅字段中包含的字段值

（5）在如图 2.48 所示的"查阅向导"对话框中，可设置要为列表框中的项使用的排序次序。在本任务中不设置排序次序，直接单击"下一步"按钮。

（6）在如图 2.49 所示的"查阅向导"对话框中，选取"隐藏键列"复选框，通过拖动或双击列的右边缘来调整列的宽度，然后单击"下一步"按钮。

图 2.48　确定列表框中的项使用的排序次序

图 2.49　隐藏键列并调整列宽

（7）在如图 2.50 所示的"查阅向导"对话框中，将查阅字段的标签指定为"系别编号"，选取"启用数据完整性"复选框和"限制删除"选项，然后单击"完成"按钮。

（8）当出现如图 2.51 所示的"查阅向导"对话框时，单击"是"按钮，以保存对表所做的修改，此时将在"系别"表与"教师"表之间建立一对多关系。

图 2.50　指定查阅字段的标签并启用数据完整性　　　　图 2.51　保存表并创建关系

（9）返回"设计"视图后，选择"系别编号"字段，在"字段属性"节的"查阅"选项卡中查看查阅字段的属性设置。在这里可以看到，"显示控件"属性为"组合框"，"行来源类型"属性为"表/查询"，"行来源"属性为"SELECT [系别].[系别编号], [系别].[系别名称] FROM 系别;"（这是一个查询语句，其作用是从"系别"表中查询并返回"系别编号"、"系别名称"两个字段的值）；为了限制在"教师"表中添加或修改记录时"系别编号"字段只能从列表框中选择值，将"限于列表"属性设置为"是"，如图 2.52 所示。

字段属性		
常规 查阅		
显示控件	组合框	
行来源类型	表/查询	
行来源	SELECT [系别].[系别编号], [系别].[系别名称] FROM 系别;	
绑定列	1	
列数	2	数据类型决定用户所能保存在该字段中值的种
列标题	否	类。按 F1 键可查看有关数据类型的帮助。
列宽	0cm;2.223cm	
列表行数	16	
列表宽度	2.222cm	
限于列表	是	
允许多值	否	
允许编辑值列表	否	
列表项目编辑窗体		
仅显示行来源值	否	

图 2.52　查阅字段列的属性设置

（10）切换到"数据表"视图，单击"系别"列的单元格中的向下箭头，可从列表框中选择所需的值，如图 2.53 所示。在此选择的是系别名称，字段中实际存储的是系别编号。

图 2.53　测试"教师"表中的查阅字段"系别编号"

（11）在"设计"视图中打开"班级"表，将字段的标题设置为"系别"；使用"查阅向导"将该表中的"系别编号"字段设置为查阅字段,从"系别"表中检索"系别编号"和"系别名称"字段的值,分别用于存储和显示,测试效果如图 2.54 所示。

图 2.54 测试"班级"表中的查阅字段"系别编号"

（12）在"设计"视图中打开"学生"表,使用"查阅向导"将该表中的"班级编号"字段设置为查阅字段,从"班级"表中检索班级编号信息（显示兼存储）,如图 2.55 所示。

学号	班级编号	姓名	性别	出生日期	是否团员	入学日期	入学成绩
150001	计1501	王建华	男	1997/10/1	☑	2015/8/26	356
150002	计1501	李志明	男	1998/3/12	☐	2015/8/26	236
150003	电1501	刘亚楠	女	1997/9/19	☑	2015/8/26	391
150004	电1502	贺新伟	男	1998/6/11	☑	2015/8/26	268
150005	计1501	陈伟强	男	1999/11/3	☐	2015/8/26	302
150006	计1502	张淑美	女	1997/7/12	☑	2015/8/26	331
150031	计1503	汪江涛	男	1998/5/21	☑	2015/8/26	278
150032	计1504	杜晓阳	男	1999/8/16	☑	2015/8/26	310
150033	商1501	马莉莎	女	1998/6/22	☑	2015/8/26	236
150034	商1502	程雅芝	女	1999/9/26	☐	2015/8/26	201
150035	计1502	柳若雨	女	1997/10/9	☑	2015/8/26	313
150036	计1502	吴天昊	男	1998/10/3	☐	2015/8/26	289
150061	计1503	李国华	男	1998/3/26	☐	2015/8/26	261
150062	计1503	杨洁琼	女	1997/5/19	☑	2015/8/26	362
150063	计1503	马妍妍	女	1998/7/22	☑	2015/8/26	332

图 2.55 测试"学生"表中的查阅字段"班级编号"

（13）在"设计"视图中打开"授课"表,将该表中的以下字段设置为查阅字段。

① "教师编号"字段:设置字段标题为"教师";运行"查阅向导",从"教师"表中检索"教师编号"和"姓名"字段的值,分别用于存储和显示。测试效果如图 2.56 所示。

教师	班级编号	课程	学年	学期	学时	单击以添加
李致远	计1501	计算机应用基础	2015-2016	1	108	
刘建国	计1502	计算机应用基础	2015-2016	1	108	
李致远	计1503	计算机应用基础	2015-2016	1	108	
张薇薇	计1504	计算机应用基础	2015-2016	1	108	
刘建国	计1501	办公软件	2015-2016	1	90	
赵丽娟	计1502	办公软件	2015-2016	1	90	
李中良	计1503	办公软件	2015-2016	1	90	
宋晓丽	计1504	办公软件	2015-2016	1	90	
赵明德	电1501	计算机应用基础	2015-2016	1	108	
刘丽娄	电1501	电路分析	2015-2016	1	100	
何晓明	电1502	计算机应用基础	2015-2016	1	108	
赵春明	电1502	电路分析	2015-2016	1	100	
李文广	商1501	会计基础	2015-2016	1	120	
王晓慧	商1502	计算机应用基础	2015-2016	1	108	
赵春明	商1502	会计基础	2015-2016	1	100	

图 2.56 测试"授课"表中的查阅字段"教师编号"

② "班级编号"字段:运行"查阅向导",从"班级"表中检索"班级编号"字段的值,用于存储和显示。测试效果如图 2.57 所示。

图 2.57 测试"授课"表中的查阅字段"班级编号"

③"课程编号"字段：设置字段标题为"课程"；运行"查阅向导"，从"课程"表中检索"课程编号"和"课程名称"字段的值，分别用于存储和显示。测试效果如图 2.58 所示。

图 2.58 测试"授课"表中的查阅字段"课程编号"

（14）在"设计"视图中打开"选课"表，将"学号"字段的标题设置为"学生"；运行"查阅向导"，从"学生"表中检索"学号"和"姓名"字段的值，分别用于存储和显示。测试效果如图 2.59 所示。

图 2.59 测试"选课"表中的查阅字段"学号"

（15）在"设计"视图中打开"成绩"表，在该表中设置以下两个查阅字段。

①"学号"字段：设置字段标题为"学生"；运行"查阅向导"，从"学生"表中检索"学号"和"姓名"字段的值，分别用于存储和显示。测试效果如图 2.60 所示。

图 2.60　测试"成绩"表的查阅字段"学号"

②"课程编号"字段：设置字段标题为"课程"；运行"查阅向导"，从"课程"表中检索"课程编号"字段和"课程名称"字段的值，分别用于存储和显示。在"数据表"视图中进行测试，结果如图 2.61 所示。

图 2.61　测试"成绩"表中的查阅字段"课程编号"

3. 设置包含多值的查阅字段

在"选课"表中可以同时选择多种选修课，此时需要用到包含多值的查阅字段。对于这一类多值的查阅字段，可以使用"查阅向导"来创建。

（1）在"设计"视图中打开"选课"表，单击"课程编号"字段所在的行，并从"数据类型"单元格的列表框中选择"查阅向导"。

（2）在如图 2.62 所示的"查阅向导"对话框中，选择"使用查阅字段获取其他表或查询中的值"，然后单击"下一步"按钮。

（3）在如图 2.63 所示的"查阅向导"对话框中，选择"课程"表作为查阅字段的数据来源，然后单击"下一步"按钮。

（4）在如图 2.64 所示的"查阅向导"对话框中，选择"课程编号"和"课程名称"字段包含在查阅字段中，然后单击"下一步"按钮。

（5）在如图 2.65 所示的"查阅向导"对话框中，设置列表项的按"课程编号"字段升序排序，然后单击"下一步"按钮。

（6）在如图 2.66 所示的"查阅向导"对话框中，选取"隐藏键列"复选框并调整列宽，然后单击"下一步"按钮。

图 2.62　设置查阅字段获取数据的方式

图 2.63　设置查阅字段的来源表

图 2.64　设置为查阅列提供数据的字段

图 2.65　设置列表项的排序次序

（7）在如图 2.67 所示的"查阅向导"对话框中，将查阅字段的标签设置为"课程编号"，并选择"允许多值"复选框，然后单击"完成"按钮。

图 2.66　隐藏键列并调整列宽

图 2.67　设置查阅字段标签并允许多值

（8）当出现如图 2.68 所示的对话框时，单击"是"按钮，将"课程编号"字段设置为多值字段；当出现如图 2.69 所示的对话框时，单击"是"按钮，保存表并创建关系。

图 2.68　设置多值字段

图 2.69　保存表

（9）返回"设计"视图后，单击"课程编号"字段所在行，在"字段属性"节中选择"查阅"选项卡，对"行来源"属性进行修改，即在"查阅向导"设置的属性值中添加"WHERE (((课程.课程性质)="选修"))"，以限制列表框中只显示选修课程，如图 2.70 所示。

图 2.70 更改"行来源"属性

（10）切换到"数据表"视图，向"课程"表中添加新记录，在"课程"字段所在单元格中单击向下箭头，此时弹出的列表框每个课程名称前面都有一个复选框，要选择多门课程，可选中相关的复选框并单击"确定"按钮，如图 2.71 所示。

图 2.71 测试"选课"表中的多值查阅字段"学号"

➤ 知识与技能

查阅字段是表中的字段，其中的值是从另一个表/查询或值列表中检索而来的。使用查阅字段可以显示组合框或列表框中的选项列表。选项可以来自表或查询，也可以是用户自己提供的值。既可以使用"查阅向导"来创建查阅字段，也可以通过设置字段的"查阅"字段属性手动创建查阅字段。如果可能，应该使用"查阅向导"创建查阅字段。查阅向导可简化创建过程，自动填写适当的字段属性并创建适当的表关系。通过使用查阅字段，可以使用列表框或组合框从另一个表或值列表中选择一个值，不仅提高了数据输入的效率，还能够避免输入无效的数据。

创建查阅字段时，可以使用"查阅向导"或手工方式来设置字段的以下属性。

1. 显示控件

"显示控件"属性指定在数据表视图中使用什么类型的控件来显示字段。在"设计"视图中选择"查阅"选项卡，然后设置字段的"显示控件"属性。对于文本型或数字型的字段，该属性可以设置为"文本框"、"列表框"或"组合框"；对于是/否型的字段，该属性可以设为"复选框"、"文本框"或"组合框"。

2. 行来源类型

使用将"行来源类型"属性和"行来源"属性一起使用，以告知 Access 如何为列表框或组合框控件提供数据。"行来源类型"属性使用以下 3 种设置。

（1）表/查询：数据来自"行来源"属性设置指定的表、查询或 SQL 语句。这是默认值。例如，"教师"表中的"系别编号"字段、"学生"表中的"班级编号"字段，以及"选课"表中的"学号"字段和"课程编号"字段均属于这种情况。

（2）值列表：数据是由"行来源"属性设置指定的项组成的列表。例如，"教师"表中的"性别"字段、"政治面貌"字段和"学历"字段等均属于这种情况。

（3）字段列表：数据是由"行来源"设置指定的表、查询或者 SQL 语句中的字段名组成的列表。

3. 行来源

"行来源"属性必须与"行来源类型"属性一起使用，以确定如何为列表框或组合框提供数据。"行来源"属性设置取决于"行来源类型"属性的设置。请看下面的例子。

（1）若要在一个列表框中显示"共产党员"、"共青团员"或"其他"3 项，可将"行来源类型"属性设置为"值列表"，并将"行来源"属性设置为一个字符串，其内容为"共产党员;共青团员;其他"，用分号隔开两个不同的项。对于文本型字段，Access 会自动对每个项添加双引号来做定界符。

（2）若要在一个列表框中显示"课程"表中的必修课的"课程编号"和"课程名称"数据，可将列表框的"行来源类型"属性设置为"表/查询"，并将"行来源"属性设置为以下查询语句。

```
SELECT 课程.课程编号, 课程.课程名称 FROM 课程
WHERE 课程.课程性质="选修" ORDER BY 课程.课程编号;
```

这是一个 SQL SELECT 查询语句，用于从"课程"表获取所有必修课的课程编号和课程名称，并按课程编号升序排序。该 SELECT 语句由 4 个子句组成：SELECT 子句指定要在查询中选择哪些字段，字段可用"表名.字段名"形式表示，字段之间用逗号分隔；FROM 子句指定从哪个表或查询中获取数据；WHERE 子句用于指定如何对查询返回的记录进行筛选，只有符合筛选条件的记录才会包含在查询结果中；ORDER BY 子句指定按照哪个字段对查询结果进行排序以及如何排序。在本任务中，WHERE 子句是在运行"查阅向导"后添加的。

4. 绑定列

从列表框或组合框中进行选择时，"绑定列"属性确定 Access 把哪一列的值用作控件的值。"绑定列"属性的默认值为 1，亦即指定第一个字段的值作为控件的值。

组合框中最左边可见的列包含组合框的文本框部分所显示的数据。在进行选择时，"绑定列"属性用于确定将存储文本框或组合框列表中哪一列的值，这样可以显示不同于保存为控件值的数据。例如，在"成绩"表中创建"学号"查阅字段时，要从"学生"表中检索"学号"字段和"姓名"字段，绑定列为 1，字段中存储的却是学号，组合框中显示的是学生姓

名。输入数据时，将自动在组合框的文本框中填写一个与组合框列表中的值相匹配的值。

5. 列数、列宽、列表行数和列表宽度

"列数"属性指定列表框中或组合框的列表框部分所显示的列数。如果从"学生"表中检索"学号"和"姓名"字段，或者从"课程"表中检索"课程编号"和"课程名称"字段，都需要将"列数"属性设置为 2。

"列宽"属性指定多列组合框或列表框中每列的宽度。列宽以半角分号分隔。例如，"1.5 cm;0;2.5 cm"表示第 1 列宽 1.5cm，第 2 列隐藏，第 3 列宽 2.5cm。"2 cm;;2 cm"表示第一列宽 2cm，第 2 列宽使用默认值，第 3 列宽 2cm。若将"列宽"属性留空，则 3 列的宽度相同。在本任务中，创建查阅字段时通常设置隐藏键列，这样会把相应的列宽设置为 0。

"列表行数"属性设置组合框中列表框部分所能显示的最大行数，默认值为 16。根据需要，可以自行设置在列表框中显示的最大行数。

"列表宽度"属性设置组合框中列表框部分的宽度。如果要显示多列列表，可输入可以使列表足够宽的值，以显示所有的列。

6. 限于列表

"限于列表"属性可以将组合框值限制为列表项。若将该属性设置为"是"，则当用户在组合框的列表中选择了某个项，或输入了与列表项相匹配的文本，Access 都将接受。当输入的文本不在列表项中时，将不接受该文本，用户必须重新输入，或选择列表项，或按 Esc 键，或在"编辑"菜单中单击"撤消"命令。若该属性设置为"否"，则 Access 将接受任何符合"验证规则"属性的文本。

7. 允许多值

"允许多值"属性决定是否允许选择多个项目。若将该属性设置为"是"，则在数据表视图中输入数据时，查阅字段组合框的下拉列表框中每个选项前面包含一个复选框，下拉列表框底部包含一个"确定"和一个"取消"按钮，允许用户从列表中选择多个值。这样的查阅字段称为多值字段。在选课时每个学生都可以从选修课中选择多门课程；或者有一项任务要分配给员工或承包商，但需要将它分配给多个人员。在这些场合，都可以创建一个多值字段，以便从列表框中选择多项。在本任务中设置的多值字段是基于查询的，除此之外，多值字段的值也可以是基于值列表的。

任务 2.7　设置字段的输入掩码

➤ 任务描述

输入掩码用于设置表字段的有效输入格式，可对输入的数据类型进行控制。例如，在输入密码时，出于安全性的考虑输入内容通常显示为星号；在日期型字段中只能输入数字（包括年月日）以及日期分隔符而不允许输入其他字符。为了对用户在字段中输入的值进行控制并使输入更容易，需要对字段的"输入掩码"属性进行设置。在本任务中，将对"系统用户"表、"教师"表和"学生"表中的部分字段设置输入掩码。

➤ **实现步骤**

在"设计"视图中打开表，即可对表中的字段设置输入掩码。这个设置过程通常可以使用"输入掩码向导"来完成，也可以用手工方式来直接设置。

（1）打开"学生成绩管理"数据库。

（2）在"设计"视图中打开"系统用户"表。

（3）单击"密码"字段所在的行，在"字段属性"下选择"常规"选项卡，单击"输入掩码"属性框右侧的对话按钮口，如图 2.72 所示。

图 2.72　设置"密码"字段的"输入掩码"属性

（4）当出现如图 2.73 所示的"输入掩码向导"对话框时，从"输入掩码"列表中选择"密码"项（其示例数据为"******"），并在"尝试"框中输入测试数据（此时显示为一串星号），然后单击"下一步"按钮。

（5）在如图 2.74 所示的"输入掩码向导"对话框中，单击"完成"按钮。

图 2.73　选择输入掩码

图 2.74　完成输入掩码向导

此时可以看到"输入掩码"属性被设置为"密码"，如图 2.75 所示。

（6）切换到"数据表"视图以查看"系统用户"表中的数据，此时可以看到"密码"字段的值一律显示为星号。如果在"密码"字段中输入或修改值，所输入的字符也显示为星号，如图 2.76 所示。

图 2.75　字段的"输入掩码"属性设置

图 2.76　测试字段的输入掩码

（7）在"设计"视图中打开"教师"表，单击"出生日期"字段所在的行，在"字段属性"节下单击"常规"选项卡，将"显示日期选取器"属性设置为"从不"，然后单击"输入掩码"属性框右侧的按钮，如图 2.77 所示。

图 2.77　设置"出生日期"字段的"输入掩码"属性

（8）当出现如图 2.78 所示的"输入掩码向导"对话框时，从"输入掩码"列表框中选择"短日期"项（示例数据为"1969-9-27"，即使用短横线"-"作为分隔符），然后单击"下一步"按钮。

（9）在如图 2.79 所示的"输入掩码向导"对话框中，接受默认的输入掩码"0000/99/99"和占位符"_"，并在"尝试"框中输入数据进行测试，然后单击"下一步"按钮。

注意

上述输入掩码中的字符"0"表示数字 0~9，字符"9"则表示数字或空格，字符"/"为日期分隔符。

图 2.78　选择"短日期"项　　　　　　图 2.79　修改输入掩码

（10）在如图 2.80 所示的"输入掩码向导"对话框中，单击"完成"按钮，此时可看到"出生日期"字段的"输入掩码"属性被设置为"0000-99-99;0;_"，如图 2.81 所示。

常规	查阅
格式	短日期
输入掩码	0000-99-99;0;_
标题	
默认值	
有效性规则	
有效性文本	
必需	否
索引	无
输入法模式	关闭
输入法语句模式	无转化
智能标记	
文本对齐	常规
显示日期选取器	从不

图 2.80　完成输入掩码设置　　　　　　图 2.81　查看字段的输入掩码

说明：在图 2.81 中，字段的输入掩码"0000-99-99;0;_"由以下 3 个部分组成，各个部分用分号分隔。

第 1 部分为"0000-99-99"，这是输入掩码本身，其中 0 表示一个数字（0~9），而且必须输入；其中 9 表示数字或空格；字符"-"是原义字符，表示日期分隔符。

第 2 部分位于两个分号之间，这里的 0 表示将原义字符与字段值一起保存；若为 1 或空白，则表示只保存输入的非空格字符。

第 3 部分位于第二个分号后面，在这里是一个下画线符号"_"，表示应该在输入掩码中键入字符的位置显示一个下画线。

（11）在"教师"表中选择"参加工作时间"字段，在"字段属性"节的"常规"选项卡中，将该字段的"输入掩码"属性直接设置为"0000-99-99;0;_"。

（12）切换到"数据表"视图，向"教师"表中添加新记录，当在"出生日期"字段中输入数据时，将出现输入掩码提示，此时在年份部分必须输入 4 位数字，月份和日期部分则可以输入一位或两位数字，在该字段中输入值时数字以外的字符将被拒绝，如图 2.82 所示。

（13）在"设计"视图中打开"学生"表，选择"学号"字段，单击"输入掩码"属性框右边的按钮，在如图 2.83 所示的"输入掩码向导"对话框中单击"编辑列表"按钮；在如图 2.84 所示的"自定义'输入掩码向导'"对话框时，单击"新（空白）记录"按钮，以添加新的输入掩码。

图 2.82　测试"出生日期"字段的输入掩码

图 2.83　编辑输入掩码列表

图 2.84　创建自定义输入掩码

（14）在如图 2.85 所示的"自定义'输入掩码向导'"对话框中设置新定义的输入掩码，在"说明"框中输入"学号"，在"输入掩码"框中输入"000000"，在"占位符"框中输入"_"，在"示例数据"框中输入"160026"，然后单击"关闭"按钮。

（15）返回"输入掩码向导"对话框时，刚才所定义的"学号"输入掩码已被添加"到输入掩码"列表框中；从"输入掩码"列表框中选择所需的"学号"，然后单击"下一步"按钮，如图 2.86 所示。

图 2.85　定义"学号"输入掩码

图 2.86　选择所需输入掩码

（16）在如图 2.87 所示的"输入掩码向导"对话框中，对已设置的输入掩码和占位符进行确认，并通过在"尝试"框中输入一个学号对所选的输入掩码进行测试，然后单击"下一步"按钮。

（17）在如图 2.88 所示的"输入掩码向导"对话框中，选择"像这样不使用掩码中的符号"选项（即在"学号"输入掩码不包含任何原义字段），然后单击"下一步"按钮。

图 2.87　测试输入掩码

图 2.88　选择是否保存原义字符

（18）在如图 2.89 所示的"输入掩码向导"对话框中单击"完成"按钮；此时"学号"字段的"输入掩码"属性将被设置为"000000;;_"，如图 2.90 所示。

图 2.89　完成输入掩码设置

图 2.90　所设置的输入掩码

（19）切换到"数据表"视图，向"学生"表中添加新记录，当在设置输入掩码的字段中输入值时，将会出现输入掩码提示，此时只能输入数字字符，如图 2.91 所示。

图 2.91　输入出生日期字段值时出现的输入掩码提示

➤ 知识与技能

使用"输入掩码"属性可以使数据输入更容易，并且还可以控制用户在文本框类型的控件中输入的值的内容和长度。

1. 设置输入掩码

输入掩码对于数据输入操作很有用。若要设置输入掩码，可以直接在"输入掩码"框中键入属性值，但通常使用输入掩码向导来设置该属性更为方便。

2. 输入掩码的组成

"输入掩码"属性最多可包含 3 个节，节之间用分号（;）来分隔，例如"0000-99-99;0;_"。

每个节的作用如下。

第 1 节：指定输入掩码的本身，例如，0000-99-99。

第 2 节：在输入数据时，指定 Access 是否在表中保存字面显示字符。若在该节中使用 0，所有字面显示字符（例如日期输入掩码中的分隔符"-"）都将与数值一同保存；若输入了 1 或未在该节中输入任何数据，则只有键入到控件中的字符才能保存。

第 3 节：指定 Access 为一个空格所显示的字符，此空格表示应在输入掩码中键入字符的地方。该节可使用任何字符，用双引号（""）将空格括起来可显示空字符串。

3. 有效的输入掩码字符

在创建输入掩码时，可以使用特殊字符来要求某些必须输入的数据，而其他数据则是可选的。这些特殊字符指定了在输入掩码中必须输入的数据类型，例如数字或字符。表 2.7 列出了定义输入掩码时可以使用的特殊字符。

表 2.7　用于输入掩码的特殊字段

字 符	说 明
0	必须输入数字（0~9）
9	可以输入一个数字或空格
#	可以输入一个数字或空格，也可以不输入内容
L	必须输入一个大写字母（A~Z）
?	可以输入一个大写字母（A~Z）
A	必须输入一个字母或数字
a	可以输入一个字母或数字，也可以不输入内容
&	必须输入一个字符或空格
C	可以输入一个字符或空格，也可以不输入内容
. , : ; - /	表示小数点占位符及千位、日期与时间的分隔符，实际的字符按控制面板中区域设置属性的设置而定
<	将其后的所有字符转换为小写
>	将其后的所有字符转换为大写
!	使输入掩码从右到左显示，而不是从左到右显示
\	使接下来的字符以字面字符显示。例如，\A 显示为 A
password	创建密码输入控件，在文本框中输入的任何字符都将以原字符保存，但显示为星号（*）

任务 2.8　设置字段的有效性规则

➤ 任务描述

在表中添加或编辑记录时，某些字段的取值通常应满足指定要求。例如，电子邮件地址字段值中必须包含一个"@"字符；百分制下成绩字段的取值范围为 0~100，如果小于 0 或大于 100，就不是一个有效的字段值。通过设置字段的有效性规则可以设置对输入到字段的值的要求，如果违反了有效性规则，则可以通过有效性文本向用户显示出错信息。在本任务中，将对"教师"表中的"电子邮件地址"字段、"成绩"表中的"成绩"字段以及"学生"表中的"出生日期"字段设置有效性规则和有效性文本。

➤ **实现步骤**

对同一个字段来说,"有效性规则"属性和"有效性文本"属性通常是一起设置的。在记录或字段中输入数据时,可使用"有效性规则"属性指定对所输入数据的要求。当输入的数据违反了"有效性规则"设置时,可使用"有效性文本"属性指定将显示给用户的消息。

（1）打开"学生成绩管理"数据库。

（2）在"设计"视图中打开"成绩"表,然后选择"出生日期"字段。

（3）在"字段属性"节选择"常规"选项卡,并在"有效性规则"属性框中输入表达式">=0 And <=100",然后在"有效性文本"属性框中输入"只能输入 0 ~ 100 之间的数字!",如图 2.92 所示。

提 示

在上述表达式中,>=表示大于等于运算符,<=表示小于等于运算符,And 为逻辑运算符,表示两项同时成立时才符合有效性规则,此规则表示"成绩"字段的值只能是 0 ~ 100 范围的一个数字,既不能是负数,也不能超过 100。

（4）切换到"数据表"视图,对所设置的有效性规则进行测试。当在"成绩"字段中输入超出 0 ~ 100 范围的数值时,将弹出显示有效性文本的对话框,如图 2.93 所示。单击"确定"按钮时,光标重新返回"成绩"字段值框中。

图 2.92　设置有效性规则和有效性文本

图 2.93　测试有效性规则

（5）在"设计"视图中打开"学生"表,选择"出生日期"字段,在"有效性规则"文本框中输入表达式">Now()",然后在"有效性文本"文本框中输入"出生日期不能在未来!",如图 2.94 所示。

提 示

上述表达式中 Now() 为 VBA 函数,用于获取计算机系统的当前日期和时间。VBA 是 Visual Basic for Applications 的缩写,这是 Visual Basic 的一种宏语言,是 Microsoft 公司开发出来在其桌面应用程序中执行通用的自动化任务的编程语言,主要能用来扩展 Windows 应用程序（尤其是 Microsoft Office 软件）的功能。

（6）单击应用程序窗口右下角的"数据表"按钮 🔲,切换到"数据表"视图,对有效性规则进行测试。当在"出生日期"字段中输入晚于当前日期的日期数据时,将弹出包含有效性文本的对话框，如图 2.95 所示。

图 2.94　设置有效性规则和有效性文本

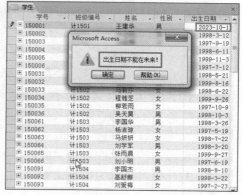

图 2.95　测试有效性规则

（7）在"设计"视图中打开"教师"表，选择"电子信箱"字段；在"有效性规则"文本框中输入表达式"Is Null Or ((Like "*?@?*.?*") And (Not Like "*[,;]*"))"，然后在"有效性文本"文本框中输入"输入了无效的电子邮件地址！"，如图 2.96 所示。

图 2.96　设置有效性规则和有效性文本

提示

　　上述表达式用到了 Is 运算符、Like 运算符、星号（*）通配符、问号（?）通配符以及其他运算符，用于检查输入的字段值是否为空，或者包含"@"字符和"."字符，而且不包含空格、逗号（,）和分号（;），一个有效的电子邮件地址必须同时满足这些条件。

（8）切换到"数据表"视图，对有效性规则进行测试。当输入的电子邮件地址不符合要求时，就会弹出包含有效性文本的消息框，如图 2.97 所示。

图 2.97　测试字段的有效性规则

➤ **知识与技能**

　　使用"有效性规则"属性可以指定对输入到记录、字段中的数据的要求。当输入的数据违反了有效性规则的设置时，可以使用"有效性文本"属性指定将显示给用户的消息。

　　若要设置"有效性规则"和"有效性文本"属性，可在设计视图中打开表，然后在字段属性节中选择"常规"选项卡，并在"有效性规则"属性框中输入一个表达式（其最大长度是 2 048 个字符），在"有效性文本"属性框中输入文本（其最大长度是 255 个字符）。

　　Access 将根据字段的数据类型，自动检查数据的有效性。例如，在数值字段中不允许输入字母、标点等非数字字符。

　　如果只设置了"有效性规则"属性，但没有设置"有效性文本"属性，则当违反了有效性规则时，Access 将显示标准的错误消息。如果设置了"有效性文本"属性，所输入的文本将作为错误消息显示。如果为某个字段创建了有效性规则，则 Access 通常不允许 Null 值存储在该字段中。如果要使用 Null 值，必须将"Is Null"添加到有效性规则中，例如"<> 8 Or Is Null"，并确保"必填字段"属性已经设置为"否"。

　　下面给出"有效性规则"和"有效性文本"属性的示例。

"有效性规则"属性	"有效性文本"属性
<> 0	输入项必须是非零值。
> 1000 Or Is Null	输入项必须为空或大于 1000。
Like "A????"	输入项必须是 5 个字符并以字母 A 开头。
>= #1/1/96# And <#1/1/97#	输入项必须是 1996 年中的日期。

任务 2.9　在表中添加和编辑记录

➤ **任务描述**

　　在前面几个任务中创建了"学生成绩管理"数据库创建了一些表，还将部分表字段设置为查询字段列，并对部分字段设置了输入掩码和有效性规则。表由结构和数据两部分组成。定义表结构后，既可以向表中添加新记录，也可以对表中现有记录进行编辑。在本任务中，将以"学生"表为例说明如何在表中添加、编辑和删除记录。

➤ **实现步骤**

　　无论是在表中添加新记录还是对表中现有记录进行编辑和删除操作，都在"数据表"视图中进行，具体操作步骤如下。

　　（1）打开"学生成绩管理"数据库。

　　（2）在导航窗格中选择"表"，双击"学生"表，以便在"数据表"视图中打开该表，然后添加新记录或修改现有记录。对于不同类型的字段，输入数据的方法有所不同。

　　①对于普通的文本型或数字型字段，默认情况下其显示控件是文本框，可以直接在文本框中输入字段值。如果已经对字段设置了输入掩码，则可以按照输入掩码的提示来输入字段值。如果已经对字段设置了有效性规则，则在违反该规则时将显示由有效性文本指定的错误提示信息，此时可按 Esc 键来取消修改。

②对于设置查阅列的字段，其显示控件默认为组合框，可以从列表框中选择预先设定的静态值（如"性别"字段），也可以选择来自其他表或查询中的字段值（如"班级编号"字段）。如果所需要的值没有包含在列表中，则可以在组合框的文本框中输入字段值。如果希望字段能够接受所输入的值，应在字段属性节的"查阅"选项卡中将"限于列表"属性设置为"否"。

③对于是/否型字段，默认情况下其显示控件为复选框，可以通过选中或取消复选框来输入字段值（例如"是否团员"字段）。

④对于附件字段，其标题显示为符号，表明该字段为"附件"数据类型。默认情况下，附件字段值单元格中显示(0)符号，其中数字"0"表示当前附件文件的数目为 0。若要向附件字段中添加文件，可双击该字段值单元格，可以打开如图 2.98 所示的"附件"对话框，然后单击"添加"按钮，并在如图 2.99 所示的"选择文件"对话框中选择要添加的文件；此时所添加的文件列在"附件"对话框

图 2.98 "附件"对话框

中，单击"确定"按钮即完成附件的添加；若要删除附件文件，可单击该文件并单击"删除"按钮；若要查看附件内容，可双击附件文件来运行相关联的应用程序，以打开该文件。

图 2.99 选择要添加的附件文件

（3）若要添加新记录，可以将光标定位在表的最后一行中，然后输入字段值。如果表中包含的记录比较多，可单击记录导航栏上的 按钮快速定位到最后一行。

（4）若要修改现有记录，可以将光标定位于需要修改数据的单元格，此时字段值处于选中状态，输入的内容将代替原有内容；也可按 F2 键取消选中状态，然后再进行修改。

（5）若要删除现有记录，可单击要删除记录的选择器，然后按 Delete 键，并在弹出的对话框中单击"是"按钮，以确认删除操作。若要选择多条记录，可以单击要删除的首记录的选择器并拖到要删除的末记录的选择器

（6）若要查找字段值，可以在记录导航栏的"搜索"文本框中输入要查找的内容，也可以按【Ctrl+F】组合键，以打开"查找和替换"对话框，输入要查找的内容并单击"查找下

一个"按钮，如图 2.100 所示。

（7）若要查找并替换字段值，可按【Ctrl+H】组合键打开"查找和替换"对话框，在"替换"选项卡中输入要查找的内容和要替换的内容，进行查找和替换操作，如图 2.101 所示。

　　图 2.100　查找字段的内容　　　　　　　　　图 2.101　查找并替换字段的内容

（8）若要对记录进行排序，可单击作为排序依据的字段列，并在"开始"选项卡的"排序和筛选"组中单击"升序"按钮或"降序"按钮，如图 2.102 所示；当按多个字段对记录进行排序时，首先根据第一个字段按指定顺序排序，若第一个字段具有相同的值，则根据第二个字段按指定顺序排序；若要清除排序，可在"开始"选项卡的"排序和筛选"组中单击"取消排序"按钮。

图 2.102　排序与筛选

（9）若要根据某个字段的特定值对记录进行筛选，可单击该字段所在列，并在"开始"选项卡的"排序和筛选"组中单击"筛选器"命令，然后使用复选框列表选择特定值，如图 2.103 所示；也可以指向"文本筛选器"，并从下一级菜单中选择适当的命令，如图 2.104 所示，然后在"自定义筛选器"对话框中输入所需的值；若要清除筛选器，可以在"开始"选项卡的"排序和筛选"组中单击"切换筛选"命令。

　　图 2.103　按选定值筛选记录　　　　　　　　图 2.104　选择所需的筛选命令

任务 2.10　在表之间建立关系

▶ 任务描述

在 Access 数据库中针对每个主题创建不同的表之后,还必须告诉 Access 如何将这些表中的信息合并在一起。为了实现这个目的,首先需要通过公共字段在表之间建立关系,然后创建查询、窗体以及报表,以便从多个表中检索并显示信息。在本任务中,将在"学生成绩管理"数据库中创建表之间的关系,包括通过"系别编号"字段在"系别"表与班级表之间建立一对多关系,以及通过"班级编号"字段在"班级"表与"学生"表之间建立一对多关系。

▶ 实现步骤

在本任务中,通过公共字段在"学生成绩管理"数据库的相关表之间创建关系,具体操作步骤如下。

（1）打开"学生成绩管理"数据库。

（2）在"数据库工具"选项卡的"关系"组中选择"关系"命令,如图 2.105 所示。

图 2.105　创建表关系

（3）当出现"关系"窗口时,在"设计"选项卡的"关系"组中单击"显示表"命令,如图 2.106 所示。

（4）在"显示表"对话框中选择要建立关系的所有表,可按住 Ctrl 键不放依次单击要添加的各个表,然后单击"添加"按钮,再单击"关闭"按钮,如图 2.107 所示。

图 2.106　显示要添加的表

图 2.107　"显示表"对话框

（5）若要在两个表之间建立关系,可在"关系"窗口中从一个表中将所要关联的字段拖到另一个表的对应字段上。例如,将"系别"表的"系别"编号字段拖到"班级"表上。

提 示

　　若要拖动多个字段,可按住 Ctrl 键不放依次单击各个字段,然后把这些字段拖到另一个表的对应字段上。表中的主键字段旁边有一个钥匙图标 ,可将主键字段拖到另一个相关表的外键字段上。相关字段不一定同名,但它们必须具有相同的数据类型,并且包含相同的内容。除了在"关系"窗口中创建表关系之外,基于表/查询来设置查阅字段列时也可能会在表之间创建关系。

　　(6)此时出现如图 2.108 所示的"编辑关系"对话框,显示出两个表(系别表为主表)中的对应字段,可对以下选项进行设置。

　　①若要设置联接类型,可单击"联接类型"按钮,然后在"联接属性"对话框中选择所需的选项(其中 1 表示内联接,2 表示左联接,3 表示右联接),如图 2.109 所示。

　　②若要对关系实施参照完整性(若主表中无相关记录,则不能在子表中添加记录;若子表中有相关记录,则不能从主表中删除记录),可选中"实施参照完整性"复选框。

　　③若要在主表的主键字段更改时自动更新相关表中的对应数据,可选中"级联更新相关记录"复选框。

　　④若要在删除主表中的记录时自动删除相关表中的有关记录,可选中"级联删除相关记录"复选框。

　　(7)单击"创建"按钮,在"系别"表与"班级"表之间建立关系,可看到两个表之间出现了一条关系线,"1"方表中的字段为主键,"∞"方表中的字段为外键,如图 2.110 所示。

图 2.108 "编辑关系"对话框

图 2.109 "联接属性"对话框

图 2.110 在表间建立关系

　　(8)使用同样的方法,在其他相关的表之间分别建立一对多关系。"关系"窗口的最终布局如图 2.111 所示。

图 2.111 "关系"窗口布局效果

（9）在快速访问工具栏上单击"保存"按钮，以保存表之间的关系。

➤ **知识与技能**

Access 数据库通常包含多个表。在不同表之间可以通过公共字段建立关系。

1. 关系的类型

关系是在两表的公用字段之间创建的关联性。两个表之间的关系分为"一对一"、"一对多"和"多对多"3 种类型。

（1）一对多关系。一对多关系是关系中最常用的类型。在一对多关系中，A 表中的一个记录能与 B 表中的许多记录匹配，但是在 B 表中的一个记录仅能与 A 表中的一个记录匹配。例如，由于一个系有多个班级，系别表中的一条记录可以对应于班级表中的多条记录，而班级表中的一条记录只能对应于系别表中的一条记录。因此，在学生成绩数据库中，可以通过系别编号在系别表与班级表之间建立起一对多的关系。系别编号字段是系别表的主键字段，在班级表中通过系别字段引用系别表中的系别编号字段，班级表中的系别字段称为外键，外键用于表明表之间的关系。

（2）多对多关系。在多对多关系中，A 表中的记录能与 B 表中的许多记录匹配，并且在 B 表中的记录也能与 A 表中的许多记录匹配。此关系的类型仅能通过定义第三个表（称作联结表）来达成，它的主键包含两个字段，即来源于 A 和 B 两个表的外键。多对多关系实际上是使用第三个表的两个一对多关系。

（3）一对一关系。在一对一关系中，在 A 表中的每一个记录仅能在 B 表中有一个匹配的记录，并且在 B 表中的每一个记录仅能在 A 表中有一个匹配记录。一对一关系类型并不常用，因为两个表中重复字段浪费了磁盘空间。在实际应用中，可以使用一对一关系将一个表分成许多字段，或因安全原因隔离表中部分的数据，或保存仅应用在主表中的子集的信息。

2. 在表之间建立关系

若要在表之间建立关系，可在"数据库工具"选项卡的"显示/隐藏"组中选择"关系"命令，并将要建立关系的表添加到"关系"窗口中，然后从一个表中将所要关联的字段拖到另一个表的对应字段上。此外，定义表结构时，通过建立从表/查询中获取数据的查阅字段，也可以在表之间建立关系。在表之间建立关系后，当基于多个表创建查询时，将会自动使用联接运算符来联接相关的表。

3. 编辑表之间的关系

若要编辑表之间的关系，可在"关系"窗口中单击要编辑的关系线，然后从"关系"菜单中选择"编辑关系"命令，或者双击要编辑的关系线。当出现"编辑关系"对话框时，重新设置两个表之间的关系。

4. 删除表之间的关系

若要删除两个表之间的已有关系，可在"关系"窗口中单击要编辑的关系线，然后从弹出菜单中选择"删除"命令，或者按下 Delete 键。

5. 参照完整性

参照完整性是一个规则的系统，Access 使用这些规则保证在相关表的记录间关系是有效的，并且保证了用户不会删除或更改相关的数据。通过选中"实施参照完整性"复选框，可以为关系实施参照完整性，但前提是应具备以下条件：主表的相关字段必须为主键或具有唯一索引，同时相关字段必须具有相同的数据类型，并且两个表都必须保存在同一个 Access 数据库中。如果清除"实施参照完整性"复选框，则允许更改可能会破坏参照完整性规则的相关表。

项目小结

本项目中讨论了如何设计和实现数据库。创建数据库之前，首先要对数据库进行设计，然后创建数据库并向其中添加表和其他对象。表是数据库的基本存储结构。在 Access 数据库中，表是一个以记录（行）和字段（列）存储数据的对象。在 Access 2010 中，创建表的方法主要有以下几种：使用设计器创建表；使用向导创建表；通过输入数据创建表；通过导入数据创建表。学习时应着重掌握第一种方法。

表包含结构和数据两个方面，创建表时，首先定义表结构，然后向表中输入记录。字段是表中的基本元素之一。在数据表中，字段用列或单元格代表。在窗体或报表上，可以使用一个控件显示字段中的数据，例如文本框、组合框。在定义表结构时，可以向表中添加字段、指定字段名称，也可以设置字段的数据类型以及其他属性。

每个字段都有一组属性，用于控制如何使用该字段来保存、处理和显示数据。字段的数据类型不同，可用的属性也不一样。设置字段属性时，在设计视图上部选择字段，并在下部"字段属性"节对各个属性进行设置：设置文本或数字字段的大小；指定字段中显示的小数位数；指定字段的数据显示格式；指定字段的标题；定义字段的输入掩码；定义字段的默认值；定义有效性规则；指定字段中是否必须输入数据，等等。选择"查阅"选项卡，可以设置字段的显示控件、行来源类型以及行来源属性，通过创建查阅字段可以在输入字段值时从列表中选择一些静态值或来自其他表/查询的数据。学习本章时应熟悉掌握定义表结构的方法。

每个表都应该包含这样的一个或一组字段，这些字段是表中所保存的每一条记录的唯一标识，此信息称作表的主键。指定了表的主键以后，为确保唯一性，Access 2010 将防止在主键字段中输入重复值或 Null 值。使用索引能够根据键值加速在表中查找和排序的功能，并且能对表中的行实施唯一性。一个表的主键值自动创建索引。学习时应当了解主键的类型，掌握设置、更改和删除主键的方法。

在数据库中为每个主题都设置了不同的表后，还需要定义表间的关系，以便将各个表中的信息合并在一起。学习时应当了解关系的类型，理解参照完整性的含义和条件，掌握定义表之间的关系以及编辑和删除关系的方法。

记录是关于人员、地点、事件或其他相关事项的数据集合。在表、查询或窗体的"数据表"视图中，记录显示为一个数据行。在使用数据库的过程中，应当熟练掌握记录的基本操作，包括添加、编辑、删除、保存记录、查找和替换数据、排序以及筛选等。

表有两种视图状态：即"设计"视图和"数据表"视图。创建和修改表时，主要使用"设计"视图。使用表中的数据时，主要使用"数据表"视图。"数据表"视图以行列格式显示表中的数据，在这种视图中可以编辑字段值、添加和删除数据，还可以搜索、替换、排序以及筛选数据。

项目思考

一、填空题

1. 若要创建一个空白数据库，可在文件菜单中单击_____命令；若要关闭当前打开的数据库，可在文件菜单中单击_____命令。。

2. 若要在数据表视图中创建表，可在_____选项卡的_____组中单击_____命令。

3. 主键是表中具有_____的一个或多个字段。

4. 若要显示"字段列表"窗格，可在_____选项卡上的_____组中单击_____命令。

5. 在表的"设计"视图中，"字段属性"节由_____和_____两个选项卡组成。

6. 若要在设计视图中创建表，可在_____命令选项卡的____组中单击_____命令。

二、选择题

1. 在下列各项中，（   ）不是 Access 表中可用的数据类型。

A. 文本   B. 数字

C. 自动编号   D. 动画

2. 通过设置（   ）属性可以指定在字段中输入数据时使用的模式。

A. 输入掩码   B. 默认值

C. 有效性规则   D. 有效性文本

3. 为了限制添加或修改记录时该字段只能从列表框中选择值，可设置（   ）属性。

A. 显示控件   B. 行来源类型

C. 行来源   D. 限于列表

4. 手机号码的输入掩码应该设置为（   ）。

A. 00000000000   B. 99999999999

C. 00000000000;;#   D. 99999999999;;_

5. 若要指定在字段中必须输入一个大写字母，则应在输入掩码中使用（   ）。

A. 0   B. 9

C. ?   D. L

三、简答题

1. 数据库设计有哪些主要步骤？

2. 如何在 Access 数据库中重复执行数据导入操作？

3. 在 Access 2010 中创建表主要有哪些方法？

4. 设置查阅字段列有哪些方法？

5. 输入掩码的 3 个节的作用分别是什么？

6. 对关系实施参照完整性的条件是什么？

项目实训

1. 与从事学生成绩管理的人员交流，确定学生成绩数据库包含哪些表，每个表包含哪些字段，并将结果填写在一个表格。

2. 在 Access 2010 中创建一个空白数据库，并命名为"学生成绩管理"。

3. 在"学生成绩管理"数据库中创建"系别"表、"班级"表、"教师"表、"学生"表、"课程"表、"授课"表、"选课"表以及"成绩"表。

4. 在"学生成绩管理"数据库中，针对下列字段设置查阅字段列。

（1）"学生"表的"性别"字段，行来源为"值列表"，列表框中的值为"男"、"女"。

（2）"学生"表中的"班级编号"字段，行来源为"表/查询"，列表框的值来自"班级"表的"班级编号"字段。

（3）"教师"表中的"学历"字段，行来源为"值列表"，列表框中的值为"研究生"、"大学"。

（4）"教师"表中的"系别编号"字段，行来源为"表/查询"，列表框的值来自"系别"表中的"系别编号"和"系别名称"字段，存储的是"系别编号"字段的值，显示的是"系别名称"字段的值。

5. 在"学生成绩管理"数据库中，针对下列字段设置输入掩码。

（1）"学生"表中的"学号"字段只能输入 6 位数字。

（2）"教师"表中的"出生日期"字段只能输入短日期格式的数据。

（3）"教师"表中的"手机号码"字段只能输入 11 位数字。

6. 在"学生成绩管理"数据库中，针对下列字段设置有效性规则和有效性文本。

（1）"学生"表中的"出生日期"字段，其值不能在未来。

（2）"成绩"表中的"成绩"字段，其值只能是 0 ~ 100 之间的数字。

7. 根据你们学校的实际情况，向"学生成绩管理"数据库的各个表中输入测试性数据。此操作请务必完成，因为在后续学习中将用到这些数据。

8. 在"学生成绩管理"数据库的相关表之间建立一对多关系。

查询的创建和应用

项目描述

在项目 2 中创建了"学生成绩管理"数据库，并通过创建一些表来存储系统用户、教师、学生、课程、选课、授课以及成绩等信息，从而为学生成绩管理提供了基础性数据。在实际应用中，经常要从一个或多个表中获取符合特定条件的数据，通过创建和运行查询便可以实现这个目的。与表一样，查询也是 Access 数据库中的一种对象。通过查询不仅可以按不同方式来查看和分析数据，还可以完成数据的批量更新或删除等操作。在本项目中，将在"学生成绩管理"数据库中创建各种类型的查询，通过创建选择查询、交叉表查询和参数查询来实现数据的检索，并通过创建操作查询来实现记录的添加、修改和删除。

项目目标

（1）掌握使用向导和设计器创建选择查询的方法
（2）掌握创建交叉表查询的方法
（3）掌握创建参数查询的方法
（4）掌握通过操作查询添加记录的方法
（5）掌握通过操作查询更新记录的方法
（6）掌握通过操作查询删除记录的方法

任务 3.1　创建选择查询

➤ 任务描述

"学生"表中存储着大量的学生记录。在实际工作中，通常需要获取符合某种条件的学生信息。在本任务中，将通过创建选择查询从"学生成绩管理"数据库中检索学生信息。通过本任务可以掌握创建选择查询的操作步骤，并初步掌握 SELECT 语句的使用方法。

➤ 实现步骤

在 Access 2010 中，可以使用查询向导或查询设计器来创建选择查询。选择查询以 SELECT 语句形式存储在数据库中，其功能是从数据表中获取数据并按所需顺序来显示。

1. 从"学生"表中检索部分字段信息

"学生"表中一共包含 11 个字段，但有时只需要查看其中的部分字段。下面使用查询向导创建一个选择查询,以便从"学生"表中获取"班级编号"、"学号"、"姓名"、"性别"和"出生日期"这 5 个字段的内容。

(1)打开"学生成绩管理"数据库。

(2)在"创建"选项卡的"查询"组中,单击"查询向导"命令,如图 3.1 所示。

图 3.1　运行查询向导

(3)在如图 3.2 所示的"新建查询"对话框中,选择"简单查询向导",然后单击"确定"按钮;当出现如图 3.3 所示的"简单查询向导"对话框时,从"表/查询"列表中选择"表:学生",然后在"可用字段"列表框中依次双击"学号"、"班级编号"、"姓名"、"性别"和"出生日期"字段,将这些字段添加到"选定的字段"列表框中,然后单击"下一步"按钮。

图 3.2　选择"简单查询向导"　　　　　　图 3.3　指定在查询中使用的表和字段

(4)当出现如图 3.4 所示的"简单查询向导"对话框时,将查询的标题设置为"学生基本信息",并选中"修改查询设计"选项,然后单击"完成"按钮。此时进入"设计"视图,这个视图的上部列出在查询中要访问的表及其字段列表,下部的设计网格则列出在查询中要用到的各个字段,同时在导航窗格中出现新建的查询对象,如图 3.5 所示。

图 3.4　指定查询的标题　　　　　　图 3.5　在"设计"视图中查看查询

（5）在"设计"选项卡的"结果"组中单击"视图"按钮下方的箭头，并从下拉菜单中选择"数据表视图"命令，如图 3.6 所示，或者单击窗口右下角的"数据表视图"按钮 ，以切换到"数据表"视图，查看查询的运行结果。

图 3.6　单击"数据表视图"命令

（6）在如图 3.7 所示的"数据表"视图中，可以使用窗口右边的滚动条来查看更多的记录，也可以使用窗口下方的导航按钮在不同记录之间移动：单击 按钮移到第一条记录；单击按钮 移到上一条记录；单击 按钮移到下一条记录；单击 按钮移到最后一条记录；单击按钮 则新增一条空白记录。此外，还可以通过在位于导航条的文本框中直接输入一个记录编号来跳转到相关记录，或者在"搜索"框中输入关键字来查找记录。

图 3.7　在"数据表"视图中查看查询运行结果

（7）通过单击窗口右下角的"SQL 视图"按钮 ，切换到"SQL"视图，以查看所生成的 SQL 语句，如图 3.8 所示。

图 3.8　在"SQL"视图中查看 SQL 语句

从图 3.8 中可以看到，当使用简单查询向导创建选择查询时生成了以下 SQL 语句。

SELECT 学生.[班级编号], 学生.[学号], 学生.[姓名], 学生.[性别], 学生.[出生日期]

FROM 学生;

上述 SQL 语句的功能是命令 Microsoft Access 数据库引擎从 Access 数据库中以一组记录形式返回信息。这个 SQL 语句由以下两个子句组成。

①SELECT 子句：用于选取表中的字段，每个字段以"表名.[字段名]"形式表示，不同字段之间用逗号","分隔。也可以使用星号"*"来选取表中的所有字段。如果所有字段都来自同一个表，也可以省略表名。

②FROM 子句：指定从中获取数据的表或查询的名称。

2. 从"学生"表中检索入学成绩在 300 以上的女同学

使用向导创建的查询可以从数据表中返回全部记录，但有时候只需要从数据表中获取满足指定条件的一部分记录。下面使用查询设计器创建一个选择查询，其功能是从"学生"表检索入学成绩在 300 以上的女同学。

（1）在"创建"选项卡的"查询"组中单击"查询设计"命令，如图 3.9 所示。

图 3.9　选择"查询设计"命令

（2）向查询中添加表。当出现查询的"设计"视图窗口和"显示表"对话框时，单击"学生"表，单击"添加"按钮，将该表添加到"设计"视图窗口上部窗格中，然后单击"关闭"按钮，如图 3.10 所示。

图 3.10　向查询中添加表

提示

　　当出现"显示表"对话框时，也可以通过双击来添加表或查询。若要在"显示表"对话框中选择多个表，可以按住 Ctrl 键不放依次单击所需要的表。若要选择查询作为查询的数据来源，可以单击"查询"或"两者都有"选项卡。若看不到"显示表"对话框，可以在"设计"选项卡的"查询设计"组中单击"显示表"命令，使该对话框显示出来。

　　（3）向查询中添加字段。在"设计"视图上部的表字段列表中，依次双击"学号"、"姓名"、"性别"和"入学成绩"字段，将这些字段添加到设计网格中，如图 3.11 所示。

图 3.11　向查询中添加字段

　　（4）在查询中设置搜索条件。在"性别"字段列的"条件"单元格中输入"="女""，在"入学成绩"字段列的"条件"单元格中输入">300"，如图 3.12 所示。

图 3.12　在查询中设置搜索条件

　　（5）保存查询。单击"文件"选项卡并选择"对象另存为"命令，或按 Ctrl+S 组合键，在"另存为"对话框中将查询命名为"入学成绩高于 300 的女同学"加以保存，如图 3.13 所示。

　　（6）运行查询。单击窗口右下角的"数据表视图"按钮▣，切换到"数据表"视图，查看查询的运行结果，如图 3.14 所示。

图 3.13　命名并保存查询

　　（7）查看 SQL 语句。通过单击窗口右下角的"SQL 视图"按钮⒮⒬⒧，切换到"SQL"视图，此时可以看到这个选择查询是通过以下 SELECT 语句实现的，如图 3.15 所示。

图 3.14　查看查询运行结果　　　　　　　图 3.15　查看 SQL 语句

其中，SELECT 和 FROM 子句分别选取要查询的字段及其所属的表；WHERE 子句指定搜索条件，只有满足该条件的记录才会包含在查询结果中。

在上述语句中，搜索条件由两部分组成，第 1 部分为"((学生.性别)="女")"，第 2 部分为"((学生.入学成绩)>300)"，其中"="和">"是比较运算符，分别表示等于和大于，这两部分通过逻辑运算符 AND 连接起来，表明搜索记录时必须同时满足两个条件。当在查询的两个不同字段上设置搜索条件时，Access 会自动使用 AND 运算符来组合搜索条件。

若只需要满足两个条件中的一个，可以在"或"单元格中输入条件之一，此时将使用逻辑运算符 OR 连接两个条件。若要否定一个条件，可在该条件之前使用逻辑运算符 NOT。

3. 按入学成绩从高到低顺序排列学生记录

默认情况下，运行查询时记录是按照录入的顺序依次显示的。但也可以根据需要改变这个顺序，而按照指定的顺序来显示记录。下面使用查询设计器创建一个选择查询，要求按照入学成绩从高到低的顺序排列学生记录。

（1）在"创建"选项卡的"查询"组中单击"查询设计"命令，以创建新的查询。

（2）向查询中添加表。在"显示表"对话框中，将"学生"表添加到查询中。

（3）向查询中添加字段。在"设计"视图中，将"学生"表中的"学号"、"姓名"、"性别"和"入学成绩"字段添加到设计网格中。

（4）在查询中设置记录的排序方式。在设计网格中，从"入学成绩"字段列的"排序"列表框中选择"降序"方式，如图 3.16 所示。

图 3.16　在查询中设置记录的排序方式

（5）保存查询。单击"文件"选项卡并选择"对象另存为"命令，或者按【Ctrl+S】组合键，将该查询保存为"按入学成绩降序排列学生记录"加以保存。

（6）运行查询。从"设计"选项卡的"结果"组中单击"运行"命令，切换到"数据表"视图，以查看查询的运行结果，如图 3.17 所示。

（7）查看 SQL 语句。通过单击窗口右下角的"SQL 视图"按钮，切换到"SQL"视图，此时可以看到，在查询中对记录进行排序是通过在 SELECT 语句中添加 ORDER BY 子句来实现的，如图 3.18 所示。

图 3.17　查看查询运行结果　　　　　图 3.18　查看 SQL 语句

所生成的 SQL 语句如下：

```
SELECT 学生.学号, 学生.班级编号, 学生.姓名, 学生.性别, 学生.入学成绩
FROM 学生
ORDER BY 学生.入学成绩 DESC;
```

其中，SELECT 和 FROM 子句分别选取要检索的字段及其所属的表；ORDER BY 子句是可选的，该子句通常是 SQL 语句中的最后一项。如果希望按排序后的顺序显示数据，则必须使用 ORDER BY 子句。默认的排序顺序是升序，即从 A 到 Z，从 0 到 9。若要按降序排序记录，即从 Z 到 A，从 9 到 0，可以在希望以降序排序的每个字段后面添加 DESC 保留字。

根据需要，也可以在 ORDER BY 子句中包含多个字段，此时首先按 ORDER BY 后面列出的第一个字段对记录进行排序，然后在该字段中具有相同值的记录按照所列出的第二个字段的值进行排序。以此类推，这样一直进行下去。

注意

如果在 ORDER BY 子句中指定了包含备注、OLE 对象或附件数据类型的字段，将会出现错误，因为 Microsoft Access 数据库引擎不能按这些类型的字段排序。

4. 只显示入学成绩排在前 10 名的学生记录

在不使用搜索条件的情况下，按某种顺序对记录进行排序时会显示所有记录，但有时可能只需要显示排在前面的若干条记录。下面使用查询设计器创建一个选择查询，要求按入学成绩对学生记录进行降序排列，并且只显示排在前 10 名的学生记录。

（1）在"创建"选项卡的"查询"组中单击"查询设计"命令，以创建新的查询。

（2）向查询中添加表。在"显示表"对话框中选择"查询"选项卡，然后选择"按入学成绩降序排列学生记录"选择查询添加到新建查询中，如图 3.19 所示。

（3）向查询中添加字段。在"设计"视图中，双击来源查询中的星号"*"，将全部字段添加到设计网格中，如图 3.20 所示。

图 3.19　将选择查询作为新建查询的数据来源

（4）在"设计"选项卡的"查询设置"组中，将"返回"框中的值设置为 10（默认值为 All），如图 3.21 所示。

图 3.20　从数据来源中选择全部字段

图 3.21　设置查询返回的记录数

（5）单击"文件"选项卡并选择"对象另存为"命令，或按【Ctrl+S】组合键，将新建查询保存为"入学成绩前 10 名学生记录"。

（6）在"设计"选项卡的"结果"组中单击"运行"命令，切换到"数据表"视图，以查看查询的运行结果，如图 3.22 所示。

（7）通过单击窗口右下角的"SQL 视图"按钮 切换到"SQL"视图，此时可以看到，在 SELECT 语句中添加了一个 TOP 关键字，如图 3.23 所示。

SELECT TOP 10 按入学成绩降序排列学生记录.*
FROM 按入学成绩降序排列学生记录;

图 3.22　查看查询运行结果

图 3.23　查看查询语句

上述语句中的其他子句前面都已经介绍过了。与前面例子不同的是，SELECT 子句的字段列表前面出现了一个 TOP 关键字，而且在 FROM 子句中指定了一个选择查询作为数据来源。

TOP 关键字称为谓词，通过它可以指定返回出现在由 ORDER BY 子句指定的起始和结束范围内的一定数量的记录。TOP 关键字之后的值必须是一个无符号整数。根据需要，也可以在这个整数后面使用 PERCENT 关键字，以指定返回出现在 ORDER BY 子句指定的起始和结束范围内的某个百分比数量的记录。

提 示

如果在 SELECT 语句中未使用 ORDER BY 子句，则选择查询将会从来源表或查询中返回一个包含指定数量的记录的任意集合。

5. 通过生成表查询检索团员学生并转存到新表中

从外观上看，选择查询的运行结果很像表，它也是由行和列组成的。但这只是一个虚拟表，数据本身仍然存储在真实表中，而不是存储在查询中。若要将查询返回的数据转存到一个表中，可以通过创建一种特殊的选择查询——生成表查询来实现。下面使用查询设计器创建一个生成表查询，从"学生"表中检索共青团员学生信息并将查询结果转存到一个新表中。

（1）在"创建"选项卡的"查询"组中单击"查询设计"命令，以创建新的查询。

（2）向查询中添加表。在"显示表"对话框中，将"学生"表添加到查询中。

（3）向查询中添加字段。在"设计"视图中，将字段列表中的"班级编号"、"学号"、"姓名"、"性别"和"是否团员"字段添加到设计网格中。

（4）在查询中设置搜索条件。在"是否团员"字段列的"条件"单元格中输入"=True"，如图 3.24 所示。

图 3.24　在查询中设置搜索条件

（5）更改查询类型。在"设计"选项卡的"查询类型"组中选择"生成表"命令，将选择查询更改为生成表查询，如图 3.25 所示。

图 3.25　将选择查询更改为生成表查询

（6）当出现如图 3.26 所示的"生成表"对话框时，将要生成的新表名称指定为"共青团员学生"，然后单击"确定"按钮。

（7）保存查询。单击快速访问工具栏上的"保存"按钮█或者按【Ctrl+S】组合键，将该查询保存为"转存共青团员学生（生成表查询）"。

　　（8）运行查询。在"设计"选项卡的"结果"组中单击"运行"命令，当出现如图 3.27 所示的对话框时，单击"是"按钮，这将向新表中粘贴符合搜索条件的所有记录。

图 3.26　指定生成表的名称

图 3.27　确认向新表粘贴记录

　　（9）查看生成的新表。在导航窗格中展开"表"类别，然后双击"共青团员学生"表，在"数据表"视图中查看该表包含的数据记录，如图 3.28 所示。

　　（10）查看 SQL 语句。返回"转存共青团员学生（生成表查询）"所在"设计"视图窗口，通过单击窗口右下角的"SQL 视图"按钮 ^{SQL} 切换到"SQL"视图，此时可以看到，在 SELECT 语句中新增加了一个 INTO 子句，如图 3.29 所示。

> SELECT 学生.学号, 学生.姓名, 学生.班级编号, 学生.性别, 学生.是否团员 INTO 团员学生
>
> FROM 学生
>
> WHERE (((学生.是否团员)=True));

图 3.28　查看由生成表查询创建的表　　　　　　图 3.29　查看生成表查询语句

　　上述 SELECT 语句中的 SELECT、FROM 和 WHERE 子句在前面都已经介绍过了，这里新增加了一个 INTO 子句，从而构成 SELECT...INTO 语句，用于创建生成表查询。

　　SELECT...INTO 语句的语法格式如下：

> SELECT 字段 1[, 字段 2[, ...]] INTO 新表
>
> FROM 来源表或查询

其中，"字段 1"、"字段 2"指定要复制到新表中的字段的名称。"新表"指定要创建的新表的名称，应符合标准命名规则。如果新表与现有表名称相同，则会发生错误。"来源表或查询"指定从其中选择记录的现有表的名称，可以是单个或多个表或查询。生成表时，新表中的字段会继承查询的基表中每个字段的数据类型和字段大小，但不会传输其他字段或表的属性。如果希望定义新表的主键，则应在"设计"视图中进行设置。

➤ 知识与技能

　　选择查询是最常见的查询类型，它从表中检索数据，并且在可以更新记录的数据表中显示结果。也可以用选择查询作为窗体、报表和数据访问页的记录源。

在 Access 2010 中，可以使用查询向导或查询设计器来创建选择查询。对于已有查询，可以在"设计"视图中对其定义进行修改，也可以在"数据表"视图中查看查询的运行结果，还可以在"SQL"视图中编写、查看和编辑相应的 SQL 语句。

在 SQL 语言中，选择查询是通过 SELECT 语句来实现的，该语句指示 Microsoft Access 数据库引擎从数据库返回一组记录信息。SELECT 语句的完整语法格式如下：

```
SELECT [谓词] { * | 表.* | [表.]字段 1 [AS 别名 1] [, [表.]字段 2 [AS 别名 2] [, ...]]}
[INTO 新表]
FROM 表 [, ...] [IN 外部数据库]
[WHERE 准则]
[GROUP BY 分组字段列表]
[HAVING 分组准则]
[ORDER BY 字段 1 [ASC | DESC][, 字段 2 [ASC | DESC]][, ...]]]
[WITH OWNERACCESS OPTION]
```

其中，"谓词"可以是 ALL、DISTINCT、DISTINCTROW 或 TOP 之一。使用谓词可以限定返回记录的数量。若要使用这些谓词，可以设置查询的属性，或直接在"SQL"视图中添加所需的关键字。

①ALL：如果未包括任何谓词，则默认采用该谓词。Microsoft Access 数据库引擎将选择符合 SQL 语句中条件的所有记录。

②DISTINCT：忽略所选字段中包含重复数据的记录。只有 SELECT 语句中列出的每个字段的值是唯一的，记录才会包括在查询结果中。

③DISTINCTROW：根据整个重复记录而不是某些重复字段来忽略数据。

④TOP n [PERCENT]：返回位于 ORDER BY 子句所指定范围内靠前或靠后的某些记录。使用 PERCENT 关键字时将返回指定百分比的记录。

星号（*）指定选择所指定的表的所有字段。

"表"指定来源表的名称，该表包含了其记录被选择的字段。"字段 1"、"字段 2"等表示字段名，这些字段包含了要检索的数据。如果包括多个字段，将按它们的排列顺序对其进行检索。在查询的"设计"视图中，可以通过在字段列表双击字段来把它添加到设计网格中。若一个字段名包括于 FROM 子句内的多个表中，则应在该字段名称前面加上表名和句点"."。若字段列表中的所有字段都来自同一个表，则可以省略表名和句点。

AS 子句指定字段别名，"别名 1"、"别名 2"等用作列标题的名称，不是表中的原始列名。

INTO 子句指定将检索的记录转存到新表中，可以用于创建生成表查询。"新表"指定要创建的表的名称。若要在"设计"视图中创建生成表查询，可在"设计"选项卡的"查询类型"组中选择"生成表"命令。

FROM 子句指定其中包含 SELECT 语句中所列字段的表或查询，以此作选择查询的数据来源。"表"指定其中包含要检索的数据的表的名称。在查询的"设计"视图中，可以使用"显示表"对话框来添加所需要的表。

IN 子句指定外部数据库，"外部数据库"指定外部数据库的名称。如果"表"指定的表不在当前数据库中，则使用该参数指定该数据库的名称。

WHERE 子句指定 FROM 子句所列出的表中哪些记录会包含在由 SELECT 语句获取的结

果集内。"准则"是一个表达式，记录必须满足该表达式才能包括在查询结果中。在查询的"设计"视图中，当在某个字段列的"条件"单元格中输入搜索条件时，将会自动生成 WHERE 子句。WHERE 子句也可以用在其他 SQL 语句中，例如 UPDATE 或 DELETE 语句，前者用于更新现有记录，后者用于从表中删除记录。

　　GROUP BY 子句将特定字段列表中相同的记录组合成单个记录。"分组字段列表"指定用于分组记录的字段的名称，最多可以包含 10 个字段名称。关于记录分组，详见任务 3.4。

　　HAVING 子句在使用 GROUP BY 子句的 SELECT 语句中指定显示哪些分组记录。参数"分组准则"是一个表达式，用于确定要显示哪些分组记录。

　　ORDER BY 子句是可选的。如果希望按排序后的顺序显示数据，则必须使用 ORDER BY 子句。ASC 表示升序，DESC 表示降序。在 ORDER BY 子句中可以包含其他字段，此时将首先按 ORDER BY 后面列出的第一个字段对记录进行排序，对于该字段中具有相同值的记录，则会按照所列出的第二个字段的值进行排序，依此类推。在查询的设计视图中，若要按照一个字段进行排序，则可在该字段列的"排序"列表中选择所需的选项。

　　WITH OWNERACCESS OPTION 声明用于启用安全机制的工作组的多用户环境中，在查询中使用这个声明可以向执行该查询的用户授予与查询所有者同等的权限。

　　执行 SELECT 选择查询时，Microsoft Access 数据库引擎会搜索指定的表，并提取出选定的列，再选择出符合条件的行，然后按照指定的顺序对得到的行进行排序或分组。

任务 3.2　通过搜索条件筛选记录

➤ 任务描述

　　在任务 3.1 中，通过创建选择查询从"学生成绩管理"数据库中检索与学生相关的各种信息，选择查询是由 SELECT 语句来实现的。SELECT 语句具有多种子句，例如，使用 WHERE 子句指定搜索条件，使用 ORDER BY 子句对选定的记录进行排序，等等。在本任务中，将进一步说明如何通过在 WHERE 子句中使用各种比较运算符和逻辑运算符来生成搜索条件，以筛选在查询结果中包含的记录。

➤ 实现步骤

　　WHERE 子句用于指定由 FROM 子句列出的表或查询中哪些记录包含在 SELECT 查询语句获取的结果集内。使用 WHERE 子句时需要指定一个搜索条件，只有满足这个条件的记录才会包含在查询结果中。

1. 查询入学成绩在 300 到 360 之间的学生记录并按入学成绩降序排列

　　"入学成绩在 300 到 360 之间"包含两个条件：一个条件是大于等于 300，另一个条件是小于等于 360，只有同时满足这两个条件的记录才会包含在查询结果中。

　　（1）打开"学生成绩管理"数据库。

　　（2）在"创建"选项卡的"查询"组中单击"查询设计"命令，以创建新的查询。

　　（3）向查询中添加表。在"显示表"对话框中，将"学生"表添加到新建查询中。

　　（4）向查询中添加字段。在"设计"视图中，将字段列表中的"班级编号"、"学号"、"姓名"、"性别"和"入学成绩"字段添加到设计网格中。

（5）设置搜索条件。在"入学成绩"字段列的"条件"单元格中输入">=300 And <=360"，其中">="和"<="为比较运算符，分别表示大于等于和小于等于运算符，AND 为逻辑运算符，用于组合两个条件表达式，只有同时满足两个条件的记录才会包含在查询结果中。

提示

在这个查询中，条件表达式">=300 AND <=360"也可以写成"BETWEEN 300 AND 360"。其中 BETWEEN... AND 为比较运算符，用于测试一个值是否位于指定的范围内，使用时下限值写在 BETWEEN 后面，上限值写在 AND 后面。

（6）设置排序方式。在"入学成绩"字段列的"排序"列表框中选择"降序"方式，如图 3.30 所示。

图 3.30　在搜索条件中使用比较运算符和逻辑运算符

（7）保存查询。单击"文件"选项卡，选择"对象另存为"命令，将查询保存为"入学成绩在 300 到 360 之间的学生记录"。

（8）运行查询。在"设计"选项卡的"结果"组中单击"运行"命令，进入"数据表"视图，以查看通过查询检索到的学生记录，如图 3.31 所示。

（9）查看 SQL 语句。单击窗口右下角的"SQL 视图"按钮 <sql>，在"SQL"视图中可以看到，所生成的 SELECT 查询语句同时包含 SELECT、FROM、WHERE 和 ORDER BY 子句，如图 3.32 所示。

```
SELECT 学生.学号, 学生.班级编号, 学生.姓名, 学生.性别, 学生.入学成绩
FROM 学生
WHERE (((学生.入学成绩)>=300 And (学生.入学成绩)<=360))
ORDER BY 学生.入学成绩 DESC;
```

图 3.31　查看查询运行结果　　　　　　　　　　图 3.32　查看 SQL 语句

2. 查询团员男同学的记录并按出生日期对记录进行升序排序

"团员男同学"包含两个条件："性别"字段的值为"男"，而且"是否团员字段"的值为 True，这两个条件需要使用 AND 运算符组合起来。

（1）在"创建"选项卡的"查询"组中单击"查询设计"命令，以创建新的查询。

（2）向查询中添加表。在"显示表"对话框中，将"学生"表添加到新建查询中。

（3）向查询中添加字段。在"设计"视图中，将字段列表中的"班级编号"、"学号"、"姓名"、"性别"、"出生日期"和"是否团员"字段添加到设计网格中。

（4）设置排序方式。在"出生日期"字段列的"排序"列表中选择"升序"方式。

（5）设置搜索条件。在"性别"字段列的"条件"单元格中输入"男"（Access 会自动添加双引号""），在"是否团员"字段列的"条件"单元格中输入"True"，如图 3.33 所示。

图 3.33　对表中的两个字段设置搜索条件

提示

当对不同字段列的"条件"单元格中设置条件表达式时，Access 将自动使用逻辑运算符 And 来组合这两个条件表达式。

（6）保存查询。单击"文件"选项卡，选择"对象另存为"命令，将新建查询保存为"男团员学生记录"。

（7）运行查询。在"设计"选项卡的"结果"组中单击"运行"命令，进入"数据表"视图，以查看通过查询的检索到的学生记录，如图 3.34 所示。

（8）查看 SQL 语句。从"视图"菜单中选择"SQL 视图"命令，切换到"SQL"视图，此时可以看到，这个 SELECT 查询语句同时包含 SELECT、FROM、WHERE 和 ORDER BY 子句，而且 WHERE 子句中的两个条件通过 AND 运算符组合起来，如图 3.35 所示。

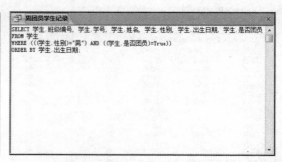

图 3.34　查看查询运行结果　　　　　　　图 3.35　查看 SQL 语句

完整的 SQL 语句如下：

SELECT 学生.学号, 学生.班级编号, 学生.姓名, 学生.性别, 学生.出生日期, 学生.是否团员
FROM 学生
WHERE (((学生.性别)="男") AND ((学生.是否团员)=True))
ORDER BY 学生.出生日期;

3. 查询党、团员或研究生学历教师记录

"查询党、团员或研究生学历"这个条件由两个部分组成，一部分是"政治面貌"字段值为"共产党员"或"共青团员"，另一部分是"学历"字段值为"研究生"，这两个部分只要满足其一即可。

（1）在"创建"选项卡的"查询"组中单击"查询设计"命令，以创建新的查询。

（2）向查询中添加表。在"显示表"对话框中，将"学生"表添加到新建查询中。

（3）向查询中添加字段。在设计视图中，将字段列表中的"教师编号"、"姓名"、"性别"、"政治面貌"以及"学历"字段添加到设计网格中。

（4）设置搜索条件。在"政治面貌"字段列的"条件"单元格中输入"In ("共产党员","共青团员")"，在"学历"字段列的"或"单元格中输入""研究生""，如图 3.36 所示。

图 3.36 在搜索条件中使用 In 运算符

提示

In 是一个逻辑运算符，用于测试字段值是否在一个项目列表中，各个项目之间使用逗号","加以分隔。为选择查询设置搜索条件时，在"条件"单元格中输入的表达式与在"或"单元格中输入的表达式将通过 OR 运算符组合起来，在这种情况下只要满足两个条件中的一个即可。

（5）保存查询。单击"文件"选项卡，选择"对象另存为"命令，将该查询保存为"党团员或研究生学历教师记录"。

（6）运行查询。在"设计"选项卡的"结果"组中单击"运行"命令，进入"数据表"视图，以查看搜索到的教师记录，如图 3.37 所示。

（7）查看 SQL 语句。单击窗口右下角的"SQL 视图"按钮，在"SQL"视图中可以看到生成了以下 SELECT 语句，如图 3.38 所示。

SELECT 教师.教师编号, 教师.姓名, 教师.性别, 教师.政治面貌, 教师.学历
FROM 教师
WHERE (((教师.政治面貌) In ("党员","团员"))) OR (((教师.学历)="研究生"));

图 3.37　查看查询运行结果　　　　　　　　图 3.38　查询 SQL 语句

4. 查询姓氏为张、王、李、赵且 1998 年 6 月 1 日以后出生的学生记录

这个搜索条件涉及"姓名"和"出生日期"两个字段，需要同时对这两个字段进行检查，并使用 AND 运算符组合来查询条件。

（1）在"创建"选项卡的"查询"组中单击"查询设计"命令，以创建新的查询。

（2）向查询中添加表。在"显示表"对话框中，将"学生"表添加到查询中。

（3）向查询中添加字段。在"设计"视图中，将字段列表中的"学号"、"姓名"、"性别"以及"出生日期"字段添加到设计网格中。

（4）设置搜索条件。在"姓名"字段列的"条件"单元格中输入"Like "[张王李赵]*"";在"出生日期"字段列的"条件"单元格中输入">#1998-6-1#"（其中符号"#"为日期的定界符），如图 3.39 所示。

图 3.39　使用 Like 运算符和通配符筛选查询结果中的记录

> **提示**
> Like 运算符用于测试一个字段串是否与给定的模式相匹配；方括号"[ ]"是通配符，表示位于方括号内的任意一个字符；星号"*"也是通配符，表示由 0 个或任意多个字符组成的字符串。

（5）保存查询。单击"文件"选项卡，选择"对象另存为"命令，将查询保存为"张王李赵姓学生记录（1998 年 6 月 1 日以后出生）"。

（6）运行查询。在"设计"选项卡的"结果"组中单击"运行"命令，进入"数据表"视图，以查看检索到的学生记录，如图 3.40 所示。

（7）查看 SQL 语句。单击窗口右下角的"SQL 视图"按钮 ，在"SQL"视图中可以看到生成了以下 SELECT 语句，如图 3.41 所示。

SELECT 学生.学号, 学生.姓名, 学生.性别, 学生.出生日期
FROM 学生
WHERE (((学生.姓名) Like "[张王李赵]*") AND ((学生.出生日期)>#6/1/1998#));

图 3.40　查看查询运行结果　　　　　　　　　　图 3.41　查看 SQL 语句

➤ **知识与技能**

在选择查询中，可以使用 WHERE 子句来指定哪些记录将包含在由查询返回的结果中。使用 WHERE 子句时，如何使用各种比较运算符和逻辑运算符来构建搜索条件是设计选择查询的关键所在。

1. 使用比较运算符进行比较

为查询指定条件时，可以在查询设计网格的"条件"单元格中输入条件表达式，也可以借助于表达式生成器来构建条件表达式。打开表达式生成器的方法是：右击"条件"单元格，并从弹出式菜单中选择"生成器"命令。

如果表达式中没有包含任何运算符，Access 将使用"="运算符（即等于）。例如，如果在"课程名称"字段的"条件"单元格中输入的内容是"数据库应用基础"，Access 会自动显示为""数据库应用基础""，并将条件表达式解释为"课程名称="数据库应用基础""。

除了"="运算符外，也可以在条件表达式中使用其他比较运算符，包括">"（大于）"<"（小于）、">="（大于或等于）、"<="（小于或等于）、"<>"（不等于）以及 BETWEEN...AND（介于指定范围内）。此外，使用 Is Null 或 Is Not Null 确定一个值为 Null 还是不为 Null。

比较运算符 BETWEEN...AND 用于测试一个值是否位于指定的范围内。在"条件"单元格中使用此运算符时，应按照下面的语法格式来输入：

[测试表达式] BETWEEN 起始值 AND 终止值

若以当前字段作为测试表达式，则不必输入测试表达式；若不是以当前字段作为测试表达式，则必须输入该测试表达式，而且可以将该测试表达式放在任一字段的"条件"单元格中。起始值和终止值必须与测试表达式的数据类型相同，并由起始值和终止值指定一个范围。如果字段值介于起始值与终止值之间，即大于或等于起始值而且小于或等于终止值，则相应的记录将包含在查询结果中。

例如，要从"学生"表中检索出生日期位于 1998 年 3 月 1 日—1998 年 6 月 30 日之间的学生记录，可用下面的查询语句来实现。

SELECT * FROM 学生 WHERE 出生日期 BETWEEN #1998-3-1# AND #1998-6-30#

2. 使用 AND 和 OR 组合查询条件

在"设计"视图中打开一个查询对象时，可以在多个"条件"和"或"单元格中输入条件表达式，此时 Access 将使用逻辑运算符来组合这些表达式。若这些表达式位于同一行的不同"条件"单元格中，则 Access 使用 AND 运算符来组合它们，表示将返回匹配所有单元格中条件的记录；若有表达式位于"或"单元格中，则 Access 使用 OR 运算符来组合它们，表示将返回匹配任何一个单元格中条件的记录。若要否定某个条件表达式的值，可以使用 NOT 运算符。

3. 使用 In 和 Not In 筛选记录

In 是一个逻辑运算符，用于测试某个值是否在一组值内。如果要在"条件"单元格中使用 In 运算符，则应按照下面的语法格式来输入：

测试表达式 In(值 1，值 2，...)

若以当前字段作为测试表达式，则不必输入测试表达式；若不是以当前字段作为测试表达式，则必须输入该测试表达式，而且可以将该测试表达式放在任一字段的"条件"单元格中。表达式列表由若干个表达式组成，所有表达式必须与设置条件的字段的数据类型相同，各表达式之间用逗号分隔。如果字段值等于表达式列表中某个表达式的值，则相应的记录将包含在查询结果中。若在 In 运算符前面加上 NOT，则对 In 的运算结果取一次反。

4. 使用 Like 和通配符筛选记录

Like 运算符用于测试一个字符串是否与给定的模式相匹配，模式则是由普通字符和通配符组成的一种特殊字符串。在查询中使用 Like 运算符和通配符，可以搜索部分匹配或完全匹配的内容。在"条件"单元格中使用 Like 运算符时，应按照下面的语法格式输入：

[测试表达式] Like "样式"

在上述语法格式中，样式由普通字符和通配符组成，通配符用于表示任意的字符串，主要适用于文本数据类型。在 Access 2010 中，有一些通配符可以与 Like 运算符一起使用，它们的使用方法在表 3.1 中列出。

表 3.1　通配符的使用方法

通配符	使用方法	应用示例
*	表示由 0 个或任意多个字符组成的字符串，在字符串中可以用作第一个字符或最后一个字符	使用 wh*可以找到 what、when、where 和 why 等
?	表示任意一个字符	使用 b?ll 可以找到 ball、bell 或 bill 等
[ ]	表示位于方括号内的任意一个字符	使用 b[ae]ll 可以找到 ball 和 bell，但找不到 bill
[!]	表示不在方括号内的任意一个字符	使用 b[!ae]ll 可以找到 bill 和 bull，但找不到 ball 和 bell
[-]	表示指定范围内的任意一个字母（必须以升序排列字母范围）	使用 b[a-c]d 可以找到 bad、bbd 和 bcd
#	表示任意一个数字字符	使用 1#3 可以找到 103、113 和 123 等

任务 3.3　创建多表查询

➤ 任务描述

在任务 3.1 和任务 3.2 中创建了一些选择查询，用来从"学生成绩管理"数据库中检索所需要的信息。这些选择查询有一个共同的特点，即都是从一个表（例如"学生"表或"教师"表）中获取数据。在实际应用中，经常需要通过查询从多个表中获取数据，这种查询称为多表查询。在本任务中，首先通过创建多表查询从"班级"表和"学生"表中获取学生的专业名称、学号、姓名和性别信息，然后通过创建多表查询从"学生"表、"课程"表"和"成绩"
表中获取学生的学号、姓名、课程名称和成绩信息。

▶ **实现步骤**

为了避免数据冗余，通常将相关数据分别存储在不同的表中。若要将相关数据组合起来
使用，则可将多个表作为查询的数据来源，并通过某种条件来实现表的连接。

1. 从"班级"表和"学生"表中查询"计算机应用"专业学生信息

专业信息和学生信息分别存储在"班级"表和"学生"表中，要检索计算机应用专业学
生的信息，可选择这两个表作为选择查询的数据来源。

（1）打开"学生成绩管理"数据库。

（2）在"创建"选项卡的"其他"组中单击"查询设计"命令，以创建新的查询。

（3）向查询中添加表。在"显示表"对话框中，按住 Ctrl 键依次单击"班级"表和"学
生"表，单击"添加"按钮，将选定的这些表添加到新建查询中，然后单击"关闭"按钮，
如图 3.42 所示。

图 3.42　将"班级"表和"学生"表添加到新建的选择查询中

（4）向查询中添加字段。在"设计"视图中，将"班级"表字段列表中的"专业名称"
字段添加到设计网格中，然后将"学生"表字段列表中的"学号"、"姓名"和"性别"字段
也添加到设计网格中。

（5）设置搜索条件。在"专业名称"字段列的"条件"单元格中输入""计算机应用""，
如图 3.43 所示。

（6）保存查询。单击"文件"选项卡，选择"对象另存为"命令，将新建查询保存为"计
算机应用专业学生"。

（7）运行查询。在"设计"选项卡的"结果"组中单击"运行"命令，进入"数据表"
视图，以查看"计算机应用"专业的学生记录，如图 3.44 所示。

（8）查看 SQL 语句。单击窗口右下角的"SQL 视图"按钮 ，切换到"SQL"视图，此
时可以看到生成了以下 SELECT 语句，如图 3.45 所示。

图 3.43　基于多个表创建选择查询

图 3.44　查看查询运行结果　　　　　　　图 3.45　查看 SQL 语句

SELECT 班级.专业名称, 学生.班级编号, 学生.学号, 学生.姓名, 学生.性别
FROM 班级 INNER JOIN 学生 ON 班级.班级编号 = 学生.班级编号
WHERE (((班级.专业名称)="计算机应用"));

在上述 FROM 子句中，通过 INNER JOIN 运算符组合"班级"表和"学生"表中的数据。只要公共字段（班级编号）中有相等的值，内部连接将组合来自两个表中的字段以构成新的记录。由于事件已经在"班级"表和"学生"表之间建立了关系，因此创建选择查询时 Access 自动使用 INNER JOIN 运算符来连接两个表。

2. 从"成绩"表、"学生"表和"课程"表中查询学生成绩并按学号排序

学生姓名、课程名称和成绩分别存储在"学生"表、"课程"表和"成绩"表中。要检索学生课程成绩，可将这 3 个表作为选择查询的数据来源。

（1）在"创建"选项卡的"查询"组中单击"查询设计"命令，以创建新的查询。

（2）向查询中添加表。在"显示表"对话框中，将"学生"表、"课程"表和"成绩"表添加到新建的选择查询中，如图 3.46 所示。

（3）向查询中添加字段。在"设计"视图中，将"学生"表中的"学号"、"姓名"字段、"课程"表中的"课程名称"字段以及"成绩"表中的"成绩"字段添加到设计网格中，并按"学号"字段升序排序，如图 3.47 所示。

（4）保存查询。单击"文件"选项卡并选择"对象另存为"命令，或者按[Ctrl+S]组合键，将新建查询保存为"学生课程成绩"。

（5）运行查询。在"设计"选项卡的"结果"组中单击"运行"命令，进入"数据表"视图，查看学生各门课程的成绩，如图 3.48 所示。

图 3.46　将 3 个表添加到新建的选择查询中

图 3.47　基于 3 个表创建选择查询

（6）查看 SQL 语句。单击窗口右下角的"SQL 视图"按钮 SQL ，切换到"SQL"视图，此时可以看到生成了以下 SQL 语句（其中 INNER JOIN 运算符用了两次），如图 3.49 所示。

> SELECT 学生.学号, 学生.姓名, 课程.课程名称, 成绩.成绩
>
> FROM 学生 INNER JOIN (课程 INNER JOIN 成绩 ON 课程.课程编号 = 成绩.课程编号) ON 学生.学号 = 成绩.学号
>
> ORDER BY 学生.学号;

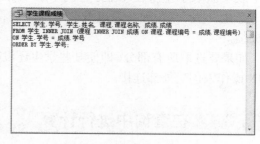

图 3.48　查看查询运行结果　　　　　　　　　　图 3.49　查看 SQL 语句

➤ **知识与技能**

在本任务中，通过 INNER JOIN（内部连接）运算实现了基于多表的查询操作。只要两个表的公共字段有匹配值，内部连接就将这两个表中的记录组合起来。INNER JOIN 运算用在 FROM 子句中，其语法格式如下：

```
FROM 表 1 INNER JOIN 表 2 ON 表 1.字段 1 关系比较运算符 表 2.字段 2
```

其中，"表 1"和"表 2"表示要组合其中的记录的表的名称。

"字段 1"和"字段 2"指定要连接的字段的名称。如果这些字段不是数字类型，则它们的数据类型必须相同，并且包含同类数据，但它们不必具有相同的名称。

"关系比较运算符"可以是"="、"<"、">"、"<="、">="或者"<>"。

在 FROM 子句中可以使用 INNER JOIN 操作。内部连接是最常用的连接类型，只要两个表的公共字段上存在相匹配的值，内部连接就会组合这些表中的记录。

也可以在 INNER JOIN 子句中使用多个 ON 子句，语法格式如下：

```
SELECT 字段列表
FROM 表 1 INNER JOIN 表 2
ON 表 1.字段 1 关系比较运算符 表 2.字段 1 AND
ON 表 1.字段 2 关系比较运算符 表 2.字段 2 OR
ON 表 1.字段 3 关系比较运算符 表 2.字段 3;
```

也可以通过以下语法格式来嵌套 INNER JOIN 语句：

```
SELECT 字段列表
FROM 表 1 INNER JOIN
(表 2 INNER JOIN [( ] 表 3
[INNER JOIN [( ] 表 x [INNER JOIN ...)]
ON 表 3.字段 3 关系比较运算符 表 x.字段 x)]
ON 表 2.字段 2 关系比较运算符 表 3.字段 3)
ON 表 1.字段 1 关系比较运算符 表 2.字段 2;
```

如果试图连接包含备注或 OLE 对象数据的字段，将发生错误。

通过 INNER JOIN 运算符可以连接任何两个相似类型的数字字段。例如，可以连接自动编号和长整型字段，因为它们均是相似类型。然而，不能使用 INNER JOIN 运算符来连接单精度型和双精度型类型字段。

在本任务中，第一部分是将 INNER JOIN 运算符用于"班级"表和"学生"表，从这两个表中获取学生所在专业、学号、姓名和性别等信息；第二部分则是将 INNER JOIN 用于"学生"表、"课程"表以及"成绩"表，目的是从这 3 个表中获取每个学生所有课程的成绩。

如果要选取所有部分（即使某些学生还没有任何成绩），则可以通过 LEFT JOIN 或 RIGHT JOIN 操作来创建外部连接。

任务 3.4　在查询中进行计算

➤ 任务描述

选择查询主要用于从一个或多个表或查询中检索所需要的数据，但也可以在选择查询中进行各种各样的计算。在本任务中，将通过选择查询计算"学生成绩管理"数据库中每个学生的总成绩和平均成绩，以及所有学生某门课程的最高分、最低分和平均分等，也将根据学生的出生日期来计算学生的年龄。

➤ **实现步骤**

在查询中可以进行预定义计算和自定义计算。预定义计算是针对查询结果中的全部或部分记录的，包括求累加和、求平均值、计数、求最大值和最小值等；自定义计算用于对查询结果中的一个或多个字段进行数值、日期或文本计算，执行此类计算时需要在查询设计网格中创建计算字段。这两类计算的结果都会在运行查询时显示出来，它们之间的区别在于：在查询中进行预定义计算时需要在设计网格中添加"总计"行，进行自定义计算时则不需要添加"总计"行。

1. 计算每个学生的总成绩并按总成绩降序排列

每个学生都有多科成绩。要计算每个学生的总成绩，应将每个学生的各科成绩记录作为一组并通过 SQL 统计函数将各科成绩累加起来。

（1）打开"学生成绩管理"数据库。

（2）在"创建"选项卡的"查询"组中单击"查询设计"命令，以创建新的查询。

（3）向查询中添加表。在"显示表"对话框中，将"学生"表和"成绩"表添加到新建查询中。

（4）向查询中添加字段。在"设计"视图中，将"学生"表中的"学号"和"姓名"字段以及"成绩"表中的"成绩"字段添加到设计网格中，如图 3.50 所示。

图 3.50　向查询中添加字段

（5）在设计网格中添加"总计"行。在"设计"选项卡的"显示/隐藏"组中单击"汇总"命令，如图 3.51 所示。

图 3.51　选择"汇总"命令

此时在查询设计网格中将会显示出一个"总计"行，默认情况下每个字段所在列的"总计"单元格中均显示"Group By"选项（通过这个选项可以设置选择查询的分组依据），如图 3.52 所示。

图 3.52 设计网格中出现的"总计"行

（6）设置计算方式。单击"成绩"字段列的"总计"单元格，从下拉式列表中选择"合计"选项，如图 3.53 所示。

图 3.53 设置计算方式

（7）为计算字段设置别名。单击"成绩"字段名称所在单元格，将字段名由原来的"成绩"更改为"总成绩: 成绩"（半角冒号之前的部分为字段别名，若不指定别名，则使用默认值"成绩之总计"），如图 3.54 所示。

图 3.54 为计算字段设置别名

（8）设置排序依据。单击计算字段"总成绩: 成绩"字段的"排序"单元格，从下拉式列表框中选择"降序"，如图 3.55 所示。

图 3.55　设置查询的排序依据

（9）保存查询。单击"文件"选项卡，单击"对象另存为"命令，将此查询保存为"学生总成绩"。

（10）查看查询运行结果。在"设计"选项卡的"结果"组中单击"运行"命令，进入"数据表"视图，以查看每个学生的总成绩，如图 3.56 所示。

（11）查看 SQL 语句。单击窗口右下角的"SQL 视图"按钮 ，切换到"SQL"视图，此时可以看到生成了以下 SQL 语句，如图 3.57 所示。

```
SELECT  学生.学号, 学生.姓名, Sum(成绩.成绩) AS 总成绩
FROM  学生  INNER JOIN  成绩  ON  学生.学号 = 成绩.学号
GROUP BY  学生.学号, 学生.姓名;
```

图 3.56　查看查询运行结果　　　　　　　　图 3.57　查看 SQL 语句

在上述 SELECT 语句中，Sum 函数为 SQL 合计函数，用于返回包含在指定成绩字段中一组值的总计；AS 子句为字段指定别名；GROUP BY 子句将与学号、姓名字段具有相等值的记录组合成单一记录。如果在 SELECT 语句中使用 SQL 合计函数（例如 Sum），则会针对每个分组创建一个总计值。

2. 计算每个学生的平均成绩并按平均成绩降序排序

计算每个学生的平均成绩与计算其总成绩方法类似，也是将每个学生各门课程成绩记录作为一组来处理，所不同的是需要使用另一个 SQL 统计函数来进行计算。

（1）在"创建"选项卡的"查询"组中单击"查询设计"命令，以创建新的查询。

（2）向查询中添加表和字段。在"显示表"对话框中，将"学生"表和"成绩"表添加到查询中；在"设计"视图中，将"学生"表的"学号"、"姓名"字段和"成绩"表的"成绩"字段添加到设计网格中。

（3）在设计网格中添加"总计"行。在"设计"选项卡的"显示/隐藏"组中单击"汇总"命令，使查询设计网格中显示"总计"行。

（4）设置计算字段和排序方式。单击"成绩"字段列的"总计"单元格，从下拉式列表中选择"平均值"；单击"成绩"字段所在单元格并输入"平均成绩: 成绩"以设置字段别名，然后单击下方的"排序"单元格并选择"降序"，如图 3.58 所示。

图 3.58　在查询中设置计算方法、字段别名和排序方式

（5）设置计算字段的属性。在"设计"选项卡的"显示/隐藏"组中单击"属性表"命令如图 3.59 所示；在设计网格中单击计算字段"平均成绩: 成绩"所在列，然后在"属性表"窗格中将"格式"属性设置为"标准"，"小数位数"属性设置为 1，如图 3.60 所示。

图 3.59　选择"属性表"命令　　　　　　　　　图 3.60　设置计算字段属性

（6）保存查询并查看查询运行结果。单击"文件"选项卡，单击"对象另存为"命令，将该查询保存为"学生平均成绩"；在"设计"选项卡的"结果"组中单击"运行"命令，进入"数据表"视图，以查看学生的平均成绩，如图 3.61 所示。

（7）查看 SQL 语句。单击窗口右下角的"SQL 视图"按钮 SQL，切换到"SQL"视图，在此可以看到生成了以下 SQL 语句，如图 3.62 所示。

```
SELECT 学生.学号, 学生.姓名, Avg(成绩.成绩) AS 平均成绩
FROM 学生 INNER JOIN 成绩 ON 学生.学号 = 成绩.学号
GROUP BY 学生.学号, 学生.姓名
ORDER BY Avg(成绩.成绩) DESC;
```

在上述 SQL 语句中，在 SELECT 子句的字段列表和 ORDER BY 子句中均用到一个名为 Avg 的 SQL 函数，其功能是计算包含在特定查询字段中的一组数值的算术平均值。AS 子句为字段指定别名；GROUP BY 子句将与学号、姓名字段具有相等值的记录组合成单一记录。

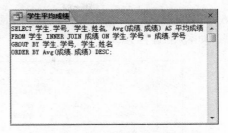

图 3.61　查看查询运行结果　　　　　　　　图 3.62　查看 SQL 语句

3. 计算"计算机应用基础"课程的最高分、最低分和平均分

计算每科成绩的最高分、最低分和平均分时，需要将同一课程的所有成绩记录作为一组来处理，分别计算"成绩"字段的最大值、最小值和平均值。若要针对某科成绩进行计算，可在分组查询的基础上对分组字段设置搜索条件。

（1）在"创建"选项卡的"查询"组中单击"查询设计"命令，以创建新的查询。

（2）向查询中添加表和字段。在"显示表"对话框中，将"课程"表和"成绩"表添加到查询中；在"设计"视图中，将"课程"表中的"课程名称"字段添加到设计网格中，然后连续 3 次将"成绩"表的"成绩"字段添加到设计网格中。

（3）在设计网格中添加"总计"行。在"设计"选项卡的"显示/隐藏"组中单击"汇总"命令，使查询设计网格中显示"总计"行。

（4）设置计算字段及其别名。

①单击左边"成绩"字段列的"总计"单元格，从下拉式列表中选择"最大值"；单击该字段所在单元格，然后输入"最高分：成绩"。

②单击中间"成绩"字段列的"总计"单元格，从下拉式列表中选择"最小值"；单击该字段所在单元格，然后输入"最低分：成绩"。

③单击右边"成绩"字段列的"总计"单元格，从下拉式列表中选择"平均值"；单击该字段所在单元格，然后输入"平均分：成绩"，如图 3.63 所示。

图 3.63　设置计算字段及其别名

（5）设置计算字段属性。单击计算字段"平均分：成绩"所在列，在"设计"选项卡的"显示/隐藏"组中单击"属性表"命令，以显示"属性表"窗格；然后将"格式"设置为"标准"，将"小数位数"设置为 1。

（6）设置搜索条件。在"课程名称"字段所在列的"条件"单元格中输入""计算机应用基础""，如图 3.64 所示。

图 3.64　在查询的分组字段中设置搜索条件

（7）保存查询并查看查询运行结果。按 Ctrl+S 组合键，将该查询保存为"计算机应用基础成绩分析"；在"设计"选项卡的"结果"组中单击"运行"命令，进入"数据表"视图，以查看"计算机应用基础"课程的最高分、最低分和平均分，如图 3.65 所示。

（8）查看 SQL 语句。单击窗口右下角的"SQL 视图"按钮 SQL，切换到"SQL"视图，此时可以看到生成了以下 SQL 语句，如图 3.66 所示。

> SELECT 课程.课程编号, 课程.课程名称, Max(成绩.成绩) AS 最高分, Min(成绩.成绩) AS 最低分, Avg(成绩.成绩) AS 平均分
>
> FROM 课程 INNER JOIN 成绩 ON 课程.课程编号 = 成绩.课程编号
>
> GROUP BY 课程.课程编号, 课程.课程名称
>
> HAVING (((课程.课程名称)="计算机应用基础"));

图 3.65　查看查询运行结果

图 3.66　查看 SQL 语句

在上述 SQL 语句中，Min 和 Max 函数分别从一组指定字段的值中返回最小或最大值；HAVING 子句在 SELECT 语句中指定显示哪些已用 GROUP BY 子句分组的记录。在 GROUP BY 组合了记录后，HAVING 会显示 GROUP BY 子句分组的任何符合 HAVING 子句的记录。

4. 统计"学生"表中每班的学生人数

要统计每个班中的学生人数，可以按照"班级编号"字段对"学生"表的学生记录进行分组，并针对每个组进行计数。

（1）在"创建"选项卡的"查询"组中单击"查询设计"命令，以创建新的查询。

（2）向查询中添加表和字段。在"显示表"对话框中，将"学生"表和"班级"表添加到查询中；在"设计"视图中，将"班级"表中的"专业名称"、"班级编号"字段以及"学生"表中"学号"字段添加到设计网格中。

（3）在设计网格中添加"总计"行。在"设计"选项卡的"显示/隐藏"组中单击"汇总"命令，使查询设计网格中显示"总计"行。

（4）设置计算字段及其别名。单击"学号"字段列的"总计"单元格，从下拉列表框中选择"计数"，然后单击"学号"字段所在单元格并输入"人数: 学号"，如图 3.67 所示。

图 3.67　设计计算字段及其别名

（5）保存查询并查看查询运行结果。单击"文件"选项卡，单击"对象另存为"命令，将该查询保存为"每班学生人数"；在"设计"选项卡的"结果"组中单击"运行"命令，进入"数据表"视图，以查看每班学生人数，如图 3.68 所示。

（6）查看 SQL 语句。单击窗口右下角的"SQL 视图"按钮 SQL ，切换到"SQL"视图，此时可以看到生成了以下 SQL 语句，如图 3.69 所示。

> SELECT　学生.班级编号, 班级.专业名称, Count(学生.学号) AS　人数
> FROM　班级　INNER JOIN　学生　ON　班级.班级编号 ＝ 学生.班级编号
> GROUP BY　学生.班级编号, 班级.专业名称;

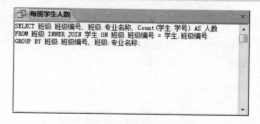

图 3.68　查看查询运行结果　　　　　　　图 3.69　查看 SQL 语句

在上述 SQL 语句中，Count 函数用于计算从查询返回的记录数。Count 函数的参数是一个字符串表达式，它或者标识一个字段，或者是一个表达式。Count 函数只是简单计算记录的数量，并不管记录中保存的是什么值。

5. 计算每个学生的年龄

前面在选择查询中所进行的计算都属于预定义计算，即针对查询结果中的部分或全部记录进行的计算。下面通过自定义计算对查询结果中的字段进行日期运算，即根据学生的"出生日期"字段值计算出学生的年龄。

（1）在"创建"选项卡的"查询"组中单击"查询设计"命令，以创建新的查询。

（2）向查询中添加表和字段。在"显示表"对话框中，将"学生"表添加到查询中；在"设计"视图中，将"学生"表中的"学号"、"姓名"、"性别"以及"出生日期"字段添加到设计网格中，然后对"出生日期"字段重复添加一次。

（3）设置计算字段。在第 2 个"出生日期"字段所在单元格中输入"年龄: DateDiff("yyyy", [出生日期],Now())"，如图 3.70 所示。

图 3.70　在查询中执行自定义计算

（4）保存查询。单击"文件"选项卡，单击"对象另存为"命令，将该查询保存为"计算学生年龄"。

（5）查看查询运行结果。在"设计"选项卡的"结果"组中单击"运行"命令，在"数据表"视图中查看学生的年龄信息，如图 3.71 所示。

（6）查看 SQL 语句。单击窗口右下角的"SQL 视图"按钮[SQL]，切换到"SQL"视图，此时可以看到生成了以下 SQL 语句，如图 3.72 所示。

```
SELECT 学生.学号, 学生.姓名, 学生.性别, DateDiff("yyyy", [出生日期], Now()) AS 年龄
FROM 学生;
```

图 3.71　查看查询运行结果

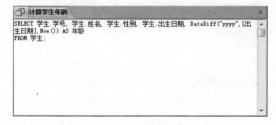

图 3.72　查看 SQL 语句

在上述 SQL 语句中，DateDiff 函数用于计算两个指定日期间的时间间隔；Now()函数返回计算机系统的当前日期和时间。

DateDiff 函数的语法格式如下：

```
DateDiff(间隔, 日期 1, 日期 2)
```

其中，"间隔"参数是一个字符串表达式，表示用来计算"日期 1"和"日期 2"的时间差的时间间隔，若将该参数值设为"yyyy"，则表示年，此时 DateDiff 函数计算两个日期之间相关的年数；参数"日期 1"和"日期 2"指定计算中要用到的两个日期。

➤ **知识与技能**

在查询中可以进行两类计算：即预定义计算和自定义计算。预定义计算通常是对分组进行的，而分组是通过 GROUP BY 子句来实现的，计算本身是通过 SQL 统计函数来完成的。自定义计算则是针对查询结果中的字段来进行的。不论进行哪一类计算，一般都需要对相应的字段设置一个别名。

1. GROUP BY 和 HAVING 子句

GROUP BY 子句将记录与指定字段中的相等值组合成一条记录。如果在 SELECT 语句中使用 SQL 合计函数，例如 Sum 或 Count，则会创建一个个记录的总计值。在 GROUP BY 组合记录后，HAVING 子句指定显示哪些分组记录。当使用 GROUP BY 和 HAVING 子句时，SELECT 语句的语法格式如下：

```
SELECT 字段列表
FROM 表
WHERE 选择准则
GROUP BY 分组字段列表
HAVING 分组准则
```

其中，"字段列表"表示查询语句中的字段名称列表，可以与字段别名、SQL 统计函数、选择谓词（ALL、DISTINCT、DISTINCTROW 或 TOP）一起使用。

"表"指定从其中获取记录的表的名称。

"选择准则"指定搜索条件。如果 SELECT 语句包含一个 WHERE 子句，则 Microsoft Jet 数据库引擎会在记录上应用 WHERE 条件，然后把值分组。

"分组字段列表"给出用来对记录分组的字段列表，最多可包含 10 个字段。在这个字段列表中字段名的顺序将决定组层次，由最高至最低的层次来分组。在"设计"视图中，通过在设计网格中显示"总计"行，可将查询中的字段添加到 GROUP BY 子句中。

"分组准则"是一个表达式，用来确定要显示哪些分组记录。

GROUP BY 子句是可选的。如果在 SELECT 语句中没有 SQL 合计函数，则可省略总计值。Null 值在 GROUP BY 字段中，则会被分组而不被省略。但是在任何 SQL 合计函数中不计算 Null 值。

除了备注型或 OLE 型字段，在 GROUP BY 字段列表中可以引用 FROM 子句中的任何表的任何字段，即使 SELECT 语句不包含此字段，只要它至少包含一个 SQL 合计函数即可。Microsoft Jet 数据库引擎无法在备注对象或 OLE 对象型字段上进行分组。

SELECT 字段列表中的全部字段必须包含在 GROUP BY 子句中，或在 SQL 合计函数中作为参数。

HAVING 子句是可选的。HAVING 与 WHERE 相似，WHERE 确定哪些记录会被选中。通过 GROUP BY 对记录分组后，HAVING 确定将显示哪些记录。使用 WHERE 子句可以排除不想分组的行，而将记录分组后，可用 HAVING 子句来过滤这些记录。

2. SQL 统计函数

在查询中可以使用以下 SQL 统计函数来对数据组进行各种计算。

（1）Avg：用于计算包含在特定查询字段中的一组数值的算术平均值。

（2）Count：计算从查询返回的记录数。

（3）First 和 Last：在查询所返回的结果中，第一个记录或最后一个记录所返回的字段值。

（4）Min 和 Max：在执行查询时从一组指定字段的值中返回最小或最大值。

（5）StDev 和 StDevP：返回总体或总体样本的标准偏差的估计值，此估计值用包含在一个查询的指定字段中的一组值来表示。

（6）Sum：返回包含在指定查询字段中一组值的总计。

（7）Var 和 VarP：返回一个总体或总体样本的方差的估计值，此估计值用包含在指定查询字段中的一组值来表示。

任务 3.5　创建参数查询

➤ 任务描述

使用 SELECT 语句创建选择查询时，通过 WHERE 子句指定一个选择条件，或者通过 HAVING 子句指定一个分组条件，都可以对要查询的记录进行过滤，只有那些包含使条件成立的记录才会包含在查询的结果集内。在前面的任务中，所使用的条件表达式都是固定不变的，例如，在"计算机应用专业学生"查询中，选择条件为"（（（班级.专业名称)="计算机应用"))"，通过该查询只能获取计算机应用专业学生的记录。那么，能否在运行查询时动态地指定"专业名称"字段的值，从而检索不同专业的学生记录呢？

实际上，通过创建参数查询很容易达到上述目的。在本任务中，将讨论参数查询在学生成绩管理中的应用，首先根据专业名称来检索不同专业学生的记录，然后根据姓名来实现学生信息的模糊查询，最后根据学号和课程名称来查询某个学生的某门课程成绩信息。

➤ 实现步骤

使用参数查询可以显示一个或多个显示提示查询参数值（条件）的预定义对话框，也可以创建提示输入查询参数的自定义对话框。当运行参数查询时，可以在该对话框中输入参数值以设置查询条件，从而能够动态地生成查询结果集。参数查询并不是一种真实独立的查询，可以将其添加到选择查询、交叉表查询以及各种操作查询中。

1. 根据专业名称检索学生信息

专业名称存储在"班级"表中。要根据专业名称检索学生信息，可以将"班级"表和"学生"表作为查询的数据来源，并在搜索条件中设置一个查询参数。

（1）打开"学生成绩管理"数据库。

（2）在"创建"选项卡的"查询"组中单击"查询设计"命令，以创建新的查询。

（3）向查询中添加表和字段。在"显示表"对话框中，将"班级"表和"学生"表添加到查询中；在"设计"视图中，将"班级"表中的"专业名称"、"班级编号"字段和"学生"表中的"学号"、"姓名"、"性别"以及"出生日期"字段添加到设计网格中。

（4）设置搜索条件。在"专业名称"字段所在列的"条件"单元格中输入"[请输入专业名称：]"，如图 3.73 所示。

图 3.73　为参数查询设置搜索条件

注意

　　创建参数查询的关键在于如何设置动态参数值，为此在"条件"单元格中输入搜索条件时必须将提示信息包含在方括号内。这样，当运行参数查询时就会弹出一个"输入参数值"对话框，其中显示这个提示信息，用于提示用户输入所需要的参数值。

　　（5）保存查询。单击"文件"选项卡，单击"对象另存为"命令，将该查询保存为"按专业查询学生"。

　　（6）运行查询。在"设计"选项卡的"结果"组中单击"运行"命令，当出现如图 3.74所示的"输入参数值"对话框时，输入所需的参数值（例如"电子技术"），然后单击"确定"按钮，此时将在"数据表"视图中显示查询返回的记录集，如图 3.75 所示。

图 3.74　输入参数值

图 3.75　电子技术专业学生记录

　　（7）查看 SQL 语句。单击窗口右下角的"SQL 视图"按钮 SQL，切换到"SQL"视图，此时可以看到生成了以下 SQL 语句：

　　SELECT 学生.学号, 学生.姓名, 学生.性别, 学生.出生日期, 班级.专业名称
　　FROM 班级 INNER JOIN 学生 ON 班级.班级编号 = 学生.班级编号
　　WHERE (((班级.专业名称)=[请输入专业名称：]));

　　由此可知，这个参数查询仍然是通过 SELECT 语句来实现的。在参数查询中，定义参数的方法是用方括号将提示信息括起来，例如"[请输入专业名称：]"。每当运行参数查询时都会出现提示信息，从而可以通过动态地输入数据来构成选择准则。

　　2. 根据姓名实现学生信息模糊查询

　　此处所说的"模糊查询"是指输入姓名的一部分或全部来查询学生信息，这可以通过使用 Like 运算符和星号"*"通配符来实现。

　　（1）在"创建"选项卡的"查询"组中单击"查询设计"命令，以创建新的查询。

　　（2）向查询中添加表和字段。使用"显示表"对话框将"学生"表添加到查询中；在"设计"视图中，将"学生"表中的"学号"、"姓名"、"性别"以及"出生日期"字段添加到设

计网格中。

（3）设置搜索条件。在"姓名"字段列的"条件"单元格中输入"Like "*" & [请输入姓名或姓名中的一部分：] & "*""（其中&为字符串连接运算符），这样将创建一个使用 Like 运算符和星号"*"通配符的参数查询，如图 3.76 所示。

图 3.76　在参数查询中使用带有通配符的参数

（4）保存查询。单击"文件"选项卡，单击"对象另存为"命令，将该查询保存为"按姓名查询学生"。

（5）运行查询。在"设计"选项卡的"结果"组中单击"运行"命令，当出现"输入参数值"对话框时，输入学生姓名或姓名中的一部分（例如只输入一个"国"字），然后单击"确定"按钮，在"数据表"视图中查看查询结果，如图 3.77 所示。

图 3.77　从"学生"表中查询姓名中包含"国"字的学生

（6）查看 SQL 语句。单击窗口右下角的"SQL 视图"按钮，切换到"SQL"视图，此时可以看到生成了以下 SQL 语句：

SELECT 学生.学号, 学生.姓名, 学生.性别, 学生.出生日期
FROM 学生
WHERE (((学生.姓名) Like "*" & [请输入姓名或姓名中的一部分：] & "*"));

在上述 SQL 语句中，Like 运算符的功能是测试"姓名"字段的值是否与给定模式相匹配，该模式由两个星号通配符"*"与参数值使用字符串连接运算符"&"组合而成的，每个星号通配符都表示零个或任意个字符。因此，无论输入姓名中的一个或多个字都能实现查询。

3. 根据输入的姓名和课程名称查询学生成绩

要根据输入的姓名和课程名称来查询学生成绩，可以在查询中设置两个参数，并且使用 AND 运算符来连接两个条件。

（1）在"创建"选项卡的"其他"组中单击"查询设计"命令，以创建新的查询。

（2）向查询中添加查询和字段。在"显示表"对话框中选择"查询"选项卡，将"学生课程成绩"查询添加到新建查询中；在"设计"视图中，将字段列表中的"学号"、"姓名"、

"课程名称"以及"成绩"字段添加到设计网格中。

（3）设置搜索条件。在"姓名"字段列的"条件"单元格中输入"[请输入学生姓名：]"，在"课程名称"字段列的"条件"单元格中输入"[请输入课程名称：]"，如图 3.78 所示。

图 3.78　创建包含两个参数的参数查询

（4）保存查询。从文件菜单中选择"保存"命令，将该查询保存为"按姓名和课程名称查询成绩"。

（5）运行查询。在"设计"选项卡的"结果"组中单击"运行"命令，当相继出现"输入参数值"对话框时依次输入学生姓名和课程名称，此时将在"数据表"视图中显示指定的学生在指定的课程中取得的成绩，如图 3.79 所示。

图 3.79　根据所输入的姓名和课程名称查询成绩

（6）查看 SQL 语句。单击窗口右下角的"SQL 视图"按钮 ，切换到"SQL"视图，此时可以看到生成了以下 SQL 语句：

```
SELECT 学生课程成绩.学号, 学生课程成绩.姓名, 学生课程成绩.课程名称, 学生课程成绩.成绩
FROM 学生课程成绩
WHERE (((学生课程成绩.姓名)=[请输入姓名：]) AND ((学生课程成绩.课程名称)=[请输入课程名称：]));
```

➤ 知识与技能

参数查询是这样一种查询，它在执行时显示自己的对话框来提示用户输入信息，这些信息可应用于搜索条件或作为要插入到字段中的值。通过参数查询可交互地指定一个或多个值，从而给选择查询或操作查询带来了更大的灵活性。

参数查询并不是一种单独种类的查询，它可以与选择查询以及其他种类的查询结合使用。创建参数查询的方法与创建普通查询类似，所不同的是可以在查询中使用参数，定义参数的方法是将提示信息放在方括号内。通过设计参数查询可以提示更多的内容。例如，可以设计参数查询来提示输入两个日期，运行查询时检索在这两个日期之间的所有记录。

任务 3.6　创建交叉表查询

➤ 任务描述

在任务 3.3 中，基于"学生"表、"课程"表和"成绩"表创建了一个名为"学生课程成绩"的多表查询，通过该查询可以获取每个学生的所有课程的成绩。在"数据表"视图中查看该查询的运行结果时可以看到，每条记录都包含"学号"、"姓名"、"课程名称"和"成绩"等字段，同一个学生的学号和姓名重复出现多次时，同一门课程的名称也会重复出现多次，使用这种方式显示学生成绩显然不是很理想。那么，能否让学号和姓名只出现一次，而让不同的课程名称出现在标题行中，在这些课程名称的下方显示每个学生的成绩呢？

实际上，通过创建交叉表查询就可以达到这个目的。使用交叉表查询可以对数据进行分组：一组显示在数据表的左部（行标题），一组显示在数据表的顶部（列标题），具体的数据则显示在数据表的中间，从而增强了数据的可视性。通过交叉表查询还可以对数据进行行求和、求平均、计数以及其他计算。在本任务中，通过创建交叉表查询从"学生成绩管理"数据库中查询学生的课程成绩信息，首先按照专业名称查询学生各科成绩，然后按照班级编号查询平均成绩。

➤ 实现步骤

要创建交叉表查询，可以首先创建一个普通的选择查询，然后将其查询类型更改为交叉表查询，并对交叉表查询的行标题、列标题以及值字段进行设置。

1. 按照专业名称查询学生各科成绩

要按专业名称查询学生的各科成绩，可将"专业名称"、"学号"、"姓名"等字段作为交叉表查询的行标题，将"课程名称"字段作为列标题，并将"成绩"字段作为值字段，此外还需要设置查询参数，以便输入专业名称。由于这些字段分别存储在不同的表中，因此需要选择多个表作为交叉表查询的数据来源。

（1）打开"学生成绩管理"数据库。

（2）在"创建"选项卡的"查询"组中单击"查询设计"命令，以创建新的查询。

（3）向查询中添加表和字段。使用"显示表"对话框中将"班级"表、"学生"表、"课程"表以及"成绩"表添加到查询中，然后将"班级"表中的"专业名称"和"班级编号"字段、"学生"表中的"学号"、"姓名"字段、"课程"表中的"课程名称"字段以及"成绩"表中的"成绩"字段添加到设计网格中。

（4）将查询类型更改为交叉表查询。在"设计"选项卡的"查询类型"组中单击"交叉表查询"命令，如图 3.80 所示。

图 3.80　选择"交叉表"命令

此时设计网格中显示出"总计"和"交叉表"行，如图 3.81 所示

图 3.81　将查询类型更改为交叉表查询

（5）设置交叉表的行标题。分别单击"专业名称"、"班级编号"、"学号"和"姓名"字段列的"交叉表"单元格并从下拉式列表框中选择"行标题"，这些字段的"总计"选项均保留"Group By"默认值。在交叉表查询中，可以设置一个或多个"行标题"选项。

（6）设置交叉表的列标题。单击"课程名称"字段列的"交叉表"单元格并从列表中选择"列标题"，列标题的"总计"选项保留"Group By"默认值。在交叉表查询中，只能设置一个"列标题"。

（7）设置交叉表的值字段。单击"成绩"字段列的"总计"单元格并从下拉式列表框中选择"First"选项，单击该字段所在列的"交叉表"单元格并从下拉式列表框中选择"值"选项，如图 3.82 所示。

图 3.82　设置交叉表查询的行标题、列标题和值选项

提示

在交叉表查询中，只能有一个"值"选项。对于选择"值"选项的字段，可以从"合计"单元格的下拉式列表框中选择"总计"、"平均值"、"最小值"或"最大值"选项，也可以选择"First"、"Last"等选项。

（8）设置查询参数。在"设计"选项卡的"显示/隐藏"组中单击"参数"命令，如图 3.83 所示，然后在"查询参数"对话框中定义一个参数，将其命名为"专业名称"，将其数据类型设置为"文本"，如图 3.84 所示。

图 3.83 选择"参数"命令

图 3.84 定义查询参数

（9）设置搜索条件。在"专业"字段列的"条件"单元格中输入"[专业名称]"（方括号内为参数名称，必须与所定义的查询参数名称相同，由此生成参数查询），如图 3.85 所示。

图 3.85 在交叉表查询中设置搜索条件

（10）保存并运行查询。按[Ctrl+S]组合键，将该查询保存为"按专业查询成绩"；在"设计"选项卡的"结果"组中单击"运行"命令，当出现"参数值"对话框时输入要查询的专业名称（例如"电子商务"）并单击"确定"按钮，即可在"数据表"视图中查看指定专业的学生成绩，如图 3.86 所示。

图 3.86 查询电子商务专业学生的成绩

（11）查看 SQL 语句。单击窗口右下角的 "SQL 视图" 按钮 sql，在 SQL 视图中可以看到生成了以下 SQL 语句：

> PARAMETERS 专业名称 Text (255);
>
> TRANSFORM First(成绩.成绩) AS 成绩之 First
>
> SELECT 班级.专业名称, 班级.班级编号, 学生.学号, 学生.姓名
>
> FROM (班级 INNER JOIN 学生 ON 班级.班级编号 = 学生.班级编号) INNER JOIN (课程 INNER JOIN 成绩 ON 课程.课程编号 = 成绩.课程编号) ON 学生.学号 = 成绩.学号
>
> WHERE (((班级.专业名称)=[专业名称]))
>
> GROUP BY 班级.专业名称, 班级.班级编号, 学生.学号, 学生.姓名
>
> PIVOT 课程.课程名称;

第 1 行是一个 PARAMETERS 语句，其功能是声明在参数查询中用到的参数的名称和数据类型。在 "查询参数" 对话框中创建参数后，将自动生成 PARAMETERS 语句。

从第 2 行开始是一个 TRANSFORM...PIVOT 语句，该语句的功能是创建交叉表查询，它由以下 3 个部分组成。

①TRANSFORM 聚合函数：指定对所选数据进行计算的 SQL 聚合函数。

②SELECT 语句：从指定的表中获取数据。与普通 SELECT 语句一样，它可以包含各种各样的子句，例如 SELECT、FROM、WHERE、GROUP BY 等。在其 SELECT 和 GROUP BY 子句中的字段将用作交叉表查询的行标题。

③PIVOT 子句：指定将哪个字段作为交叉表查询的列标题。此外，还可以在列标题字段后面添加一个 "In (值 1, 值 2, ...)" 表达式，以指定创建列标题的一些固定值。

2. 按照班级查询各科平均成绩

要按照班级查询各科的平均成绩，可将 "班级编号" 字段作为交叉表查询的行标题，将 "课程名称" 字段作为交叉表查询的列标题，将 "成绩" 字段作为交叉表查询的值字段。此外，还需要定义一个查询参数，以便动态地输入班级编号。

（1）在 "创建" 选项卡的 "查询" 组中单击 "查询设计" 命令，以创建新的查询。

（2）向查询中添加表和字段。使用 "显示表" 对话框将 "课程" 表、"成绩" 表和 "学生" 表添加到查询中，将 "学生" 表中的 "班级编号"，"课程" 表中的 "课程名称" 以及 "成绩" 表中的 "成绩" 字段添加到设计网格中，然后再次将 "学生" 表中的 "班级编号" 字段添加到设计网格中。

（3）将查询类型更改为交叉表查询。在 "设计" 选项卡的 "查询类型" 组中单击 "交叉表查询" 命令，此时将在设计网格中显示 "总计" 和 "交叉表" 行。

（4）设置交叉表查询的行标题、列标题和值字段。将左边的 "班级编号" 字段设置为 "行标题" 选项，将 "课程名称" 字段设置为 "列标题" 选项，将 "成绩" 字段设置为 "值" 选项并在其 "总计" 单元格中选择 "平均值" 选项。

（5）定义查询参数。在 "设计" 选项卡的 "显示/隐藏" 组中单击 "参数" 命令，以显示 "查询参数" 对话框；然后定义一个参数并命名为 "班级编号"，数据类型为 "文本"。

（6）设置交叉表查询的搜索条件。在右边的 "班级编号" 字段的 "总计" 单元格中选择 "Where" 选项，将其 "交叉表" 单元格留空，在该字段所在列的 "条件" 单元格中输入 [课程编号]（方括号内的参数名称与所定义的查询参数名称相同），如图 3.87 所示。

图 3.87　设置交叉表查询的行标题、列标题、值字段和搜索条件

（7）设置值字段的属性。单击"成绩"字段列，在"属性表"窗格中将其"格式"和"小数位数"分别设置为"标准"和 2。

（8）保存查询。单击"文件"选项卡，单击"对象另存为"命令，将该查询保存为"按班级查询平均成绩"。

（9）运行查询。在"设计"选项卡的"结果"组中单击"运行"命令，当出现"输入参数值"对话框时输入一个班级编号（例如"计1502"），然后单击"确定"按钮，即可在"数据表"视图中查看指定班级的各科平均成绩，如图 3.88 所示。

图 3.88　查询 0808 班各科平均成绩

（10）查看 SQL 语句。单击窗口右下角的"SQL 视图"按钮 <sql>，以切换到"SQL"视图，此时可以看到生成了以下 SQL 语句：

```
PARAMETERS 班级编号 Text ( 255 );
TRANSFORM First(成绩.成绩) AS 成绩之 First
SELECT 学生.班级编号
FROM 课程 INNER JOIN (学生 INNER JOIN 成绩 ON 学生.学号 = 成绩.学号) ON 课程.课程编号 = 成绩.课程编号
WHERE (((学生.班级编号)=[班级编号]))
GROUP BY 学生.班级编号
PIVOT 课程.课程名称;
```

➤ 知识与技能

交叉表查询是通过 TRANSFORM、SELECT 和 PIVOT 语句实现的。使用交叉表查询可以计算并重新组织数据的结构，这样可以更加方便地分析数据。交叉表查询计算数据的总计、平均值、计数或其他类型的总和，这种数据可分为两组信息：一类在数据表左侧排列，另一类在数据表的顶端。使用交叉表查询摘要数据时，将从指定的字段或表达式中的选定值作为列标题，这样，可以用比选定查询更紧凑的格式来观察数据。

1. TRANSFORM...SELECT...PIVOT 语句

交叉表查询是通过 TRANSFORM、SELECT 和 PIVOT 语句一起实现的，语法格式如下：

TRANSFORM　聚合函数

SELECT 语句

PIVOT　列标题字段　[IN (值 1[, 值 2[, ...]])]

其中 TRANSFORM 语句用于设置交叉表查询的值选项，"聚合函数"表示计算所选数据的 SQL 合计函数。"SELECT 语句"的字段列表包含作为交叉表查询行标题的字段，这些字段同时也包含在 GROUP BY 子句中。PIVOT 语句指定交叉表查询的列字段，"列标题字段"表示在查询结果集中用来创建列标题的字段或表达式。IN 子句是可选的，其功能是对列标题字段进行筛选；"值 1"、"值 2"等指定用来创建列标题的固定值。

TRANSFORM 语句是可选的，但当被包含时为 SQL 字符串的第一句，它出现在 SELECT 语句（指定作为行标题的字段的）之前，还出现在 GROUP BY 子句（指定行分组的）之前。也可以有选择地包含其他子句，例如 WHERE 子句，它指定附加的选择或排序条件。

在"设计"视图中，要指定用于值字段的 SQL 合计函数，可从"总计"单元格的列表框中选择；要设置行标题，可从"交叉表"单元格的列表中选择"行标题"选项；要设置列标题，可从"交叉表"单元格的列表中选择"列标题"选项。

2. PARAMETERS 声明

创建交叉表查询时，也可以通过设置查询参数来提示用户在预定义对话框中输入字段值。要设置查询参数，需要在参数查询中说明参数的名称和数据类型，可通过 PARAMETERS 声明来实现，语法格式如下：

PARAMETERS　名称　数据类型　[, 名称　数据类型　[, ...]]

其中，"名称"指定参数的名称。当应用程序运行查询时，可用"名称"作为字符串显示在对话框中。包含空格或标点符号的文本应用方括号（[ ]）括起来，例如[Low price]。"数据类型"指定基本 Microsoft Access 数据类型或其同义字之一。

对于有规则运行的查询，可用 PARAMETERS 声明创建一个参数查询。PARAMETERS 声明是可选的，但是当使用该声明时，必须将其置于任何其他语句（包括 SELECT 语句）之前。在 WHERE 或 HAVING 子句中都可以使用查询参数。

在"设计"视图中，要设置查询参数，首先需要使用"查询参数"对话框指定参数的名称和数据类型，然后在设计网格的"条件"单元格中输入"[参数名称]"。

任务 3.7　创建子查询

➤ 任务描述

SELECT 语句通常用来从一个或多个表获取数据，并可以对数据进行筛选、分组、排序以及计算。在实际应用中，还可以将一个 SELECT 语句嵌套于另一个 SELECT 语句或其他 SQL 语句中，由此创建的选择查询称为子查询，包含子查询的查询语句则称为主查询。本任务用于说明子查询的应用，首先检索"电路分析"课程成绩低于此课程平均成绩的学生记录，然后查询平均成绩高于 85 分的学生记录，最后查询未包含在"成绩"表中的课程记录。

➤ **实现步骤**

子查询嵌套于主查询中。为了区别于主查询，应将子查询放在圆括号中。创建选择查询时，常常通过某种形式的谓词引入子查询。

1. 查询"电路分析"成绩高于该课程平均成绩的学生记录

要检索"电路分析"课程成绩低于该课程平均成绩的学生记录，可以使用子查询来计算该课程的平均成绩，并将这个子查询用在主查询的 WHERE 子句中。在这种情况下，主查询的 FROM 子句中包含的来源表也可以用在子查询中。

（1）打开"学生成绩管理"数据库。

（2）在"创建"选项卡的"查询"组中单击"查询设计"命令，以创建新的查询。

（3）向查询中添加字段。使用"显示表"对话框将"学生"表、"成绩"表和"课程"表添加到查询中，然后将"学生"表中的"学号"、"姓名"字段，"课程"表中的"课程名称"以及"成绩"表中的"成绩"字段添加到设计网格中。

（4）设置搜索条件。在"成绩"字段列的"条件"单元格中输入">(SELECT Avg(成绩.成绩) FROM 成绩 WHERE 课程.课程名称="电路分析")"，如图 3.89 所示。

图 3.89　在选择查询中使用子查询（将子查询置于圆括号中）

（5）保存查询。单击"文件"选项卡，单击"对象另存为"命令，将该查询保存为"电路分析成绩高于平均成绩的学生（子查询）"。

图 3.90　查看查询运行结果

（6）运行查询。在"设计"选项卡的"结果"组中单击"运行"命令，进入"数据表"视图，在此查看"电路分析"成绩高于该课程平均成绩的学生记录，如图 3.90 所示。

（7）查看 SQL 语句。从"视图"菜单中选择"SQL 视图"命令，切换到"SQL"视图，此时可以看到生成了以下 SQL 语句：

SELECT 学生.学号, 学生.姓名, 课程.课程名称, 成绩.成绩

FROM 课程 INNER JOIN (学生 INNER JOIN 成绩 ON 学生.学号 = 成绩.学号) ON 课程.课程编号 = 成绩.课程编号

WHERE (((成绩.成绩)>(SELECT Avg(成绩.成绩) FROM 成绩 WHERE 课程.课程名称="电路分析")));

上述 SQL 语句包含两个 SELECT 语句，位于外层的 SELECT 语句称为主查询，位于主查

询的 WHERE 子句中的 SELECT 语句称为子查询。在子查询的 WHERE 子句中，使用主查询字段列表中的"课程.课程名称"对"课程名称"字段进行了限制，而且此子查询返回一个单值，即"电路分析"课程的平均成绩。

2. 查询平均成绩高于 85 分的学生记录

学生和成绩信息分别存储在"学生"表和"成绩"表中。要查询平均成绩高于 85 分的学生记录，可以选择"学生"表作为主查询的数据来源，并在 WHERE 子句中通过谓词 IN 引入子查询，以获取平均成绩高于 85 分的学生记录。

（1）在"创建"选项卡的"查询"组中单击"查询设计"命令，以创建新的查询。

（2）向查询中添加表和字段。在"显示表"对话框中，将"学生"表添加到查询中；在"设计"视图中，将"学生"表中的"班级编号"、"学号"、"姓名"以及"性别"字段添加到设计网格中。

（3）设置查询条件。在"学号"字段列的"条件"单元格中输入"In (SELECT 学号 FROM 成绩 GROUP BY 学号 HAVING AVG(成绩) >85)"，如图 3.91 所示。

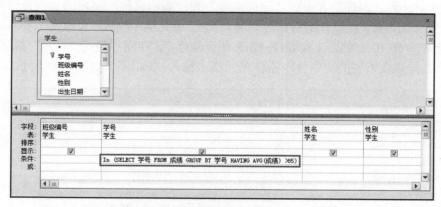

图 3.91　通过 In 谓词引入子查询

（4）保存并运行查询。单击"文件"选项卡，单击选择"对象另存为"命令，将该查询保存为"平均成绩高于 85 分的学生（子查询）"；单击窗口右上角的"数据表视图"按钮，切换到"数据表"视图，以查看查询运行结果，如图 3.92 所示。

班级编号	学号	姓名	性别
计1501	150001	王建华	男
计1501	150002	李志明	男
计1501	150003	刘亚楠	女
计1501	150006	张淑美	女
计1502	150033	马莉莎	女
计1502	150035	柳若雨	女
计1502	150036	吴云昊	男
计1503	150061	李国华	男
计1503	150064	刘学军	男
计1504	150093	刘爱梅	女
电1501	150121	蓝西夫	男
电1501	150122	蒋春荣	女
电1501	150125	王保平	男

图 3.92　查看查询运行结果

（5）查看 SQL 语句。单击窗口右下角的"SQL 视图"按钮，切换到"SQL"视图，此时可以看到生成了以下 SQL 语句。

```
SELECT 学生.班级编号, 学生.学号, 学生.姓名, 学生.性别
FROM 学生
WHERE (((学生.学号) In (SELECT 学号 FROM 成绩 GROUP BY 学号 HAVING AVG(成绩) >85)));
```

在上述 SQL 语句中, 子查询是通过谓词 In 引入的。这个子查询的结果集是包含零个或多个值的列表。通过 In 运算符可以使用子查询进行集成员测试, 也就是将一个字段的值与子查询返回的一列值进行比较, 如果该字段的值与此列中任何一个值相等, 则集成员测试结果返回 True 值; 如果该字段值与此列中的所有值都不相等, 则集成员测试返回 False。使用 Not In 时对集成员测试结果取反。

3. 查询未包含在"授课"表中的课程

要查询未包含在"授课"表中的课程, 可以在主查询的 WHERE 子句中使用 Exists 谓词引入子查询, 以进行存在性测试。

(1) 在"创建"选项卡的"查询"组中单击"查询设计"命令, 以创建新的查询。

(2) 向查询中添加表和字段。在"显示表"对话框中, 将"课程"表添加到查询中; 在"设计"视图中, 将"课程"表中的"课程编号"和"课程名称"字段添加到设计网格中。

(3) 设置查询条件。在设计网格第 3 列的"字段"单元格中输入"表达式 1: Exists (SELECT * FROM 授课 WHERE 课程.课程编号=授课.课程编号)", 在同一列的"显示"单元格中取消对复选框的选择, 在该列的"条件"条件单元格中输入"False", 如图 3.93 所示。

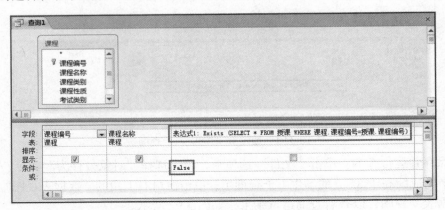

图 3.93 通过 Exists 谓词引入子查询

(4) 保存并运行查询。单击"文件"选项卡, 单击"对象另存为"命令, 将该查询保存为"未包含在授课表中的课程(子查询)"; 单击窗口右下角的"数据表视图"按钮, 切换到"数据表"视图, 以查看查询运行结果, 如图 3.94 所示。

图 3.94 查看查询运行结果

（5）查看 SQL 语句。单击窗口右下角的"SQL 视图"按钮，切换到"SQL"视图，此时可以看到生成了以下 SQL 语句：

SELECT　课程.课程编号, 课程.课程名称

FROM　课程

WHERE (((Exists (SELECT * FROM　授课　WHERE　课程.课程编号=授课.课程编号))=False));

在上述 SQL 语句中，通过 Exists 谓词引入了子查询，相当于进行一次存在性测试。外部的 WHERE 子句用于测试子查询返回的记录行是否存在。按照惯例，由 Exists 谓词引入的子查询的字段选择列表是一个星号"*"，而不是单个字段名。

通过在 Exists 谓词前面添加 Not，可将上述 SQL 语句的 WHERE 子句改写成以下形式：

WHERE ((Not Exists (SELECT * FROM　授课　WHERE　课程.课程编号=授课.课程编号)));

其中，Not Exists 用于引入圆括号内的子查询。当这个子查询未返回任何记录时，整个搜索条件的计算结果为 True。

➤ 知识与技能

子查询是一种特殊的 SELECT 语句，它可以嵌套于其他查询语句（称为主查询）中。主查询可以是 SELECT、SELECT...INTO、INSERT...INTO、DELETE 或 UPDATE 语句或其他子查询。

子查询可以通过以下 3 种语法形式来创建。

表达式　比较运算符　[ANY | ALL | SOME] (SQL 语句)

表达式　[NOT] IN (SQL 语句)

[NOT] EXISTS (SQL 语句)

其中，"表达式　比较运算符"用于对表达式与子查询的结果进行比较；"表达式"是用来搜索子查询的结果集的表达式；"SQL 语句"表示生成子查询的 SELECT 语句，它遵循和任何其他 SELECT 语句一样的格式和规则，但必须用圆括号把它括起来。

在 SELECT 语句的字段列表中、在 WHERE 子句中或在 HAVING 子句中，都可以使用子查询来代替表达式。在子查询中，可以通过 SELECT 语句来提供一组要在 WHERE 或 HAVING 子句表达式中计算的一个或多个指定值，也可以在子查询中使用表名的别名来引用在子查询外部的 FROM 子句中列出的表。

创建子查询时，可以使用以下几个谓词。

（1）通过同义的 ANY 或 SOME 谓词，可以检索在主查询的记录中满足与子查询所检索出的任何记录进行比较的比较条件的记录。

（2）使用 ALL 谓词可以只检索出在主查询的记录中满足子查询所检索出的所有记录的比较条件的记录。

（3）通过 IN 谓词可以只检索出在主查询的记录中作为子查询的一部分记录而包含相同值的记录。相反地，可以使用 NOT IN 来仅检索出在主查询的记录中作为子查询的记录而不包含相同值的记录。

（4）使用 EXISTS 谓词（带有可选的 NOT 保留字）可以通过 True/False 比较来确定子查询是否返回了任何记录。

允许一些子查询用在交叉表查询中，特别是作为谓词用在 WHERE 子句。但不允许将其作为输出的子查询（在 SELECT 列表中）用在交叉表查询中。

任务 3.8　通过追加查询添加记录

▶ 任务描述

在实施项目 2 时已经知道，在"数据表"视图中打开一个表时可以向这个表中添加数据记录。但在实际应用（特别是数据库编程）中，通常需要通过操作查询来添加新记录，这类操作查询称为追加查询。在本任务中，首先使用带有参数的追加查询向"学生"表中添加一些学生记录，然后根据这些学生所在班级向"成绩"表中添加学号和课程编号信息。

▶ 实现步骤

在"数据表"视图中，可以通过表格形式向表中添加新记录。在数据库编程中，则是通过 INSERT INTO 语句来添加新记录的。该语句对应的操作查询即追加查询。

1. 通过追加查询向"学生"表中添加记录

下面将通过追加查询向"学生"表中添加记录，而且新记录中的各个字段值是在"输入参数值"对话框中提供的。为此，可以直接在"SQL"视图中编写 INSERT INTO 语句。

（1）打开"学生成绩管理"数据库。

（2）创建一个新的查询，不添加任何表；然后切换到 SQL 视图中并输入以下 SQL 语句：

```
INSERT INTO 学生 (学号, 班级编号, 姓名, 性别, 出生日期)
VALUES ([学号], [班级编号], [姓名], [性别], [出生日期]);
```

其中第 1 个圆括号内包含一个字段列表，这些字段用于接收通过参数提供的值，不同字段用逗号分隔；第 2 个圆括号内包含一个参数列表，每个参数为对应的字段提供一个值，这些参数用方括号括起来，不同参数之间用逗号分隔。各个参数值需要在对话框中输入。

（3）保存追加查询。单击"文件"选项卡，单击"对象另存为"命令，将该查询保存为"添加学生记录（追加查询）"。

（4）在"设计"选项卡的"结果"组中单击"运行"命令，在随后出现的"输入参数值"对话框中依次输入各个字段值，然后在弹出的提示对话框中单击"是"按钮，确认将输入的参数值作为字段值的新记录追加到"学生"表中，如图 3.95 所示。

图 3.95　通过带有参数的追加查询向"学生"表中添加新记录

（5）参照上一步操作，向"学生"表中添加另一条新记录，其学号值为"150127"。

（6）查看操作结果。在"数据表"视图中，打开"学生"表，以查找刚才添加的两条学生记录。

2. 通过追加查询向"成绩"表中添加记录

前面通过运行追加查询向"学生"表中添加了两条新记录。下面根据这两个学生所在的班级，从"学生"表和"授课"表中获取学号和课程编号，并将这些数据添加到"成绩"表中。例如，在"授课"表中为某个班安排了 6 门课程，则针对该班成绩尚未填写的每个学生向"成绩"表中添加 6 条记录。

（1）在"创建"选项卡的"其他"组中单击"查询设计"命令，以创建新的查询。

（2）向查询中添加表和字段。在"显示表"对话框中，向新建查询中添加"授课"表和"学生"表；将"学生"表中的"学号"、"授课"表中的"课程编号"和"班级编号"字段添加到设计网格中；在"班级编号"字段列的"显示"单元格取消对复选框的选择，以便将该字段从选择字段列表中移除。

（3）设置搜索条件。在"学号"字段所在列的"条件"单元格中输入"Not In (SELECT 学号 FROM 成绩)"，在"班级编号"字段所在列的"条件"单元格中输入"[学生].[班级编号]"，如图 3.96 所示。

图 3.96　通过选择查询获取要复制的数据

（4）查看选择查询的运行结果。在"设计"选项卡的"结果"组中单击"运行"命令，进入"数据表"视图，以查看成绩尚未填写到"成绩"表中的两个学生的学号及相关课程名称，如图 3.97 所示。

图 3.97　测试查询结果

（5）将选择查询更改为追加查询。切换到"设计"视图，在"设计"选项卡的"查询类型"组中单击"追加"命令，如图 3.98 所示；在"追加"对话框中选择"成绩"表作为接收新记录的目标表，如图 3.99 所示。

图 3.98　单击"追加"命令

图 3.99　指定追加查询的目标表

此时设计网格中将显示"追加"行，其中列出了接收数据的目标字段，如图 3.100 所示。

图 3.100　创建追加查询

（6）保存查询。单击"文件"选项卡，单击"对象另存为"命令，将该查询保存为"添加学生成绩记录（追加查询）"。

（7）运行查询。在"设计"选项卡的"结果"组中单击"运行"命令，在随后出现的对话框中单击"是"按钮，这将会向目标表中追加 12 行新记录，如图 3.101 所示。

图 3.101　确认追加操作

（8）查看 SQL 语句。单击窗口右下角的"SQL 视图"按钮 ，切换到"SQL "视图，此时可以看到生成了以下 SQL 语句：

```
INSERT INTO 成绩 (学号, 课程编号)
SELECT 学生.学号, 授课.课程编号
FROM 授课, 学生
WHERE (((学生.学号) Not In (SELECT 学号 FROM 成绩))
    AND ((授课.班级编号)=[学生].[班级编号]));
```

上述 SQL 语句从"学生"表和"授课"表中检索尚未在"成绩"表中填写成绩的学号和课程编号，并将这些数据复制到"成绩"表。如果在完成学生记录和授课信息的录入运行这个查询，可以一次性追加多条记录并填写学号和课程编号。

此时，在"数据表"视图中打开"成绩"表，可以看到在新添加的记录中"成绩"字段暂时为空，这可以通过更新查询来填写，详见任务 3.9。

➤ 知识与技能

使用追加查询可将一个或多个记录添加到一个表中。追加查询通过 INSERT INTO 语句来实现。追加查询有以下两种语法格式。

若要向表中添加一个新记录，可以使用单一记录追加查询语法：

INSERT INTO　目标表 [(字段 1[, 字段 2[, ...]])]
VALUES (值 1[, 值 2[, ...]])

若要从另一个表向目标表中复制一组现存的记录，可以使用多重记录追加查询语法：

INSERT INTO　目标表 [(字段 1[, 字段 2[, ...]])][IN 外部数据库]
SELECT　字段 1[, 字段 2[, ...]]
FROM　来源表

其中，目标表指定欲追加记录的表或查询的名称。

"字段 1"、"字段 2"表示字段名。如果跟在目标表参数后面，则表示要追加数据的字段名；如果包含在 SELECT 的字段列表中，则表示从中获得数据的字段名。

VALUES 子句给出字段值列表。"值 1"、"值 2"表示欲插入新记录的特定字段的值。每个值将按照它在列表中的位置，顺序插入相关字段中，即"值 1"插入到追加记录的"字段 1"中，"值 2"插入到字段 2 中，以此类推。这些字段值使用逗点来分隔，对文本字段值要用单引号（' '）括起来。如果省略字段列表，则 VALUES 子句必须包含表中每个字段的值；否则 INSERT 语句将会失败。

使用 IN 子句可将记录追加到外部数据库的表中。外部数据库的路径由参数"外部数据库"指定。

"来源表"指定从其中得到要插入的记录的表名。这个变元可能是一个单一的表名，也可以是用逗号分隔的多个表，还可能是一个由 INNER JOIN，LEFT JOIN 或 RIGHT JOIN 运算组成的复合体，或是一个储存的查询。

使用单一记录追加查询语法，可以通过 INSERT INTO 语句将一条新记录添加到一个目标表中，此时必须指定追加数值的记录每个字段的名称和值。如果没有指定每个字段，则默认值或 Null 值将被插入到没有数据的字段中。如果目标表包含一个主键，则一定要把唯一的非 Null 值追加到主键字段中，否则 Microsoft Access 数据库引擎不会追加记录。这些记录将被添加到表的尾部。

通过使用多重记录追加查询语法，也可以使用 INSERT INTO 从另一表或查询来追加一组现存的记录，此时 SELECT 子句将指定追加字段到指定的目标表。

"目标表"可以指定一个表或查询。如果指定查询，则 Microsoft Access 数据库引擎会把记录追加到由该查询指定的所有表中。

若要把记录追加到带有自动编号字段的表中，还想重编追加的记录，则不要在查询中包含自动编号字段。如果要保持字段中的原始值，请将自动编号加在查询中。

若要在运行追加查询之前找出哪些记录是被追加的，可首先执行一个使用相同条件的选择查询并查阅所获得的结果。

在"设计"视图中创建追加查询可分为两个步骤：首先通过创建选择查询来获取要添加的记录，然后将选择查询更改为追加查询并指定接收数据的目标表。

若要将检索的数据添加到创建的新表中，可以使用 SELECT...INTO 语句。

任务 3.9　通过更新查询修改记录

➤ 任务描述

在任务 3.8 中，通过追加查询向"成绩"表中添加了 8 条记录。在这些记录中，"学号"和"课程编号"字段分别从"学生"表和"授课"表中获得了数据，但"成绩"字段目前尚未填写数据。若要填写成绩，既可以在"数据表"视图中打开"成绩"表并在"成绩"字段中直接输入数值，也可以通过更新查询在空白字段中填写数值。在本任务中，将通过更新查询来填写学生成绩。

➤ 实现步骤

更新查询也是一种操作查询。更新查询通过 UPDATE 语句实现，可用于修改表中的记录。

（1）打开"学生成绩管理"数据库。

（2）在"创建"选项卡的"其他"组中单击"查询设计"命令，以创建新的查询。

（3）向查询中添加表和字段。将"成绩"表和"课程"表添加查询中，然后将"成绩"表中的"学号"和"成绩"字段以及"课程"表中的"课程名称"字段添加到设计网格中。

（4）将查询类型更改为更新查询。在"设计"选项卡的"查询类型"组中选择"更新查询"命令，如图 3.102 所示；此时设计网格中将显示"更新到"行。

图 3.102　将查询类型更改为更新查询

（5）设置搜索条件和字段值。在"成绩"字段列的"更新到"单元格中输入 91，在"学号"字段列的"条件"单元格中输入"150007"，在"课程名称"字段列的"条件"单元格中输入""计算机应用基础""，如图 3.103 所示。

图 3.103　设置更新查询的搜索条件和字段值

（6）保存并运行查询。在快速访问工具栏中单击"保存"按钮，将该查询保存为"更新学生成绩（更新查询）"；在"设计"选项卡的"结果"组中单击"运行"命令，当出现如图 3.104 所示的提示消息框时单击"是"按钮，以执行更新查询。

图 3.104　确认执行更新查询

（7）查看 SQL 语句。单击窗口右下角的"SQL 视图"按钮，切换到"SQL"视图，此时可以看到生成了以下 SQL 语句：

UPDATE 课程 INNER JOIN 成绩 ON 课程.课程编号 = 成绩.课程编号 SET 成绩.成绩 = 91
　WHERE (((成绩.学号)="150007") AND ((课程.课程名称)="计算机应用基础"));

通过执行上述 SQL 语句，将对"学生"表执行更新操作，即在学号为 150007、课程名称为"计算机应用基础"的记录中将成绩设置为 91。

（8）在 UPDATE 语句中，修改"学号"、"课程名称"和"成绩"字段的值，然后执行更新查询，对其他成绩记录进行修改。

（9）在"数据表"视图中打开"成绩"表，查看更新查询的执行结果。

➤ 知识与技能

通过创建更新查询可以改变基于特定准则的指定表中的字段值。更新查询通过 UPDATE 语句来实现。语法格式如下：

UPDATE 表
　SET 字段 1=值 1, 字段 2=值 2, ...
　WHERE 准则；

其中"表"指定表的名称，其中包含要更改的数据。为了在表的更新条件中使用其他表中的字段，也可以使用 INNER JOIN 运算符连接到所需的表。

SET 子句用来设置待更新记录中特定字段的值，"字段 1"、"字段 2"表示要更新的字段名称，"值 1"、"值 2"表示字段值。

"准则"是一个表达式，用来计算被更新的记录，只有符合此表达式的记录才会被更新。如果未用 WHERE 指定准则，则表中的所有记录均被更新。

使用 UPDATE 语句时，应注意以下两点。

（1）UPDATE 语句不生成结果集，而且当使用更新查询更新记录之后，不能取消这次操作。如果想知道哪些记录被更新，可首先看一下使用相同的条件的选定查询的结果，然后运行更新查询。

（2）要随时注意维护数据的复制备份。如果错误地更新了记录，则可以从备份副本中恢复这些数据。

在 Access 2010 中创建更新查询时，首先创建一个选择查询，其中包含要更新的字段和用于设置更新条件的字段；然后将查询类型更改为"更新查询"，此时在设计网格中将出现"更新到"行，在该行的相应单元格中输入字段值；最后还要根据实际情况设置更新条件，即在相应字段列的"条件"单元格中输入所需的值。

任务 3.10   通过删除查询删除记录

➤ 任务描述

从表中删除记录有两种方式：一是在"数据表"视图中删除记录，二是使用删除查询来删除记录。在本任务中，将通过创建删除查询根据输入的学号从"成绩"表中删除该学生的所有成绩记录。

➤ 实现步骤

删除查询是一种操作查询，它通过 DELETE 语句来实现。通过它可以从指定表中删除符合特定条件的一行或多行记录。通过在 DELETE 语句中使用参数可动态设置删除条件。

（1）打开"学生成绩管理"数据库。

（2）在"创建"选项卡的"查询"组中单击"查询设计"命令，以创建新的查询。

（3）向查询中添加表和字段。将"成绩"表添加到该查询中，然后将字段列表中的"学号"字段添加到设计网格中。

（4）将查询类型更改为删除查询。从"设计"选项卡的"查询类型"组中选择"删除查询"命令，如图 3.105 所示；此时设计网格中将显示"删除"行。

图 3.105   将查询类型更改为删除查询

（5）设置删除条件。在"学号"字段列的"条件"单元格中输入"[请指定一个学号：]"（即根据输入的学号从"成绩"表中删除一组记录），如图 3.106 所示。

图 3.106   设置删除条件

（6）保存查询。在快速访问工具栏上单击"保存"按钮，将该查询保存为"删除成绩记录（删除查询）"。

（7）运行查询。在"设计"选项卡的"结果"组中单击"运行"命令，在如图 3.107 所示的"输入参数值"对话框中输入一个学号，在如图 3.108 所示的提示消息框中单击"是"

按钮，从"成绩"表中删除选定的记录。

图 3.107 输入参数值

图 3.108 确认删除操作

（8）查看 SQL 语句。单击窗口右下角的"SQL 视图"按钮 ，切换到"SQL"视图，此时可以看到生成了以下 SQL 语句：

DELETE 成绩.学号

FROM 成绩

WHERE (((成绩.学号)=[请指定一个学号：]));

➤ 知识与技能

使用 DELETE 语句可以创建一个删除查询，其作用是把记录从 FROM 子句列出且符合WHERE 子句的一个或更多的表中清除。语法如下：

DELETE [表.*]

FROM 表

WHERE 准则

其中"表"表示从其中删除记录的表的名称。"准则"是一个表达式，用于确定从表中删除哪些记录。如果不使用 WHERE 语句，则从表中删除所有记录。

用 DELETE 语句可以从与其他表有着一对多关系的表中清除记录。若在一个查询中删除了关系中"一"的一方的表中相应记录，级联删除操作将删除关系中"多"的一方的表中记录。例如，在"学生"表与"成绩"表之间的关系中，"学生"表是"一"方，而"成绩"表是"多"方。如果指定使用级联删除，则当从学生数据中删除一条记录时，相应的成绩记录也会被删除。

当使用删除查询删除记录之后，不能取消此操作。如果想要知道哪些记录已被删除，可首先验证使用相同条件的选择查询的结果，然后运行删除查询。

在 Access 2010 中创建删除查询时，首先创建一个选择查询，并添加包含待删除记录的表；然后将查询类型更改为"删除查询"，并根据实际需要设置删除条件。

项目小结

本项目讨论了如何在数据库中创建各种类型的查询，主要内容包括创建选择查询、交叉表查询和参数查询，以及通过查询来实现数据的增删改操作。

1. 查询的定义和作用

查询是对表中保存数据的询问，或对数据进行操作的请求。一个查询可以从多个表中获取数据，用作窗体、报表或数据访问页的数据源。在 Access 数据库中，所创建的查询可以保存为独立的对象，并且显示在数据库窗口中，或者包含在窗体、报表的"记录来源"属性中。

2. 查询的类型

在 Access 2010 中可以创建 5 种类型的查询：即选择查询、参数查询、交叉表查询、操作查询和 SQL 查询。下面对这些类型的查询分别做一个简单的归纳。

（1）选择查询。选择查询通过 SELECT 语句来实现。选择查询是一种常用的查询，它对保存在表中的数据进行询问，并且以数据表的方式返回一个结果集，但是不更改数据。一个选择查询可以包含要返回的特定字段（列）、要选择的记录（行）、放置记录的顺序以及分组（汇总）方式等信息。在显示这个结果集以后，可以查看基本表中的数据，或者对其中的数据进行更改。

（2）参数查询。通过参数查询，用户可以在预定义或自定义对话框中交互地指定一个或多个条件值。严格地讲，参数查询不是一种单独种类的查询，它给选择查询带来了更大的灵活性。在实际应用中，经常将参数查询作为窗体、报表或数据访问页的数据源。创建参数查询时，应将查询参数放在方括号中。在交叉表查询中创建参数时，还需要指定查询参数的名称和数据类型。

（3）交叉表查询。交叉表查询对记录求和、求平均值、计数或进行其他类型的总体计算，然后将结果分成两组信息，分别放在数据表的左侧（行标题）和上面（列标题），数据本身（值字段）显示在数据表中。交叉表查询通过 TRANSFORM...SELECT...PIVOT 语句来实现。

（4）操作查询。操作查询是用于复制或更改数据的查询。Access 2010 支持以下 4 种类型的操作查询。

①追加查询：通过 INSERT INTO 语句实现，将一个查询的结果集中的记录添加到一个现有表的尾部。

②删除查询：通过 DELETE 语句实现，从一个或多个表中删除那些符合指定条件的记录。

③生成表查询：通过 SELECT...INTO 语句实现，从一个现有表中复制记录并将这些记录添加在新表中。

④更新查询：通过 UPDATE 语句实现，根据所指定的查找条件来更改记录集。

（5）SQL 查询。这种查询是直接通过 SQL 语句创建的查询。子查询是 SQL 查询的一个例子。子查询是包含在另一个查询中的一个 SQL SELECT 语句。子查询可在一个查询的设计表格的字段（列）单元格中用作表达式，或为一个字段（列）定义条件（查找条件）。嵌入的 SELECT 语句的结果集成为主查询的查找条件的一部分。除子查询外，直接用 SQL 语句创建的查询还有传递查询、联合查询和数据定义查询。

3. 查询的视图方式

Access 2010 为查询提供了以下 3 种视图。

①"设计"视图：给出了创建和修改查询的图形化方法。

②"SQL"视图：用于查看和修改查询的 SQL 代码。

③"数据表"视图：以行列格式显示来自查询的数据。

若要在查询的不同视图之间切换，可以单击窗口右下角的相应按钮，也可以在"设计"选项卡的"结果"组中单击"视图"菜单中的相应命令。

实施本项目时，建议在"设计"视图中完成查询的设计，然后通过"数据表"视图查看查询的运行结果。

此外，还要特别注意一点，创建查询时请务必要切换到"SQL"视图，以查看和分析用于实现查询功能的 SQL 语句的组成和语法格式。掌握 SQL 语句的用法也是学习数据库的重要内容。

项目思考

一、填空题

1. 在选择查询中，_____指定选择所指定的表的所有字段；____子句用于指定字段别名。

2. 下面的语句用于从"学生"表中检索入学成绩在 230 到 260 之间的学生记录。

　　SELECT * FROM 学生 WHERE (_____);

3. 在"条件"单元格中输入的表达式与在"或"单元格中输入的表达式将通过____运算符组合起来。

4. 下面的语句用于从"学生"表中检索姓张或姓李的学生记录。

　　SELECT * FROM 学生 WHERE (_____);

5. 在 Access 中，日期数据的定界符是_____。

6. 在交叉表查询中，_____语句用于设置交叉表查询的值选项，_____语句指定交叉表查询的列字段。

7. 要在交叉表查询中使用查询参数，则必须使用_____声明参数的名称和数据类型。

二、选择题

1. 在下列子句中，（　　）不是 SELECT 语句的组成部分。

　　A. FROM　　　　　　　　　　　　B. WHERE

　　C. SET　　　　　　　　　　　　　D. GROUP BY

2. 在下列符号中，（　　）不是比较运算符。

　　A. >　　　　　　　　　　　　　　B. <

　　C. ><　　　　　　　　　　　　　D. <>

3. 在 GROUP BY 组合记录后，（　　）子句指定显示哪些分组记录。

　　A. WHERE　　　　　　　　　　　B. ORDER BY

　　C. HAVING　　　　　　　　　　　D. DESC

4. 若要计算包含在特定查询字段中的一组数值的算术平均值，可使用 SQL 函数（　　）。

　　A. Max　　　　　　　　　　　　　B. Count

　　C. Min　　　　　　　　　　　　　D. Avg

5. 若要在参数查询中按照输入的参数值来检索记录，则应将提示信息置于（　　）内。

　　A. ()　　　　　　　　　　　　　　B. []

　　C. <>　　　　　　　　　　　　　D. {}

6. 子查询应置于（　　）内。

　　A. ()　　　　　　　　　　　　　　B. []

　　C. <>　　　　　　　　　　　　　D. {}

三、简答题

1. 如何将选择查询检索的记录转存到一个新表中？

2. 如何创建交叉表查询？

3. 什么是子查询？

4. 在更新查询或删除查询中，如果不使用 WHERE 子句，会有什么后果？

项目实训

1. 按要求创建以下选择查询，并写出所用的 SQL 语句。

（1）检索"学生"表中的学号、姓名、班级编号、性别和出生日期信息。

（2）检索入学成绩在 280 以上的女同学。

（3）检索学生信息并按入学成绩从高到低对记录排序。

（4）检索显示入学成绩在前 10 名的学生记录。

（5）检索共产党员教师并转存到新表中。

（6）检索入学成绩在 235 到 280 之间的学生记录。

（7）检索政治面貌为共产党员、学历为研究生的男教师记录。

（8）检索姓李或姓王的团员学生记录。

（9）检索学生信息，要求在结果集中包含学号、姓名、班级编号、专业名称和系别。

（10）检索学生成绩，要求在结果集中包含学号、姓名、课程名称和成绩。

（11）计算每个学生的总成绩。

（12）计算每个学生的平均成绩，并按平均成绩降序排列记录。

（13）计算某门课程的最高分、最低分和平均分。

（14）计算每个学生的年龄。

2. 按要求创建以下参数查询，并写出所用的 SQL 语句。

（1）根据专业名称检索学生信息。

（2）根据姓名或其一部分查询学生信息。

3. 按要求创建以下交叉表查询，并写出所用的 SQL 语句。

（1）根据学号和课程名称查询学生成绩。

（2）按照班级查询平均成绩。

4. 创建一个子查询，用来检索某门课程成绩低于此课程平均成绩的学生记录，并写出所用的 SQL 语句。

5. 按要求创建以下追加查询，并写出所使用的 SQL 语句。

（1）向"学生"表中添加新的学生记录。

（2）根据这些学生所在班级向"成绩"表中添加学号和课程编号信息。

6. 创建一个更新查询，用于修改学生成绩，并写出所用的 SQL 语句。

7. 创建一个删除查询，根据输入的学号删除指定的学生记录，并写出所用的 SQL 语句。

窗体的创建和应用

项目描述

通过项目 3 的实施已经学会通过查询来查看和分析存储在数据库中的信息并完成批量数据的更新或删除等操作。为了更方便地使用数据库并控制对数据的访问，通常还要用到另一个数据库对象，这就是窗体。窗体为用户使用数据库提供了界面，通过窗体可以输入、编辑、删除、查询、排序、筛选和显示数据，并有助于避免输入错误的数据，还可以向窗体添加按钮和其他功能，以接受用户的输入，并根据输入自动执行常用操作以及控制应用程序流程。通过窗体可以将各种类型的数据库对象组织起来，从而更好地管理和使用数据库。开发数据库管理系统时，对数据库的所有操作通常都是在窗体界面中实现的。

通过本项目将学会设计、创建和应用窗体，包括使用 Access 2010 提供的各种工具快速创建窗体，以及在"设计"视图中用手工方式创建窗体等。

项目目标

（1）了解窗体的类型、视图和组成
（2）掌握使用窗体工具和多项目工具创建窗体的方法
（3）掌握使用分割窗体工具创建窗体的方法
（4）掌握使用数据透视表和数据透视图创建窗体的方法
（5）掌握使用窗体向导和空白窗体工具创建窗体的方法
（6）掌握使用设计视图创建窗体的方法
（7）掌握创建多页窗体和导航窗体的方法
（8）掌握创建包含主/子窗体组合和切换面板窗体的方法

任务 4.1 使用窗体工具创建窗体

➤ 任务描述

使用"窗体"工具是创建窗体的一种简单快捷的方法。使用"窗体"工具时，来自基础数据源的所有字段都放置在窗体上，可以立即开始使用新窗体，也可以在"布局"视图或"设计"视图中修改该窗体以更好地满足实际需要。使用"窗体"工具创建窗体时，只需要选择一个表或查询作为数据源并单击一次鼠标，便可以快速生成一个窗体，在该窗体中只能一次输入一条记录信息，每个字段占一行。在本任务中，将使用"窗体"工具在"学生成绩管理"数据库中创建一个单项目窗体，用于输入和编辑学生信息。

➤ **实现步骤**

下面使用"窗体"工具快速创建一个窗体，该窗体每次显示一个学生记录的信息，通过窗体上的导航按钮可以在不同记录之间移动。

（1）打开"学生成绩管理"数据库。

（2）在导航窗格中展开"表"类别，然后单击"学生"表，选择该表作为窗体的数据源，如图 4.1 所示。

（3）在"创建"选项卡的"窗体"组中单击"窗体"命令，如图 4.2 所示。

图 4.1　选择窗体的数据源　　　　　　　　图 4.2　选择"窗体"命令

（4）此时 Access 将创建窗体，并在"布局"视图中显示该窗体，如图 4.3 所示。

图 4.3　用"窗体"工具创建的窗体

提示

在"布局"视图中，窗体实际上处在运行状态。因此，所看到的数据与使用该窗体时显示的外观非常相似。不过，还可以在这个视图中对窗体设计进行更改。由于可以在修改窗体的同时看到数据，因此，这是非常有用的视图。在"布局"视图中，可以调整控件的大小，或执行几乎所有其他影响窗体的外观和可用性的任务。

（5）在快速访问工具栏上单击"保存"按钮🖫，当出现"另存为"对话框时，将新建窗体命名为"学生"，然后单击"确定"按钮，如图 4.4 所示。

此时导航窗格的"窗体"类别中将出现新建的"学生"窗体，如图 4.5 所示。

图 4.4　命名并保存窗体

图 4.5　导航窗格中的窗体

（6）单击窗口右下角的"窗体布局"按钮 ，以切换到"窗体"视图，在这个视图中查看和编辑数据，如图 4.6 所示。

图 4.6　在"窗体"视图中查看和编辑数据

从外观上看，"窗体"视图与"布局"视图很相似，但在"窗体"视图中只显示和编辑数据，不能对窗体设计进行更改。

在"窗体"视图中，可以执行以下操作。

①在记录之间移动：在记录导航栏上单击 按钮移动到第一条记录，单击 按钮移动到上一条记录，单击 按钮移动到下一条记录，单击 按钮移动到最后一条记录。

②修改记录：利用窗体上的文本框、列表框、组合框等控件可以对当前记录的字段值进行修改（双击图片框可更换照片），当移动到其他记录时所做的修改自动保存。

③添加新记录：单击 按钮可以添加一条新的空白记录，并在各个字段中输入值，当移动到其他记录时，新记录自动保存到基础表中。

④删除记录：单击窗体左侧的记录选择器并按 Delete 键，然后在弹出的对话框中单击"是"按钮，可从基础表中删除当前记录。

⑤搜索记录：单击窗体上的某个字段，并在记录导航栏的"搜索"框中输入待查找的字段值，此时将自动定位到匹配的记录上。

⑥其他操作：利用"开始"选项卡的"记录"组中的命令可添加、保存和删除记录或对记录进行汇总；利用同一选项卡的"排序和筛选"组中的命令可对记录进行排序和筛选操作。

（7）在窗口右下角单击 按钮，可以切换到"设计"视图，如图 4.7 所示。进入"设计"视图后，可以向窗体上添加控件，或者从窗体上删除控件，还可以对现有控件的位置和大小进行调整，并对窗体或控件的属性进行设置。

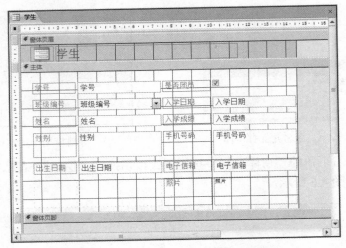

图 4.7　在"设计"视图中修改窗体设计

➤ **知识与技能**

在本任务中，使用"窗体"工具创建了一个简单的单项目窗体，一次可以输入一个学生记录的信息。下面介绍窗体的类型和视图。

1. 窗体的类型

窗体是 Access 数据库对象之一，可以在窗体上放置各种各样的控件，用于在字段中输入、显示、编辑数据，或者执行其他操作。

窗体按照功能分为数据输入窗体、切换面板窗体和自定义对话框，其具体功能说明如下。

（1）数据输入窗体：与数据库中的一个或多个表和查询绑定，窗体的记录源引用基础表和查询中的字段。在窗体上不必包含每个基础表或查询中的所有字段，绑定窗体存储或检索其基础记录源中的数据。数据输入窗体主要用于显示、输入和编辑表或查询中的数据。在本任务中创建"学生"窗体就是一个数据输入窗体。

（2）切换面板窗体：通常用作数据库的主控窗体，可以接受和执行用户的操作请求，以打开其他窗体或报表，也可以控制应用程序的运行。

（3）自定义对话框：用于显示各种提示信息，也可以用于输入参数查询所需的参数值。

按照布局和显示方式窗体分为单页窗体、多页窗体、导航窗体、连续窗体、子窗体及弹出式窗体，其具体功能说明如下。

（1）单页窗体：用于显示一条完整的记录。在本任务中创建的"学生"窗体即单页窗体。

（2）多页窗体：也称为选项卡式窗体，由若干个选项卡组成，每个选项卡显示记录的一部分字段。

（3）导航窗体：包含一些导航按钮，单击这些导航按钮时打开指定的窗体或报表。

（4）连续窗体：用于显示多条记录。

（5）子窗体：包含在另一个基本窗体中的窗体，基本窗体也称为主窗体。

（6）弹出式窗体：用于显示信息或提示用户输入数据。即使其他窗体正处在活动状态，弹出式窗体也会一直保持在所有窗口的最上面。

2. 窗体的视图

在本任务中，使用窗体工具创建"学生"窗体时自动在"布局"视图中打开该窗体，要输入或编辑数据则需要切换到"窗体"视图。Access 2010 提供了多种窗体视图，可以根据实际需要选择合适的视图。

（1）"设计"视图：用于创建或修改窗体，可以在窗体上添加或删除控件，也可以对控件的位置和大小进行调整。

（2）"窗体"视图：用于查看窗体的运行结果，通常每次只能查看一条记录，可以使用导航按钮在记录之间切换。使用"窗体"工具创建的窗体的默认视图就是"窗体"视图。

（3）"布局"视图：这是 Access 2010 的新增功能。在"布局"视图中，既可以显示来自数据源（表或查询）的数据，同时也可以添加或删除控件，或者对现有控件进行调整。

（4）"数据表"视图：像电子表格那样按行和列的形式显示窗体中的字段，可以同时查看以行和列格式显示的多条记录。

（5）"分割窗体"视图：可以同时在"窗体"视图和"数据表"视图中查看数据。这两种视图连接到同一个数据源，并且总是保持相互同步。如果在窗体的一个部分中选择了一个字段，则会在窗体的另一部分中选择相同的字段。可以在两种视图中添加、编辑或删除数据，只要记录源可更新且未将窗体配置为阻止这些操作。

（6）"连续窗体"视图：显示多条记录，尽可能为当前窗口所容纳。使用"多项目"工具创建的窗体的默认视图就是"连续窗体"视图。

（7）"数据透视表"视图：通过排列筛选、行、列和明细等区域中的字段，可以查看明细数据或汇总数据。

（8）"数据透视图"视图：通过选择一种图表类型并排列筛选、序列、类别和数据区域中的字段，以图表形式直观地显示数据。

任务 4.2 使用多项目工具创建窗体

▶任务描述

在任务 4.1 中使用"窗体"工具创建的窗体是单项目窗体，它一次只显示一个记录。如果需要一个能显示多个记录并且可自定义性比数据表强的窗体，则可以选用"多项目"工具来创建窗体。在本任务中，将使用"多项目"工具来创建一个窗体，该窗体以数据表形式显示多条课程记录，其中每条课程记录占一行。

▶实现步骤

下面使用"多项目"工具快速创建一个窗体，该窗体一次显示多条记录，使用滚动条可以查看更多的记录。

（1）打开"学生成绩管理"数据库。

（2）在导航窗格中单击"课程"表，选择该表作为新建窗体的数据源。

（3）在"创建"选项卡上的"窗体"组中单击"其他窗体"，然后从下拉式菜单中选择"多个项目"命令，如图 4.8 所示。

图 4.8　选择"多个项目"命令

（4）此时 Access 将创建窗体，并在"布局"视图中显示该窗体，如图 4.9 所示。

图 4.9　用多项目工具创建的窗体

（5）单击快速访问工具栏上的"保存"按钮，将该窗体保存为"课程"。

（6）单击窗口右下角的▦按钮，切换到"窗体"视图。在该视图中，可以对表中数据进行搜索、修改以及删除操作，也可以在表中添加新记录。

➤知识与技能

在 Access 2010 中创建窗体通常均表现为选项卡窗口。要以弹出式窗口或独立的层叠窗口形式打开窗体，可以对窗体的"弹出方式"属性或 Access 文档窗口选项进行设置。

1. 设置窗体的"弹出方式"属性

默认情况下，使用"窗体"工具或"多项目"工具创建的窗体都以窗格形式与 Access 2010 应用程序中的其他部分连接在一起。

若要以弹出式窗口打开窗体，使其保持在其他窗口上面，可以在"设计"视图或"布局"

视图中打开窗体，并在"排列"选项卡的"工具"组中单击"属性"命令，或者按[Alt+Enter]组合键，然后在"属性表"窗格中将"弹出方式"属性设置为"是"，如图 4.10 所示。

如此设置后，切换到"窗体"视图时，将以弹出式窗口打开窗体，如图 4.11 所示。

图 4.10　设置窗体的弹出方式

图 4.11　以弹出式窗口打开"课程"窗体

2. 设置 Access 文档窗口选项

默认情况下，在 Access 2010 中总是以选项卡式窗口打开各种数据库对象，例如表、查询以及窗体等。如果希望以独立的层叠窗口形式打开数据库对象，则需要对当前数据库选项进行设置，具体设置步骤如下。

（1）单击"文件"选项卡，单击"Access 选项"命令。

（2）在"Access 选项"对话框左侧窗格中选择"当前数据库"，在"文档窗口选项"下方选择"重叠窗口"选项，单击"确定"按钮，如图 4.12 所示。

图 4.12　设置 Access 文档窗口选项

（3）在如图 4.13 所示的对话框中单击"确定"按钮，然后关闭并重新打开数据库，以便使所做的设置生效。

图 4.13　完成 Access 选项设置

任务 4.3　使用分割窗体工具创建窗体

➤ 任务描述

在任务 4.1 中所创建窗体的默认视图为"单个窗体"，该窗体用于显示单条记录，当数据源包含字段比较多时，使用这种类型的窗体比较方便；在任务 4.2 中所创建窗体的默认视图为"连续窗体"，该窗体用于显示多条记录，当数据源包含字段比较少时，使用这种类型的窗体比较方便。很显然，由于这两种类型的窗体布局方式不同，在对数据库进行操作时各有优缺点。那么，能否把这两种类型窗体结合起来使用呢？

这个目的可以使用"分割窗体"工具来实现，即创建一个同时具有两种布局方式的分割窗体，该窗体下部的分区中呈现一个数据表，同时列出多条记录；上部的分区中显示一个窗体，只包含单条记录，用于输入数据表中所选记录的相关信息。在本任务中，将使用"分割窗体"工具创建一个分割窗体，用于输入和编辑"学生成绩管理"数据库中的教师信息。

➤ 实现步骤

下面使用"分割窗体"工具创建一个窗体，该窗体包含的两个分区分别处在"数据表"和"窗体"视图，在一个分区中修改数据时另一个分区中的数据自动刷新。

（1）打开"学生成绩管理"数据库。

（2）在导航窗格中单击"教师"表，选择该表作为新建窗体的数据源。

（3）在"创建"选项卡的"窗体"组中单击"分割窗体"命令，如图 4.14 所示。

图 4.14　选择"分割窗体"工具

（4）此时 Access 将创建窗体，并在"布局"视图中显示该窗体，如图 4.15 所示。在这个视图中，既可以查看数据，也时可以对窗体设计进行修改。

图 4.15　使用分割窗体工具创建的窗体

（5）单击快速访问工具栏上的"保存"按钮，将该窗体保存为"教师"。

（6）若要将窗体切换到其他视图，可以单击窗口右下角的视图按钮，或者在"设计"选项卡的"视图"组中单击"视图"命令下方的箭头，并从下拉式菜单中选择"窗体视图"或"设计视图"命令，如图 4.16 所示。

图 4.16　切换窗体的视图

（7）在"窗体"视图中，可以在下部的"数据表"视图中选择一条记录，此时上方的"窗体"视图中自动显示所选教师的信息。当在上方"窗体"视图中修改字段值时，下方"数据表"视图中的教师信息将随之更新；反之，当在"数据表"视图中修改字段值时，上方"窗体"视图中字段也将随之更新。

➤ **知识与技能**

分割窗体可以同时提供数据的两种视图，即"窗体"视图和"数据表"视图。这两种视图连接到同一数据源，并且总是保持相互同步。如果在窗体的一个部分中选择了一条记录，则会在窗体的另一部分中选择相同的记录。创建分割窗体之后，可以在"设计"视图或"布局"视图中进行一些调整，以获得预期的布局结果。

图 4.17　设置分割窗体属性

1. 设置分割窗体属性

表中的所有属性都位于属性表的"格式"选项卡上，如图 4.17 所示。如果属性表未显示，可按 F4 键以显示它。此外，应确保选择了属性表顶部的下拉列表中的"窗体"。

表 4.1 列出了一些与分割窗体相关的属性，可以在属性表中设置这些属性以微调窗体。

表 4.1　设置分割窗体的属性

属　　性	可在其中设置属性的视图	说　　明
分割窗体方向	仅设计视图	定义数据表显示在窗体的上方、下方、左侧还是右侧
分割窗体数据表	设计视图或布局视图	若设置为"允许编辑"（且窗体的记录源可更新），则允许对数据表进行编辑。若该属性设置为"只读"，则禁止对数据表进行编辑
分割窗体分隔条	仅设计视图	若设置为"是"，则允许通过移动分割两部分的分隔条来调整窗体和数据表的大小。可拖动分隔条来扩大或缩小数据表的空间。若该属性设置为"否"，则分隔条隐藏，且窗体和数据表的大小无法调整
保存分隔条位置	仅设计视图	若设置为"是"，当窗体打开时分隔条将处于上次关闭窗体时所在位置。若此属性设置为"否"，将无法调整窗体和数据表的大小且分隔条隐藏
分割窗体大小	设计视图或布局视图	允许为分割窗体的窗体部分指定精确的高度或宽度（具体取决于窗体是垂直分割的，还是水平分割的）。例如，输入 1" 可将窗体的高度或宽度设置为 1 英寸。输入"自动"可通过其他方式设置尺寸，如在"布局"视图中拖动分隔条
分割窗体打印	设计视图或布局视图	指定在打印窗体时打印窗体的哪部分。若此属性设置为"仅表单"，则仅打印窗体部分。若此属性设置为"仅数据表"，则仅打印数据表部分

2. 固定窗体分割线

若要将窗体分割线固定在某个位置以使用户无法移动它，可执行下列操作：

（1）在导航窗格中右键单击窗体并单击"设计视图"，在"设计"视图中打开窗体。

（2）若属性表未显示，可按 F4 键以显示它；从属性表顶部的下拉列表中选择"窗体"。

（3）在属性表的"格式"选项卡上，将"分割窗体分隔条"属性设置为"否"。

（4）将"保存分隔条位置"属性设置为"是"。

（5）在"格式"选项卡的"视图"组中单击"视图"命令中的向下箭头并从菜单中选择"布局视图"，以切换到布局视图。

（6）将分隔条拖动到所需位置，或者在"分割窗体大小"属性框中输入精确的高度值。

（7）切换到"窗体"视图以查看结果。此时分割线固定在设置的位置，分隔条隐藏起来。

3. 添加或删除字段

使用分割窗体工具创建窗体时，默认情况下将把数据源中的所有字段添加到窗体上。根据需要也可以向分割窗体上添加字段，或从该窗体上字段。操作方法如下：

（1）在"设计"选项卡上的"工具"组中单击"添加现有字段"命令，以显示"字段列表"窗格。

（2）在"字段列表"窗格中单击要添加的字段，然后将其拖动到数据表或窗体。

（3）如果将字段拖动到数据表，则字段还会添加到窗体。同样，如果将字段拖动到窗体，则字段还会添加到数据表。

（4）若要删除字段，则必须在分割窗体的窗体部分单击要删除的字段，然后按 Delete 键。此字段同时从窗体和数据表中删除。

4. 设置数据表方向

使用"分割窗体"工具创建窗体时，默认情况下"窗体"视图位于上方，"数据表"视图位于下方。如果希望"数据表"视图位于分割窗体的上方、左方或右方，可执行以下操作。

（1）在"设计"视图中打开窗体。

（2）按 F4 键以显示属性表，从属性表顶部的下拉列表中选择"窗体"。

（3）在属性表的"格式"选项卡上的"分割窗体方向"下拉列表中选择所需的选项。

数据表位于分割窗体上方的情形如图 4.18 所示。

图 4.18　数据表位于上方的分割窗体

5. 将现有窗体转变为分割窗体

除了使用分割窗体工具创建分割窗体之外，也可以通过设置几个窗体属性将现有窗体转变为分割窗体。操作方法如下：

（1）在导航窗格中右键单击窗体并单击"设计视图"，在"设计"视图中打开该窗体。

（2）如果属性表未显示，可按 F4 以显示它。

（3）从属性表顶部的下拉列表中选择"窗体"。

（4）在属性表的"格式"选项卡上的"默认视图"下拉列表中，选择"分割窗体"。

（5）在"窗体"视图中检查窗体。

任务 4.4   使用窗体向导创建窗体

➤ 任务描述

在前面任务中，分别使用不同窗体工具在"学生成绩管理"数据库中创建了"学生"窗体、"课程"窗体以及"教师"窗体。使用这些工具时，只要选择一个表或查询作为数据源并单击相应的命令，即可创建一个窗体。默认情况下，新建窗体包含来自数据源的所有字段。为了更好地选择哪些字段显示在窗体上，可以改用"窗体向导"来替代上面提到的各种窗体工具，也可以指定数据的组合和排序方式并使用来自多个表或查询的字段，还可以确定窗体使用的布局方式。

在本任务中，将使用"窗体向导"来创建一个"学生信息"窗体，该窗体的数据来源于"系别"、"班级"和"学生"表。

➤ 实现步骤

下面使用"窗体向导"创建一个窗体。启动向导之前不需要选择来源表，在向导运行过程中将从"系别"、"班级"和"学生"表中选择所需要的字段。

（1）打开"学生成绩管理"数据库。

（2）在"创建"选项卡上的"窗体"组中单击"窗体向导"命令，如图 4.19 所示。

图 4.19   选择"窗体向导"命令

（3）在如图 4.20 所示的"窗体向导"对话框中，从"表/查询"下拉列表中选择"表：系别"，然后将"可用字段"列表中的"系别名称"字段添加到"选定字段"列表中。

注意

添加"系别名称"字段后不要马上单击"下一步"或"完成"按钮，否则将无法继续从其他表中选择所需的字段。

（4）使用同样的方法，将"班级"表中的"专业名称"和"班级编号"字段添加到"选定字段"列表中，如图 4.21 所示；然后将"学生"表中的"学号"、"姓名"和"性别"字段添加到"选定字段"列表中，接着单击"下一步"按钮，如图 4.22 所示。

（5）在如图 4.23 所示的"窗体向导"对话框中，从左边的列表中选择"通过学生"来查看数据，然后单击"下一步"按钮。

图 4..20　从"系别"表中选择字段　　　　图 4.21　从"班级"表中选择字段

图 4.22　从"学生"表中选择字段　　　　图 4.23　选择查看数据的方式

（6）在如图 4.24 所示的"窗体向导"对话框中，选择"纵栏表"作为窗体使用的布局，然后单击"下一步"按钮。

（7）在如图 4.25 所示的"窗体向导"对话框中，将窗体的标题指定为"学生信息"，并选择"打开窗体查看或输入信息"，然后单击"完成"按钮。

图 4.24　确定窗体使用的布局　　　　　　图 4.25　指定窗体的标题

此时将在"窗体"视图中打开"学生信息"窗体，如图 4.26 所示。该窗体是一个单项目窗体，一次只显示一条学生记录。若要查看其他学生的记录，可以通过单击窗体下方的导航按钮在不同记录之间移动。

图 4.26　在"窗体"视图中打开窗体

▶ **知识与技能**

使用窗体向导创建窗体的主要步骤如下。

（1）确定在窗体上使用哪些字段，可以从多个表或查询中选取。

（2）如果从多个表中选取字段，还需要确定查看数据的方式。

（3）确定窗体使用的布局方式。可以选择的布局方式包括：纵栏表、表格、数据表以及两端对齐。

（4）指定窗体的标题并选择以什么方式打开窗体，可以在"窗体"视图中查看或输入信息，也可以在"设计"视图中修改窗体设计。

创建窗体后，还可以通过应用主题对其修饰或美化。

任务 4.5　使用数据透视表工具创建窗体

▶ **任务描述**

在窗体的"数据透视表"视图中，可以通过排列筛选、行、列和明细等区域中的字段来查看明细数据或汇总数据。但是，当"窗体"视图中打开前面几个任务中创建的那些窗体时，在窗口右下角却没有"数据透视表视图"按钮，而且在"视图"菜单中也找不到"数据透视表视图"命令，从而无法在"数据透视表"视图中打开这些窗体。这是为什么呢？

原因在于：使用前面的窗体工具或向导创建窗体时，默认情况下窗体的"允许数据透视表"属性均为"否"。只要将该属性更改为"是"，即可打开与"数据透视表"视图中的数据绑定的窗体。在"数据透视表"视图中，可以重新排列行标题、列标题和筛选字段，从而动态地更改窗体的版面，直到形成所需的版面布置，并以各种不同方法分析数据。每次改变版面布置时，窗体会立即按照新的布置重新计算数据。

本任务中将使用"数据透视表"工具创建一个窗体，用于分析学生入学成绩数据。

▶ **实现步骤**

在本任务中，首先创建一个多表查询，然后以该查询作为数据来源，使用"数据透视表"工具创建一个"学生入学成绩"窗体。

（1）打开"学生成绩管理"数据库。

（2）在"设计"视图中创建一个名为"学生入学成绩"的查询，如图 4.27 所示。

图 4.27　创建"学生入学成绩"查询

（3）在导航窗格中单击"学生入学成绩"查询，选择这个基于 3 个表的查询作为新建窗体的数据源。

（4）在"创建"选项卡的"窗体"组中单击"其他窗体"，然后单击"数据透视表"命令，如图 4.28 所示。

图 4.28　选择"数据透视表"命令

此时，将在"数据透视表"视图中打开窗体，同时显示"数据透视表字段列表"窗格，如图 4.29 所示。

图 4.29　在"数据透视表"视图中打开窗体

（5）向数据透视表窗体上添加字段。从"数据透视表字段列表"窗格中将"系别名称"、"专业名称"和"性别"字段拖到筛选区域；将"班级编号"字段拖到行字段区域；将"学号"、"姓名"和"入学成绩"字段拖到明细区域，如图 4.30 所示。此时，可以通过单击加减号来展开或折叠每个班级学生的入学成绩。

图 4.30　向数据透视表窗体上添加字段

（6）设置汇总字段。在明细区域单击"入学成绩"字段，在"设计"选项卡的"工具"组中单击"自动计算"命令，然后从下拉菜单中选择"平均值"命令，如图 4.31 所示。

图 4.31　对入学成绩计算平均值

此时将在每个班级下方分别显示"入学成绩的平均值"，如图 4.32 所示。

（7）设置汇总字段的格式。在窗体上单击入学成绩平均值所在单元格，按 F4 键以显示"属性"对话框，选择"格式"选项卡，设置"数字"格式为"标准"，如图 4.33 所示。

（8）在这个数据透视表窗体上，可以利用"系别名称"、"专业名称"和"性别"字段对入学成绩进行以下筛选。

①查看"电子工程系"各班学生的入学成绩。单击"系别名称"字段标题右边的箭头，在下拉式列表框仅选择"电子技术系"而取消对其他系的选择，此时仅显示"电子工程系"两个班所有学生的入学成绩、每班的平均成绩以及总平均成绩，如图 4.34 所示。

②查看"计算机技术系"所有男同学的入学成绩。单击"系别名称"字段标题右边的箭头，在下拉式列表框中仅选择"计算机技术系"而取消对其他系的选择，单击"性别"字段标题右边的箭头，在下拉式列表框中仅选择"男"，此时仅显示"计算机技术系"所有男同学的入学成绩、各班的平均成绩以及总平均成绩，如图 4.35 所示。

图 4.32　在数据透视表窗体上设置汇总字段

图 4.33　设置汇总字段的格式

图 4.34　按系别名称对数据进行筛选

图 4.35　按专业名称和性别对数据进行筛选

（9）单击快速访问工具栏上的"保存"按钮，将新建窗体命名为"入学成绩数据透视表"加以保存。

➤ **知识与技能**

使用"数据透视表"工具创建窗体时，主要包括以下步骤。

（1）选择数据透视表对象包含的字段，可以从一个或多个表或查询中选取所需的字段。

（2）向数据透视表的各个区域中添加字段。添加字段有以下两种方法：

①从数据透视表字段列表中将字段拖至某个区域；

②在数据透视表字段列表窗口中单击字段，选择目标区域并单击"添加"按钮。

（3）在数据透视表中设置汇总字段。具体方法是：在明细区域中单击进行汇总的字段，在"设计"选项卡的"工具"组中单击"自动计算"命令，然后在下拉菜单中选择所需的汇总命令（例如"最小值"、"最大值"或"平均值"等），这将在数据区域和"数据透视表字段列表"窗格中添加相应的汇总字段。

（4）设置字段的属性。单击要设置的字段，按 F4 键以显示"属性"对话框，然后在"格式"选项卡中设置该字段的字体、字号、文本颜色以及背景颜色等，也可以设置按照该字段对数据进行排序，或者删除该字段，如图 4.36 所示。

（5）设置字段标题的属性。单击要设置的字段，按 F4 以显示"属性"对话框，然后在

"标题"选项卡中对字体、字段、文本颜色以及背景颜色等属性进行设置，如图 4.37 所示。

图 4.36　设置字段的属性　　　　　　　　图 4.37　设置字段标题的格式

使用数据透视表工具创建窗体时，该窗体的默认视图为"数据透视表"视图。因此，当在导航窗格中双击该窗体时，将会自动在"数据透视表"视图中打开该窗体。

任务 4.6　使用数据透视图创建窗体

➤任务描述

图表是窗体等对象的数据的图形表示形式，通过图表可以形象直观地描述数据之间的关系。使用"数据透视图"工具可以快速创建包含图表的窗体。在本任务中，将使用"数据透视图"工具创建一个包含图表的窗体，用于显示各个班级学生的平均入学成绩。

➤实现步骤

下面使用"数据透视图"工具创建一个窗体，以图表形式显示各班学生的平均入学成绩。

（1）打开"学生成绩管理"数据库。

（2）在导航窗格中单击"学生"表，选择该表作为新建窗体的数据源。

（3）在"创建"选项卡的"窗体"组中单击"其他窗体"，然后单击"数据透视图"命令，如图 4.38 所示。

图 4.38　选择"数据透视图"命令

此时将在"数据透视图"视图中打开窗体并显示"图表字段列表"窗格，如图 4.39 所示。

图 4.39　数据透视图窗体和图表字段列表

（4）向数据透视图窗体上添加分类字段和数据字段。从"图表字段列表"窗格中将"入学成绩"字段拖到"将数据字段拖至此处"框中，将"班级编号"字段拖到"将系列字段拖至此处"框中，此时"图表字段列表"窗格中出现一个汇总字段，其名称为"入学成绩的和"，如图 4.40 所示。

图 4.40　向数据透视图窗体上添加分类字段和数据字段

（5）更改汇总字段的计算方式。单击"入学成绩的和"字段，在"设计"选项卡的"工具"组中单击"自动计算"命令，从下拉菜单中选择"平均值"命令，如图 4.41 所示。

图 4.41　选择"平均值"命令

　　此时，汇总字段名称由"入学成绩的和"更改为"入学成绩的平均值"，纵坐标的刻度也发生了变化，如图 4.42 所示。

图 4.42　更改汇总字段的计算方式

　　（6）更改数据透视图坐标轴标题。在窗体上单击垂直方向的"坐标轴标题"，按 F4 以打开"属性"对话框，在"属性"对话框中选择"格式"选项卡，然后将标题更改为"入学成绩平均值"，如图 4.43 所示；使用同样的方法，将水平方向坐标轴标题更改为"班级"，如图 4.44 所示。

图 4.43　设置垂直坐标轴标题

图 4.44　设置水平坐标轴标题

　　（7）在数据透视图窗体上显示图例并隐藏拖放区域。在"设计"选项卡的"显示/隐藏"组中选择"图例"命令，以便在数据透视图中显示图例，然后在同一组中单击"拖放区域"命令使其弹起来，以隐藏窗体上的拖放区域，如图 4.45 所示。

图 4.45　显示图例并隐藏拖放区域

　　此时在数据透视图窗体上出现了表示班级编号的图例，同时各个拖放区域被隐藏起来，如图 4.46 所示。

图 4.46　在数据透视图窗体上添加图例

　　（8）在数据透视图窗体上添加标题。单击数据透视图窗体中的空白处，以选择图表工作区，然后在"属性"对话框选择"常规"选项卡并单击"添加标题"按钮，如图 4.47 所示。此时在数据透视图窗体上显示"图表工作区标题"。单击该标题，然后在"属性"对话框中选择"格式"选项卡，在"格式"框中输入"入学成绩平均值分析"，并设置所使用的字体、字号和颜色，如图 4.48 所示。

图 4.47　在数据透视图中添加标题

图 4.48　设置数据透视图标题格式

　　（9）单击快速访问工具栏上的"保存"按钮，将新建窗体命名为"入学成绩数据透视图"加以保存。

　　最后完成的数据透视图窗体布局效果如图 4.49 所示。

➤ **知识与技能**

　　使用数据透视图工具创建包含图表的窗体时，需要向数据透视图中添加分类字段和数据字段，根据需要还可以添加筛选字段和系列字段。这种窗体的默认视图就是"数据透视图"视图。因此，当在导航窗格中双击该窗体时，将会在"数据透视图"视图中打开它。

图 4.49　数据透视图窗体布局效果图

1. 设置数据字段的汇总方式

对于添加到数据透视表中的数据字段，默认的汇总方式是求和。按照实际情况，可以将汇总方式更改为平均值、最大值或最小值等。如果要设置汇总方式，可在数据透视图窗体上单击汇总字段，在"设计"选项卡的"工具"组中单击"自动计算"命令，然后从下拉菜单中选择所需的汇总方式。

2. 设置数据透视图的坐标标题

若要设置数据透视图窗体上的水平或垂直坐标轴标题，可单击要设置的标题，然后在"属性"对话框中选择"格式"选项卡，并对标题的内容和格式进行修改。

3. 隐藏数据透视图中的拖放区域

若要把数据透视图中的字段按钮和拖放区域隐藏起来，可在"设计"选项卡的"显示/隐藏"组中对取消"拖放区域"命令的选取。

4. 在数据透视图中添加标题

若要在图表工作区添加标题，可单击图表工作区，在"属性"对话框中选择"常规"选项卡，并单击"添加标题"按钮；然后可在窗体上单击所添加的标题，并在"属性"对话框的"格式"选项卡中对标题内容和格式进行设置。

5. 更改图表的类型

若要更改图表的类型，可单击处于绘图区之外、图表边界之内的空白区域，以选定图表工作区，然后单击"设计"选项卡的"类型"组中的"更改图表类型"命令，如图 4.50 所示；在如图 4.51 所示的"属性"对话框中选择一个图表类型，然后选择一个子类型。

图 4.50　选择"更改图表类型"命令

图 4.51　更改图表的类型

任务 4.7　使用空白窗体工具创建窗体

➤ 任务描述

当运行参数查询时，总会弹出一个"输入参数值"对话框，可以在文本框中输入所需的参数值，然后单击"确定"按钮，此时将根据所输入的值动态地构建查询并加以执行。"输入参数值"对话框的缺点是，只能使用文本框来输入参数值，而且一次只能提供一个参数值。那么，能否使用自定义的窗体来代替"输入参数值"对话框呢？

在本任务中，将使用"空白窗体"工具在"成绩管理"数据库中创建一个空白窗体，然后在该窗体上添加两个组合框和一个命令按钮，其中一个组合框包含班级编号信息，另一个组合框包含课程信息（存储的值是课程编号，显示的内容是课程名称），命令按钮的功能是运行一个参数查询。这个自定义窗体用于取代"输入参数值"对话框。当运行该窗体时，可从组合框中选择一个班级和一门课程作为参数值，然后通过单击命令按钮来运行参数查询，从而在"数据表"视图中显示所选班级的学生在所选课程中取得的成绩。

➤ 实现步骤

在任务中，首先创建一个参数查询，然后使用"空白窗体"工具创建一个窗体。这个查询只能通过单击该窗体上的命令按钮来运行。

1. 创建参数查询

默认情况下，参数查询都是从"输入参数值"对话框中获取参数值的。下面创建的这个参数查询则是从指定窗体中获取参数值的。

（1）打开"学生成绩管理"数据库。

（2）向查询中添加表和字段。新建一个查询并保存为"按班级和课程查询成绩"；将"班级"、"学生"、"课程"以及"成绩"表添加到该查询中；然后将"班级"表中的"班级编号"字段、"学生"表中的"学号"、"姓名"字段、"课程"表中的"课程名称"字段以及"成绩"表中的"成绩"字段添加到设计网格中。

（3）设置查询参数。在"班级编号"字段列的"条件"单元格中输入"[Forms]![按班级和课程查询成绩]![班级编号]"，在"课程编号"字段列的"条件"单元格中输入"[Forms]![按班级和课程查询成绩]![课程名称]"，如图 4.52 所示。

图 4.52　创建参数查询

提示

在这里创建的两个查询参数都包含 3 个方括号，第 1 个方括号内的"Forms"表示窗体集合，第 2 个方括号内包含窗体的名称，第 3 个方括号内包含窗体控件的名称。由此可知，参数"[Forms]![按班级和课程查询成绩]![班级编号]"表示从"按班级和课程查询成绩"窗体上的"班级编号"控件中获取值，参数"[Forms]![按班级和课程查询成绩]![课程名称]"表示从同一窗体的"课程名称"控件中获取值。为此，在后续步骤中需要创建一个窗体并将其命名为"按班级和课程查询成绩"，在该窗体上应包含两个名称分别为"班级编号"和"课程名称"的控件。

2. 使用"空白窗体"工具创建窗体

使用"空白窗体"工具创建的窗体不包含任何字段和控件。需要添加哪些字段，这些字段以何种控件来表示，都需要设计者自己来决定。

（1）在"创建"选项卡上的"窗体"组中单击"空白窗体"命令，如图 4.53 所示。此时将在"布局"视图中打开一个空白窗体，并显示"字段列表"窗格，如图 4.54 所示。

图 4.53　选择"空白窗体"命令

（2）关闭"字段列表"窗格，并切换到"设计"视图。此时窗体上显示网格线，可用于帮助定位放在窗体上的控件，如图 4.55 所示。

（3）在"设计"选项卡的"控件"组中单击"组合框"命令，如图 4.56 所示。

（4）单击窗体的"主体"节以添加组合框控件，然后在"组合框向导"对话框中选取"使用组合框查阅表或查询中的值"，并单击"下一步"按钮，如图 4.57 所示。

提示

窗体中的信息可以分布在多个节中。主体节用于包含窗体的主要部分，所有窗体都有主体节。主体节通常包含绑定到记录源字段的控件，但也可以包含未绑定控件。

图 4.54　使用"空白窗体"工具创建的窗体

图 4.55　切换到"设计"视图

图 4.56　选择"组合框"控件

（5）在如图 4.58 所示的"组合框向导"对话框中，选择"班级"表作为该组合框的数据源，然后单击"下一步"按钮。

图 4.57　确定组合框获取数据的方式

图 4.58　选择为组合框提供数据的表

（6）在如图 4.59 所示的"组合框向导"对话框中，将"可用字段"列表框中的"班级编号学号"字段添加到"选定字段"列表框中，然后单击"下一步"按钮。

（7）在如图 4.60 所示的"组合框向导"对话框中，设置列表框中的项使用的排序次序，在这里设置按"班级编号"字段升序排序，然后单击"下一步"按钮。

图 4.59　选择为组合框提供数据的表　　　　图 4.60　选择为组合框提供数据的字段

（8）在如图 4.61 所示的"组合框向导"对话框中，通过拖动列的右边缘或双击列标题来获取合适的宽度，然后单击"下一步"按钮。

（9）在如图 4.62 所示的"组合框向导"对话框中，将组合框的标签指定为"班级编号:"，然后单击"完成"按钮。此时，一个标签和一个组合框控件添加到窗体上，如图 4.63 所示。

图 4.61　调整列宽　　　　　　　　　　图 4.62　指定组合框的标签

（10）在窗体上单击所添加的组合框，按 F4 以显示属性表，在属性表中选择"其他"选项卡，将此组合框命名为"班级编号"，如图 4.64 所示。

图 4.63　利用向导添加的标签和组合框　　　　图 4.64　命名组合框

（11）在窗体上添加另一个组合框。设置要点为：选取"使用组合框查阅表或查询中的值"；选择"课程"表作为该组合框的数据源；选择"课程编号"和"课程名称"字段作为包含在组合框中的列；设置组合框中的项按"课程编号"升序排序；将组合框的标签指定为"课程名称："；在"属性表"窗格中将组合框命名为"课程名称"，将其"绑定列"属性设置为 2；。添加两个组合框后的窗体布局如图 4.65 所示。

图 4.65　在窗体上添加的两个组合框

提示

　　组合框控件的"绑定列"属性用于指定设置组合框控件值的列的序号。在这里，由于选择"课程编号"和"课程名称"字段作为包含在组合框中的列，而这两个字段对应的列号分别为 1 和 2，要使用"课程名称"字段来设置控件值，必须指定"绑定列"属性为 2。

（12）在"设计"选项卡的"控件"组中单击"按钮"命令，如图 4.66 所示。

图 4.66　选择"按钮"控件

（13）单击窗体的主体节的适当位置以添加按钮控件，当出现如图 4.67 所示的"命令按钮向导"对话框时，在"类别"列表框中单击"杂项"，在"操作"列表框中单击"运行查询"，然后单击"下一步"按钮。

（14）在如图 4.68 所示的"命令按钮向导"对话框中，选择"按班级和课程查询成绩"作为单击命令按钮时要运行的查询，然后单击"下一步"按钮。

图 4.67　选择单击按钮时要执行的操作　　　　图 4.68　确定命令按钮运行的查询

（15）在如图 4.69 所示的"命令按钮向导"对话框中，选择以文本方式显示按钮并指定所显示的文本为"查询成绩"，然后单击"下一步"按钮。

（16）在如图 4.70 所示的"命令按钮向导"对话框中，将按钮命名为 RunQuery，然后单击"完成"按钮。此时，该命令按钮被添加到窗体上。

图 4.69　设置按钮上显示的文本

图 4.70　命名按钮

（17）在"属性表"窗格中选择"窗体"，然后将窗体的"记录选择器"和"导航按钮"属性均设置为"否"，"弹出方式"属性设置为"是"。

（18）单击快捷访问工具栏上的"保存"按钮，将此窗体命名为"按班级和课程查询成绩"加以保存。

（19）切换到"窗体"视图，对"按班级和课程查询成绩"窗体进行测试。当这个窗体弹出时，从"班级编号"组合框中选择一个班级，从"课程名称"组合框中选择一门课程，然后单击"查询成绩"按钮，此时将显示所选班级所有学生在这门课程中取得的成绩，如图 4.71 和图 4.72 所示。

图 4.71　选择班级和课程

图 4.72　运行参数查询

➤ 知识与技能

如果向导或窗体构建工具不符合设计需要，则可以使用空白窗体工具构建窗体。这是一种非常快捷的窗体构建方式，尤其是当计划只在窗体上放置很少几个字段时。使用空白窗体工具创建窗体主要包括以下步骤。

（1）在"创建"选项卡上的"窗体"组中，单击"空白窗体"。此时 Access 在"布局"视图中打开一个空白窗体，并显示"字段列表"窗格。

（2）在"字段列表"窗格中，单击表名称旁边的加号以显示其字段。

（3）若要向窗体添加一个字段，可双击该字段，或者将其拖动到窗体上。若要一次添加多个字段，请在按住 Ctrl 的同时单击所需的多个字段，然后将它们同时拖动到窗体上。

（4）在"布局"视图中，可以使用"格式"选项卡上的"控件"组中的工具向窗体添加徽标、标题、页码或日期和时间。

（5）如果要向窗体中添加更多类型的控件，可以切换到"设计"视图，然后可以使用"设计"选项卡上"控件"组中的工具，也可以使用控件向导来添加控件。在本任务中，就是使用控件向导在窗体上添加两个组合框和一个命令按钮。

（6）如果要在参数查询中引用窗体控件的值，则应当使用以下格式在"条件"单元格中输入参数：

[Forms]![窗体名称]![控件名称]

其中，"窗体名称"可以在保存窗体时指定，"控件名称"可以通过在"属性表"窗格的"全部"选项卡中设置"名称"属性来指定。

任务 4.8　使用窗体设计工具创建窗体

➤ 任务描述

使用窗体构建工具或向导时创建的窗体上包含着记录选择器和记录导航按钮，通过记录导航按钮可以在不同记录之间移动，也可以添加新记录；单击记录选择器并按 Delete 键可以删除当前显示的记录。不过，这样的用户界面往往不能尽如人意。例如位于窗体底部的导航按钮太小；除非特别说明，普通用户一般不会知道通过单击记录选择器并按 Delete 键来删除记录，等等。为了使数据操作窗体的用户界面更加友好，通常需要切换到"设计"视图，以便对使用窗体构建工具或向导创建的窗体进行修改。此外，也可以使用"窗体设计"工具新建一个空白窗体，然后对窗体进行高级设计更改，例如添加自定义控件类型以及编写代码。

在本任务中，将在"设计"视图中创建一个空白窗体，然后在该窗体上添加徽标、标题、绑定文本框、组合框、复选框以及命令按钮等控件，以创建"学生信息管理"窗体，用于对学生信息进行显示、添加、修改以及删除等操作。

➤ 实现步骤

下面使用"窗体设计"工具创建窗体，首先打开一个空白窗体，然后对该窗体的各部分分别进行设计：即在窗体页眉节添加徽标和标题以标识窗体，在窗体主体节添加绑定文本框等控件以显示和编辑字段值，在窗体页脚节中添加命令按钮以实现记录导航和数据更新操作。

（1）打开"学生成绩管理"数据库。

（2）在"创建"选项卡的"窗体"组中单击"窗体设计"命令，如图 4.73 所示。

图 4.73　选择"窗体设计"命令

此时将新建一个空白窗体并在"设计"视图中打开它，如图 4.74 所示。

图 4.74　在"设计"视图中创建空白窗体

（3）在窗体页眉中添加徽标和标题。在"设计"选项卡的"页眉/页脚"组中单击"徽标"命令（如图 4.75 所示），然后选择一张图片添加到窗体页眉中。

图 4.75　选择"徽标"命令

（4）在"设计"选项卡的"页眉/页脚"组中单击"标题"命令，然后输入标题文本"学生信息管理"，并利用"格式"选项卡中的命令对标题的字体、字号和对齐方式进行设置。效果如图 4.76 所示

图 4.76　在窗体页眉中插入徽标和标题

提示

　　窗体页眉是窗体的一个组成部分，它对每条记录都显示一样的信息，例如窗体的标题。在步骤（2）中打开空白窗体时未显示窗体页眉。当在窗体上添加徽标时，窗体页眉和窗体页脚会自动显示出来。若要显示窗体页眉和窗体页脚，也可以右键单击窗体主体节的空白处并选择"窗体页眉/窗体页脚"命令。

（5）显示"字段列表"窗格。在"设计"选项卡的"工具"组中单击"添加现有字段"命令（如图 4.77 示），以显示"字段列表"窗体；然后在"字段列表"中单击"学生"表左边的加按钮，以显示表中的所有字段，如图 4.78 所示。

图 4.77　选择"添加现有字段"命令

图 4.78　在"设计"视图中显示"字段列表"窗格

（6）向窗体主体节中添加"学号"和"姓名"字段。将"学生"表中的"学号"和"姓名"字段拖到窗体主体节中，此时对这两个字段将分别创建一个绑定文本框，每个文本框还附带有一个标签，标签的文本内容即是相应的字段名称，如图 4.79 所示。

（7）向窗体主体节中添加"班级编号"和"性别"字段。将"学生"表中的"班级编号"和"性别"字段拖到窗体主体节中，对于"班级编号"字段创建了一个绑定组合框，对于"性别"字段创建了一个绑定列表框，这些绑定控件都附带有一个标签，标签的文本内容（即"标题"属性）为相应的字段名称（按照中文习惯，建议在字段名称的后面添加一个冒号":"），如图 4.80 所示。

图 4.79　添加字段时创建的绑定文本框

图 4.80　添加字段时创建的绑定组合框

（8）将"学生"表中的剩余字段依次拖到窗体主体节中。此时，对于多数字段都会创建一个绑定文本框和附加标签。但也有两个字段例外：对于"是否团员"字段创建了一个绑定复选框控件；对于"照片"字段则创建了一个附件字段（删除该字段的附加标签）；利用"排列"选项卡的"调整大小和排序"组中的相关命令对控件的大小和对齐方式进行设置，布局效果如图 4.81 所示。

图 4.81　设置控件对齐方式后的窗体布局效果

（9）确保"设计"选项卡"控件"组的"使用控件向导"命令处于选中状态，在该命令组中单击"按钮"命令，如图 4.82 所示。

图 4.82　选择"按钮"命令

（10）在窗体页脚节中单击以"启动按钮向导"，当出现如图 4.83 所示的"命令按钮向导"对话框时，从"类别"列表框中选择"记录导航"，并从"操作"列表框中选择"转至第一项记录"，然后单击"下一步"按钮。

（11）当出现如图 4.84 所示的"命令按钮向导"对话框时，设置以图片方式显示按钮并选择所使用的图片，然后单击"下一步"按钮。

图 4.83　指定按钮执行的操作

图 4.84　设置按钮上显示的图片

（12）在如图 4.85 所示的"命令按钮向导"对话框中，指定按钮的名称为 cmdFirst，然后单击"完成"按钮。此时，命令按钮添加到窗体上。

（13）重复步骤（9）～（12），在窗体页脚节中添加另外 3 个记录导航按钮，它们执行的操作分别是"转至前一项记录"、"转至下一项记录"和"转至最后一项记录"，将这些命令按钮分别命名为 cmdPrev、cmdNext 和 cmdLast；利用"排列"选项卡的"调整大小和排序"组中的相关命令对齐这些记录导航按钮，布局效果如图 4.86 所示。

图 4.85　指定按钮的名称

图 4.86　添加到窗体上的导航按钮

（14）确保"设计"选项卡的"控件"组的"使用控件向导"命令处于选中状态，在该组中单击"按钮"命令，然后单击窗体页脚节以启动"命令按钮向导"。

（15）当出现如图 4.87 所示的"命令按钮向导"对话框时，从"类别"列表框中选择"记录操作"，并从"操作"列表框中选择"添加新记录"，然后单击"下一步"按钮。

（16）在如图 4.88 所示的"命令按钮向导"对话框中，选择在按钮上显示图片并选择"转至新对象"作为要显示的图片，然后单击"下一步"按钮。

图 4.87　选择按钮执行的操作

图 4.88　设置按钮显示方式

（17）在如图 4.89 所示的"命令按钮向导"对话框中，将按钮的名称指定为 cmdNew，然后单击"完成"按钮。此时，用向导创建的命令按钮被添加到窗体上。

（18）重复步骤（14）～（17），在窗体主体节中添加另外 3 个命令按钮，其中前两个按钮用于执行记录操作，分别为"保存记录"和"删除记录"，并将这两个按钮分别命名为 cmdSave 和 cmdDelete；指定第 3 个命令按钮用于执行窗体操作，即"关闭窗体"，并将该按钮命名为 cmdClose。

（19）利用"排列"选项卡的"调整大小和排序"组中的相关命令，对所添加的命令按钮进行排序对齐，最终的窗体布局效果如图 4.90 所示。

（20）按 F4 键以显示属性表，在属性表左上角的下拉式列表框中选择"窗体"，然后将"记录选择器"和"导航按钮"分别设置为"否"。

（21）单击快速访问工具栏上的"保存"按钮，在"另存为"对话框中将这个窗体命名为"学生信息管理"，然后单击"确定"按钮。

图 4.89　命名记录操作按钮　　　　　　　　　　图 4.90　最终的窗体布局效果

（22）切换到"窗体"视图，对窗体上的各个记录导航按钮和记录操作按钮的功能进行测试，如图 4.91 所示。

图 4.91　测试"学生信息管理"窗体

➤知识与技能

在本任务中，首先在"设计"视图中打开一个空白窗体，然后分别在窗体的窗体页眉节、主体节和窗体页脚节中添加控件，并对窗体的属性进行设置，最终生成了一个"学生信息管理"窗体。运行该窗体时，可以在不同学生记录之间移动，也可以添加新的学生记录、对当前选定的学生记录进行修改以及删除当前选定的学生记录。下面介绍相关的知识与技能。

1. 窗体的组成部分

窗体中的信息可以分在多个节中，这些节包括主体、窗体页眉、窗体页脚、页面页眉以及页面页脚。在"设计"视图中，节表现为区段形式，并且窗体包含的每个节都出现一次，如图 4.92 所示。每个节都有特定的用途，并且按窗体中预见的顺序打印。

图 4.92　窗体中的节

（1）主体节。所有窗体都有主体节。主体节用于包含窗体的主要部分。该节通常包含绑定到记录源中字段的控件，但也可能包含未绑定控件，例如标识字段内容的标签。主体节用于显示来自记录源的数据，可以在屏幕或页上显示一条或多条记录。

（2）窗体页眉节。窗体页眉显示对每条记录都一样的信息，例如窗体的标题。窗体页眉出现在"窗体"视图中屏幕的顶部，以及打印时首页的顶部。

（3）窗体页脚节。窗体页脚显示对每条记录都一样的内容，例如命令按钮或有关使用窗体的指导信息。打印时，窗体页脚出现在"窗体"视图中屏幕的底部，或者在最后一个打印页的最后一个主体节之后。

（4）页面页眉节。页面页眉用于在窗体中每页的顶部显示标题、列标题、日期或页码。在窗体中，页面页眉仅当打印该窗体时才显示。

（5）页面页脚节。页面页脚用于在窗体中每页的底部显示页汇总、日期或页码。在窗体中，页面页脚仅当打印该窗体时才显示。

在打印窗体中，页面页眉和页面页脚可以在每页上重复一次。通过放置控件确定每个节中信息的显示位置。可以隐藏节或是调整其大小、添加图片，或设置节的背景色。另外，还可以设置节的属性以对节内容的打印方式进行自定义。

默认情况下，使用"窗体设计"工具创建的窗体仅包含主体节，若要显示其他各节，可用右键单击主体节的标题栏，然后在弹出菜单中单击"窗体页眉/页脚"或"页面页眉/页脚"命令，如图 4.93 所示。

图 4.93　在弹出菜单中选择显示窗体其他节的命令

2. 窗体控件

控件是允许用户控制程序的图形用户界面对象，例如文本框、复选框、滚动条或命令按钮等。通过在窗体上添加控件可以显示数据或选项、执行操作或使用户界面更易阅读。

在 Access 2010 中，控件分为绑定控件、未绑定控件或计算控件。

（1）绑定控件。其数据源是表或查询中的字段的控件称为绑定控件。使用绑定控件可以显示数据库中字段的值。值可以是文本、日期、数字、是/否值、图片或图形。例如，显示学生姓名的文本框从"学生"表中的"姓名"字段获取此信息。

（2）未绑定控件。不具有数据源（如字段或表达式）的控件称为未绑定控件。可以使用未绑定控件显示信息、图片、线条或矩形。例如，显示窗体徽标的图像和标题的标签都是未绑定控件。

（3）计算控件。其数据源是表达式（而非字段）的控件称为计算控件。通过定义表达式来指定要用作控件的数据源的值。表达式可以是运算符（如 = 和 +）、控件名称、字段名称、返回单个值的函数以及常数值的组合。

在窗体的"设计"视图中，可以使用"设计"选项卡中的"控件"组中的工具向窗体上添加所需要的控件，也可以使用"页眉/页脚"组的命令来添加徽标、标题以及日期和时间，如图 4.94 所示。

图 4.94 "设计"选项卡上的"控件"组和"页眉和页脚"组

下面对"页眉和页脚"组和"控件"组中的常用控件加以说明。

（1）［徽标］（徽标）：单击它时显示"插入图片"对话框，通过浏览找到存储徽标文件的文件夹，然后双击该文件，徽标会添加到窗体页眉节中。

（2）［标题］（标题）：单击它时会在窗体页眉上添加新标签，窗体名称显示为标题。创建标签时，标签中的文字处于选中状态，此时只需要输入所需标题即可更改该文字。

（3）［日期和时间］（日期和时间）：单击它时将显示"日期和时间"对话框，可选择要使用的日期和时间格式，然后单击"确定"按钮，此时日期和时间信息被添加到窗体上。在窗体上，日期和时间字段显示窗体被打开时的系统日期和时间。

（4）［选择工具］（选择工具）：用于选取控件、节或窗体。单击它可释放以前选定的工具按钮。

（5）［abl］（文本框）：用于添加未绑定文本框，此文本框不连接到表或查询中的字段。未绑定文本框可用于显示计算的结果，或接受不想直接存储在表中的输入。若要添加绑定文本框，可将"字段列表"窗格中的字段拖到窗体上。

（6）［Aa］（标签）：用于添加独立的标签，可以在窗体上显示说明性文本。Access 会自动为创建的控件附加标签。

（7）　　（按钮）：用于添加命令按钮，使用命令按钮可以启动一个或一系列操作。如果选取了"使用控件向导"按钮　，则可以使用向导向窗体中添加命令按钮，从而快速创建用来执行多种任务（如关闭窗体、打开报表、查找记录或运行宏）的命令按钮。如果未选取"使用控件向导"按钮　，则不使用向导创建命令按钮。

（8）　　（选项卡控件）：用于创建一个多页的选项卡窗体或选项卡对话框。可以在选项卡控件上复制或添加其他控件。在设计网格中的"选项卡"控件上单击鼠标右键，可以更改页数、页次序、选定页的属性和选定选项卡控件的属性。

（9）　　（超链接）：创建指向网页、图片、电子邮件地址或程序的链接。

（10）　　（Web 浏览器控件）：通过指定网址可以在窗体上打开一个网页。

（11）　　（导航控件）：在窗体上添加导航按钮，单击此按钮可打开指定窗体。

（12）　　（选项组）：与复选框、选项按钮或切换按钮搭配使用，可以显示一组可选值。选项组的值只能是数字，不能是文本。

（13）　　（插入分页符）：打印窗体时，在当前位置开始下一个页面。

（14）　　（组合框）该控件组合了列表框和文本框的特性。既可以在文本框中输入文字或在列表中选择输入项，然后将值添加到基础字段中。

（15）　　（图表）：在窗体上插入图表对象。

（16）　　（直线）：用于窗体或报表上。例如，突出相关的或特别重要的信息，或将窗体或页面分割成不同的部分。

（17）　　（切换按钮）：用于在自定义对话框中或选项组的一部分中接收用户输入数据的未绑定控件。

（18）　　（列表框）：显示可滚动的值列表。当在"窗体"视图中打开窗体时，可以从列表中选择值并输入到新记录中，或者更改现有记录中的值。

（19）　　（矩形）：用于显示图形效果，例如在窗体中将一组相关的控件组织在一起，或在窗体、报表上突出显示重要数据。

（20）　　（复选框）：作为 Access 数据库的"是/否"字段的独立控件使用。可以从一组值中选择任意多个。

（21）　　（未绑定对象框）：用于在窗体中显示未绑定 OLE 对象，例如 Excel 电子表格。当在记录之间移动时，该对象将保持不变。

（22）　　（附件）：在窗体中插入附件控件。

（23）　　（选项按钮）：绑定到"是/否"字段，其行为与切换按钮类似。

（24）　　（子窗体/子报表）：用于在窗体或报表上显示来自多个表的数据。

（25）　　（绑定对象框）：用于在窗体或报表上显示 OLE 对象，例如一系列图片。该控件针对的是保存在窗体或报表基础记录源字段中的对象。当在记录之间移动时，不同的对象将显示在窗体或报表上。

（26）　　（图像）：用于在窗体或报表上显示静态图片。由于静态图片并非 OLE 对象，因此只要将图片添加到窗体或报表中，便不能在 Access 中进行图片编辑。

（27）　　（使用控件向导）：用于启用或关闭控件向导。

（28）　　（ActiveX 控件）：打开一个 ActiveX 控件列表，可以在窗体上插入更多控件。例如，通过在窗体上添加 Shockwave Flash 对象可以直接在窗体上播放 Flash 动画。

3. 窗体设计工具

在"设计"视图中打开窗体时，在"窗体设计工具"选项卡下面有 3 个子选项卡可用，即"设计"选项卡、"排列"选项卡和"格式"选项卡。

（1）"设计"选项卡。这个选项卡包含"视图"、"主题"、"控件"、"页眉/页脚"以及"工具"等命令组，如图 4.95 所示。使用"视图"组中的命令可以在窗体的不同视图之间切换；使用"主题"组中的命令可以对窗体应用不同的主题方案，以快速改变颜色和字体；使用"控件"组中的命令可以向窗体上添加各种各样的控件，以实现对字段的显示和编辑；使用"页眉/页脚"组中的命令可以向窗体上添加徽标、标题以及日期和时间；使用"工具"组中的命令可以显示或隐藏字段列表和属性表、查看代码以及将宏转换为 Visual Basic 代码等。

图 4.95　"设计"选项卡

（2）"排列"选项卡。这个选项卡包含"表"、"行和列"、"合并/拆分"、"移动"、"位置"以及"调整大小和排序"等命令组，如图 4.96 所示。设计窗体时，通常可以利用"调整大小和排序"组中的命令来设置窗体控件的大小和对齐方式，以得到所需要的布局效果。

图 4.96　"排列"选项卡

（3）"格式"选项卡。该选项卡包含"所选内容"、"字体"、"数字"、"背景"以及"控件格式"等命令组，如图 4.97 所示。使用该选项卡上的命令可对选定控件的字体样式、数字格式和条件格式进行设置。例如，通过设置条件格式可使不同分数段的成绩呈现为不同颜色。

图 4.97　"格式"选项卡

4. 设置窗体的属性

在窗体的"设计"或"布局"视图中，按 F4 键以显示属性表，在属性表左上方的下拉列表框中选择"窗体"、窗体节或某个控件，然后可对所选对象的属性进行设置。属性表由"格式"、"数据"、"事件"、"其他"和"全部"这 5 个选项卡组成。设置窗体属性时的"格式"和"数据"选项卡如图 4.98 所示。

图 4.98　属性表的"格式"和"数据"选项卡

窗体的常用格式属性如下。

（1）"标题"：设置窗体的标题。如果未设置标题，则在窗体标题栏中显示窗体的名称。

（2）"默认视图"：设置打开窗体时所使用的视图，属性值可以是"单一窗体"、"连续窗体"、"数据表"、"数据透视表"、"数据透视图"以及"分割窗体"。

（3）"允许窗体视图"、"允许数据表视图"、"允许透视表视图"、"允许数据透视表视图"、"允许布局视图"：设置是否允许窗体切换到指定视图。

（4）"自动居中"：设置打开窗体时该窗体是否自动居中。

（5）"记录选择器"：设置窗体是否显示记录选择器。

（6）"导航按钮"：设置窗体是否显示导航按钮。

（7）"分隔线"：设置窗体视图中是否在记录之间画线。

（8）"滚动条"：设置在窗体视图中窗体是否显示滚动条，可以是"两者均无"、"只水平"、"只垂直"或"两者都有"。

（9）"控制框"：设置窗体是否显示控制菜单框。

（10）"关闭按钮"：设置窗体上的关闭按钮是否可用。

（11）"最大最小化按钮"：设置窗体上是否显示最大化按钮和最小化按钮，可以是"无"、"最小化按钮"、"最大化按钮"和"再者都有"。

窗体的常用数据属性如下。

（1）"记录源"：设置窗体所基于的数据库对象，可以是 SQL 语句，也可以是表或查询的名称。

（2）"记录集类型"：确定哪些表可以编辑，属性值可以是"动态集"、"动态集（不一致更新）"或"快照"。

（3）"筛选"：设置与窗体一直自动加载的筛选表达式，例如"性别="男""。

（4）"数据输入"：设置仅允许添加新记录。若设置为"是"，则不在窗体上显示现有记录。

（5）"加载时的筛选器"：设置窗体启动时是否应用筛选器。

（6）"允许添加"、"允许删除"、"允许编辑"、"允许筛选"：设置在"窗体"视图中是否允许对数据记录进行添加、删除、编辑或筛选操作。

（7）"记录锁定"：设置是否以及如何锁定基础表或查询中的记录，可以是"不锁定"、"所有记录"或"已编辑的记录"。

窗体的常用其他属性如下。

（1）"弹出方式"：设置是否以弹出式窗口打开窗体并使其保持在其他窗口上面。

（2）"模式"：设置是否要在关闭窗体前始终保留焦点。

任务 4.9　创建主/子窗体组合

➤任务描述

在 Access 数据库中，相关数据存储在不同的表中。在处理关系数据时，通常需要在同一窗体中查看来自多个表或查询的数据。例如，想查看学生信息，但同时还想查看有关该学生的课程成绩信息。子窗体就是实现这一目的的便利工具。子窗体是指插入到其他窗体中的窗体。主要的窗体称为主窗体，而该窗体内的窗体称为子窗体。当要显示具有一对多关系的表或查询中的数据时，使用子窗体特别方便。

在本任务中，首先使用"窗体"向导创建一个主/子窗体组合，用于显示来自"班级"表和"学生"表的数据；然后在"设计"视图中创建另一个主/子窗体组合，用于显示"学生"表和"成绩"表的数据。

➤实现步骤

在 Access 2010 中，创建主/子窗体组合有两种方法：一种方法是使用"窗体向导"同时创建主窗体和子窗体，另一种方法是在"设计"视图中向主窗体添加子窗体控件。

1. 使用"窗体向导"创建主/子窗体组合

使用"窗体向导"创建主/子窗体组合时，如果选择两个具有一对多关系的表或查询作为数据来源，则会生成包含子窗体的主窗体。下面使用"窗体向导"创建一个主/子窗体向导，主窗体用于显示班级信息，子窗体用于显示相关的学生信息。

（1）打开"学生成绩管理"数据库。

（2）在"创建"选项卡的"窗体"组中单击"窗体向导"命令。

（3）在如图 4.99 所示的"窗体向导"对话框中，将以下字段添加到"选定字段"列表框中："班级"表中的"专业名称"和"班级编号"字段以及"学生"表中的"学号"、"姓名"、"性别"、"出生日期"和"是否团员"字段，然后单击"下一步"按钮。

（4）在如图 4.100 所示的"窗体向导"对话框中，选择"通过班级"查看数据，并选取"带有子窗体的窗体"选项，然后单击"下一步"按钮。

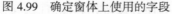

图 4.99　确定窗体上使用的字段　　　　　图 4.100　确定查看数据的方式

（5）在如图 4.101 所示的"窗体向导"对话框中，选择子窗体使用"数据表"布局方式，然后单击"下一步"按钮。

（6）在如图 4.102 所示的"窗体向导"对话框中，将主窗体和子窗体的标题分别设置为"班级主窗体"和"学生子窗体"，并选取"修改窗体设计"选项，然后单击"完成"按钮。

图 4.101　确定子窗体使用的布局方式　　　　　图 4.102　指定主窗体和子窗体的标题

此时将在"设计"视图中打开主/子窗体组合，根据需要对控件的属性进行设计，然后切换到"窗体"视图，以查看窗体的运行效果，如图 4.103 所示

图 4.103　运行主/子窗体组合

2. 在"设计"视图中创建主/子窗体组合

在"设计"视图中创建窗体时，可以根据需要在窗体上添加各种各样的控件。若要在窗体上显示与当前记录源相关的另一个表或查询中的数据，则可以在窗体上添加一个特殊控件，即子窗体控件。下面使用"设计"视图创建一个窗体作为主窗体，用于显示学生信息，并在该窗体上添加一个子窗体控件，用于显示相关的成绩信息。

（1）在"创建"选项卡的"窗体"组中单击"窗体设计"，此时将在"设计"视图中打开一个空白窗体。

（2）在"设计"选项卡的"页眉/页脚"组中单击"徽标"命令，然后选择一个图片文件，此时徽标图片自动添加到窗体页眉节中；在"设计"选项卡的"页眉/页脚"组中单击"标题"命令，并将标题文字指定为"学生成绩信息"，如图 4.104 所示。

图 4.104　窗体页眉节布局效果

（3）在"设计"选项卡的"工具"组中单击"添加现有字段"命令，以显示"字段列表"窗格；在"字段列表"窗格中，将"学生"表中的"学号"、"姓名"、"性别"以及"出生日期"字段拖到窗体主体节中，如图 4.105 所示。

图 4.105　在窗体主体节中添加字段

（4）确保"设计"选项卡的"控件"组中的"使用控件向导"按钮处在选中状态，单击此组中的"子窗体/子报表"按钮，然后在窗体主体节的"出生日期"文本框下方拖动鼠标，以添加子窗体控件。

（5）当出现如图 4.106 所示的"子窗体向导"对话框时，选择"使用现有的表和查询"选项，然后单击"下一步"按钮。

（6）在如图 4.107 所示的"子窗体向导"对话框中，分别将"课程"表中的"课程名称"字段和"成绩"表中的"成绩"字段添加到"选定字段"列表框中，然后单击"下一步"按钮。

图 4.106　选择子窗体的数据来源

图 4.107　确定在子窗体中使用的字段

（7）在如图 4.108 所示的"子窗体向导"对话框中，选择"从列表中选择"选项并选择"对<SQL 语句>中的每个记录用学号显示成绩"项，然后单击"下一步"按钮。

（8）在如图 4.109 所示的"子窗体向导"对话框中，将子窗体的标题设置为"课程成绩子窗体"，然后单击"完成"按钮。

图 4.108　将主窗体链接到子窗体的字段　　　　　图 4.109　指定子窗体名称

（9）将附加在子窗体上的标签内容修改为"课程成绩:"，并调整标签和子窗体的位置和大小，布局效果如图 4.110 所示。

图 4.110　用向导创建的子窗体

（10）单击快速访问工具栏上的"保存"按钮，将主窗体命名为"学生主窗体"加以保存。切换到"窗体"视图，查看主/子窗体组合的运行效果，如图 4.111 所示。

➤ 知识与技能

主/子窗体组合用于显示具有一对多关系的表或查询中的数据。在本任务中创建的主/子窗体组合用于显示来自"学生"表、"课程"表和"成绩"表的数据。"学生"表中的数据是关系的"一"端，"课程"表和"成绩"表中的数据是关系的"多"端，每个学生都有多门课程和成绩。主窗体显示来自关系的"一"端的数据，子窗体显示来自关系的"多"端的数据。

图 4.111　主/子窗体组合的运行效果

在主窗体/子窗体组合中，主窗体和子窗体是链接在一起的，这样，子窗体只会显示与主窗体中当前记录有关的记录。例如，当主窗体显示某个学生的信息类别时，子窗体仅显示该学生各科目成绩。当主窗体中的记录发生变化时，子窗体中的记录随之发生变化，这种过程称为同步。如果该窗体与子窗体未链接在一起，则子窗体将显示所有成绩记录，而不仅仅是某个学生的成绩。

子窗体控件是指将一个窗体嵌入另一个窗体的控件。通过子窗体控件提供的属性可以将控件中显示的数据链接到主窗体上的数据。当子窗体控件的记录源为表或查询，或者当其记录源是"默认视图"属性设置为"数据表"的窗体时，该控件将显示数据表。子窗体有时也称为数据表。

子窗体控件的常用属性如下。

（1）"源对象"：确定在子窗体控件中显示什么对象。

（2）"链接子字段"：指定子窗体中的哪个或哪些字段将子窗体链接到主窗体。

（3）"链接主字段"：指定主窗体中的哪个或哪些字段将主窗体链接到子窗体。

创建主/子窗体组合的常用方法如下。

（1）使用窗体向导创建主/子窗体组合。使用这种方法时，需要选择具有一对多关系的表可查询作为窗体的数据源，通过运行向导将同时创建主窗体和子窗体。

（2）在"设计"视图中创建主/子窗体组合。使用这种方法时，可以在"设计"视图中完成主窗体的设计，然后使用"子窗体向导"在主窗体上添加子窗体控件。

任务 4.10　创建选项卡式窗体

➤ 任务描述

如果要在窗体上显示的信息量比较大，或者包含的字段数目比较多，可以考虑在窗体上添加一个选项卡控件，并在选项卡控件上添加所需要的控件。在"设计"视图中右键单击选项卡控件，可以更改页数、页次序、选定页的属性和选项卡控件的属性。

在本任务中，将使用选项卡控件创建一个包含两页的选项卡式窗体，用于显示来自"教师"表和"授课"表的信息，即在其中的一页上显示一个教师的基本信息，在另一页上显示该教师的授课信息。

➤ 实现步骤

创建这样一个多页窗体时，可以在"设计"视图中创建一个空白窗体并在其中添加一个选项卡控件，然后选项卡的第 1 页添加"教师"表中的字段以显示教师基本信息，在第 2 页上添加"授课"表中的字段以显示与教师相关的授课信息。实际上，由此创建的这个多页窗体也是一个主/子窗体组合。

（1）打开"学生成绩管理"数据库。

（2）在"创建"选项卡的"窗体"组中单击"窗体设计"命令。

（3）在"设计"选项卡的"控件"组中单击"徽标"命令，并选择所需的图片文件，此图片将被添加到窗体页眉节；在"设计"选项卡的"控件"组中单击"标题"命令，并将标题文字设置为"教师详细信息"。此时，窗体页眉布局效果如图 4.112 所示。

图 4.112　窗体页眉节布局效果

（4）在"设计"选项卡的"控件"组中单击"选项卡控件"，然后在窗体主体节中拖动鼠标，此时将添加一个由两个页组成的选项卡控件，如图 4.113 所示。

图 4.113　添加选项卡控件

（5）按 F4 键以显示属性表，单击选项卡控件中的第 1 页，然后在"属性表"窗格中选择"格式"选项卡，将"标题"属性设置为"教师基本信息"；使用同样的方法，将选项卡控件中第 2 页的"标题"设置为"教师授课信息"，如图 4.114 所示。

图 4.114　设置选项卡的页标题

（6）在"属性表"窗格中选择"窗体"，在"数据"选项卡中将窗体的"记录源"属性设置为"教师"。

（7）在"设计"选项卡的"工具"组中单击"添加现有字段"命令，以显示"字段列表"窗体；在"字段列表"窗格中展开"教师"表，将该表中的"教师编号"和"姓名"字段拖到选项卡控件的"教师基本信息"页中，如图 4.115 所示。

图 4.115　在选项卡页中添加字段

（8）确保在"设计"选项卡的"控件"组中选中"使用控件向导"按钮，然后单击该组中的"选项组"命令，并在"教师编号"文本框下方拖动鼠标，以创建选项组控件。

（9）在如图 4.116 所示的"选项组向导"对话框中，将各个选项标签指定为"计算机科学系"、"电子工程系"和"电子商务系"，单击"下一步"按钮；在如图 4.117 示的"选项组向导"对话框中选择"否，不需要默认选项"，然后单击"下一步"按钮。

图 4.116　设置选项标签

图 4.117　设置默认选项

（10）在如图 4.118 所示的"选项组向导"对话框中，将各个选项的值分别设置为数字 1、2、3（对应于"系别"表中的"系别编号"字段值），然后单击"下一步"按钮；在如图 4.119 所示的"选项组向导"对话框中，选择"在此字段中保存该值"选项并从其右边的下拉列表框中选择"系别编号"字段，然后单击"下一步"按钮。

图 4.118　设置选项的值　　　　　　　　　图 4.119　指定保存选项值的字段

（11）在如图 4.120 所示的"选项组向导"对话框中，选择在选项组中使用"选项按钮"控件并选择使用"蚀刻"样式，然后单击"下一步"按钮；在如图 4.121 所示的"选项组向导"对话框中，将选项组的标题指定为"系别:"，然后单击"完成"按钮。

图 4.120　设置选项组控件类型和样式　　　　　图 4.121　指定选项组标题

（12）此时一个选项组添加到选项卡控件的"教师基本信息"页上，对选项组中的选项按钮的位置进行调整，将垂直排列改为水平排列，效果如图 4.122 所示。

图 4.122　在窗体上添加的选项组

（13）在选项卡控件的"教师基本信息"页上添加"教师"表中的"性别"、"出生日期"、"政治面貌"、"学历"、"职称"以及"联系电话"字段，并对该页上的所有控件进行对齐，布局效果如图 4.123 所示。

图 4.123　选项卡控件中的"教师基本信息"页布局

（14）确保"设计"选项卡的"控件"组中的"使用控件向导"按钮被选中，单击该组中的"子窗体/子报表"按钮，然后在选项卡控件的"教师授课信息"页中添加子窗体控件。

（15）在如图 4.124 所示的"子窗体向导"对话框中，选择"使用现有的表和查询"选项，然后单击"下一步"按钮；在如图 4.125 所示的"子窗口向导"对话框中，选择"授课"表，除"教师编号"字段外其他字段全部添加到"选定字段"列表中，然后单击"下一步"按钮。

图 4.124　选择子窗体的数据来源

图 4.125　确定在子窗体中使用的字段

（16）在如图 4.126 所示的"子窗体向导"对话框中选择从"列表中选择"并选择"对教师中的每个记录用教师编号显示授课"项，然后单击"下一步"按钮；在如图 4.127 所示的"子窗体向导"对话框中指定子窗体标题，然后单击"完成"按钮。

图 4.126　确定主窗体链接到子窗体的字段

图 4.127　指定子窗体名称

（17）此时一个子窗体控件添加到选项卡控件的"教师授课信息"页中。将附加在子窗体控件上的标签删除掉，布局效果如图 4.128 所示。

图 4.128　在选项卡页上添加子窗体控件

（18）单击快速访问工具栏上的"保存"按钮，在"另存为"对话框中将新建窗体命名为"教师详细信息"，然后单击"确定"按钮。

（19）切换到"窗体"视图，以测试窗体运行结果。可以在"教师基本信息"页中查看某个教师的基本信息，如图 4.129 所示；切换到"教师授课信息"页，则可查看该教师的授课信息，如图 4.130 所示。

图 4.129　选项卡的"教师基本信息"页

图 4.130　选项卡的"教师授课信息"页

➤知识与技能

使用选项卡控件可创建一个包含多页的选项卡式窗体或选项卡式对话框，从而在窗体上显示更多的信息。默认情况下，添加到窗体上的选项卡控件总是包含两个页，可以根据需要在每个页中添加所需的控件。

在"设计"视图中，可以对选项卡包含的页进行以下操作。

（1）若要向选项卡中添加新的页，可以用鼠标右键单击选项卡控件，然后从弹出菜单中选择"插入页"命令，如图 4.131 所示。

（2）若要从选项卡中删除页，可以用鼠标右键单击要删除的页，然后从弹出菜单中选择"删除页"命令。

（3）若要调整选项卡中的页次序，可以用鼠标右键单击选项卡控件并从弹出菜单中选择"页次序"命令，然后在"页序"对话框中单击页，再单击"下移"或"下移"按钮，最后单击"确定"按钮，如图 4.132 所示。

图 4.131　插入页

图 4.132　调整页次序

使用"属性表"窗格，可以对选项卡控件及其包含的每个页的属性进行设置。

任务 4.11　创建导航窗体

▶任务描述

通过任务 4.10 的实施可以知道，向窗体中添加选项卡控件可以使窗体更加有条理。特别是当窗体中包含许多控件时，通过将相关控件放在选项卡控件的各页上，可以减轻混乱程度，并使数据处理更加容易。但是，选项卡控件不提供用于支持选项层次结构的机制。若要使用户能够先选择一个主类别，然后再选择子类别，那么只能通过导航窗体功能来实现。因为导航窗体提供了支持选项层次结构的机制。

在本任务中，将创建一个多层结构的导航窗体。运行该窗体时，先通过单击顶部的导航按钮选择一个主类别，然后单击左侧的导航按钮以打开相应的窗体。

▶实现步骤

在本任务中，将选用"水平标签和垂直标签，左侧"布局来创建一个包含多层结构的导航窗体，先将导航按钮在顶部水平横向排列，然后在窗体的左侧垂直向下排列，最后对垂直排列的导航按钮的属性进行设置以指定要打开的目标窗体。

（1）打开"学生成绩管理"数据库。

（2）在"设计"选项卡的"窗体"组中单击"导航"，然后单击"水平标签和垂直标签，左侧"，如图 4.133 所示。此时将在"布局"视图中打开导航窗体，如图 4.134 所示。

（3）创建顶层选项卡。单击导航窗体顶部的"新增"导航按钮，然后将文本更改为"教师"；此时 Access 将添加一个新选项卡。重复此操作，继续创建"学生"、"课程"和"成绩"选项卡。完成的顶层选项卡的布局效果如图 4.135 所示。

图 4.133　选择"水平标签和垂直标签，左侧"布局

图 4.134　在"布局"视图中打开导航窗体

图 4.135　顶层选项卡布局效果

（4）创建"教师"选项卡的子选项卡。

①单击窗体顶部的"教师"选项卡，在左侧选项卡中单击"新增"导航按钮，将文本更改为"个人信息"，在"属性表"窗格中将"导航目标名称"属性设置为"教师"；此时将添加一个新的选项卡。

②在左侧选项卡中单击"新增"导航按钮，将文本更改为"授课信息"，在"属性表"窗格中将"导航目标名称"属性设置为"教师详细信息"，如图 4.136 所示。

图 4.136　"教师"选项卡对应的两个子选项卡

（5）针对"学生"、"课程"和"成绩"选项卡分别创建子选项卡。每个主选项卡对应于若干个子选项卡，创建每个子选项卡时需要设置"标题"和"导航目标名称"属性，具体的操作方法与步骤（4）类似。

（6）单击快速访问工具栏上的"保存"按钮，在"另存为"对话框中将新建窗体命名为"导航窗体"加以保存。

（7）通过单击各个导航按钮，对顶层选项卡和子选项卡的功能进行测试。

▶知识与技能

在 Web 应用程序中，通常会看到横跨在页面顶部的主菜单项，以及位于主菜单下方或者页面左侧或右侧的子项。在 Access 2010 中，使用新的导航窗体功能也能够轻松创建面向 Web 的数据库应用程序。

1. 选择导航窗体布局

创建导航窗体时，首先要选择一种布局方式。为此，可以在"设计"选项卡的"窗体"组上单击"导航"下拉框，并选择所需要的布局方式。

Access 2010 提供了 6 种导航窗体布局方式，分为单层结构和二层结构两类。单层结构包括"水平标签"、"垂直标签，左侧"以及"垂直标签，右侧"；二层结构包括"水平标签，2级"、"水平标签和垂直标签，左侧"以及"水平标签和垂直标签，右侧"，当单击顶级选项卡时会列出相应的子选项卡。导航窗体的各种布局效果如图 4.137 ~ 图 4.142 所示。

图 4.137　"水平标签"布局

图 4.138　"垂直标签，左侧"布局

图 4.139　"垂直标签，右侧"布局

图 4.140　"水平标签，2 级"布局

图 4.141　"水平标签和垂直标签，左侧"布局

图 4.142　"水平标签和垂直标签，右侧"布局

2. 设置导航窗体样式

除了使用导航窗体的默认样式外，还可以控制每个按钮的外观，并且可以同时对所有按钮应用样式。具体操作方法如下：

（1）切换到窗体的"布局"视图。

（2）单击顶部的选项卡，单击一个子选项卡，然后在按住 Ctrl 键的同时单击其余子选项卡。

（3）在功能区中选择"格式"选项卡，然后单击"快速样式"下拉框，选择某个样式来配置所有选定按钮的样式，如图 4.143 所示。

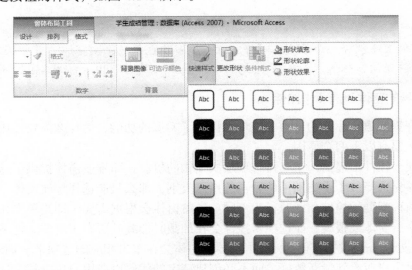

图 4.143　使用"快速样式"设置导航按钮外观

若要设置导航按钮的形状，可以单击"更改形状"下拉框，然后选择所需的形状，如图 4.144 所示。

图 4.144　设置导航按钮的形状

此外，还可以通过使用功能区上的"形状填充"、"形状轮廓"和"形状效果"工具来添加其他效果。

3. 设置导航按钮属性

导航窗体的功能主要是通过导航按钮来实现的。创建导航窗体时，可以使用"属性表"窗格对导航按钮的属性进行设置。下面对导航按钮的常用属性加以说明。

（1）标题：显示在导航按钮上的文字。可以单击"新增"按钮后在其上直接输入。

（2）图片标题排列：指定标题相对于图像的位置。属性值可以是"无图片标题"、"常规"、"顶部"、"底部"、"左边"或"右边"。

（3）导航目标名称：指定单击导航按钮时要打开的窗体或报表的名称。

（4）导航 Where 子句：指定使用窗体或报表自动加载的查询条件。

（5）悬停时的指针：指定悬停在导航按钮上方时的鼠标指针。

（6）图片类型：指定显示在导航按钮上的图片的类型。属性值可以是"嵌入"、"链接"或"共享"。

（7）图片：指定显示在导航按钮上的图片。可以使用 Access 提供的图片，也可以使用自定义图片。

注意

　　导航窗体上还包含一个子窗体控件，故导航窗体也是一个主窗体。若要从目标窗体上的控件中获取查询参数值，参数格式应为"[Forms]![主窗体名]![子窗体名]![控件名]"。

4. 比较导航窗体和选项卡控件

读者或许想知道，标准的选项卡控件也提供了类似的功能，为什么需要使用新的导航窗体功能呢？主要有以下两个原因。

（1）选项卡控件不提供用于支持选项层次结构的机制，而导航窗体提供了这一机制。若要使用户能够先选择一个主类别，然后再选择子类别，那么只能选择导航窗体。

（2）这两种类型的控件加载时行为不同。导航窗体会根据需要（即当单击相应的选项卡时）加载每个子窗体或报表，而选项卡控件会在加载时加载其所有子对象。这不仅会影响性能，而且会使处理查询数据变得困难。由于导航窗体会在单击相应的选项卡时加载每个窗体，因此可以确保用户能看到最新数据，而不必创建特定的代码以在用户单击每个选项卡时重新查询窗体。

任务 4.12　创建切换面板窗体

➤ 任务描述

在 Access 数据库中可以包含一个切换面板。切换面板是一个带有按钮或链接的窗体，可以用于浏览数据库中的对象。切换面板是一种特殊类型的窗体，它与导航窗体有些相似，主要用于打开数据库中的窗体和报表，当然也可以用于打开其他切换面板。在本任务中，将创建一个切换面板窗体，用于打开"学生成绩管理"数据库中的一些窗体，用于管理教师、学生以及成绩信息。

➤ 实现步骤

为了在 Access 数据库中创建一个切换面板窗体，首先在 Access 2010 功能区中添加"切换面板管理器"命令，然后使用这个命令来创建切换面板窗体。

1. 添加"切换面板管理器"命令

默认情况下，在 Access 2010 的功能区中是找不到"切换面板管理器"命令的。为此，还需要在功能区中创建一个自定义组，并向该组中添加"切换面板管理器"命令。

（1）在 Access 2010 中，单击"文件"选项卡，单击"选项"命令。

（2）在"Access 选项"对话框中，单击左侧窗格中的"自定义功能区"；从右侧窗格的"自定义功能区"列表中选择"主选项卡"，单击"数据库工具"，单击"新建组"命令，创建一个名为"数据库工具"的组；将"切换面板管理器"命令添加到新组中，如图 4.145 所示。

图 4.145　在功能区中添加"切换面板管理器"命令

2. 创建切换面板窗体

下面使用"切换面板管理器"来创建切换面板窗体。

（1）打开任务 4.11 中的"学生成绩管理"数据库，另存到"任务 4.12"文件夹中。

（2）在"数据库工具"选项卡的"数据库工具"组中单击"切换面板管理器"命令，如图 4.146 所示。

图 4.146　选择"切换面板管理器"命令

（3）当 Access 询问是否创建切换面板时，单击"是"按钮，如图 4.147 所示。

图 4.147　在"学生成绩管理"数据库中创建切换面板

（4）在如图 4.148 所示的"切换面板管理器"对话框中，自动出现一个"主切换面板（默认）"项，单击"编辑"按钮。

（5）在如图 4.149 所示的"编辑切换面板页"对话框中，单击"新建"按钮。

图 4.148　"切换面板管理器"对话框　　　　图 4.149　"编辑切换面板页"对话框

（6）当出现如图 4.150 所示的"编辑切换面板项目"对话框时，在"文本"框中输入"教师信息管理"，从"命令"列表中选择"在'编辑'模式下打开窗体"，从"窗体"列表中选择"教师"窗体，然后单击"确定"按钮。返回"编辑切换面板页"对话框后，"教师信息管理"项目出现在项目列表中，如图 4.151 所示。

（7）使用同样的方法创建以下切换面板项目，如图 4.152 所示。

① "教师授课查询"项目：在"编辑"模式下打开"教师详细信息"窗体。

② "学生信息管理"项目：在"编辑"模式下打开"学生信息管理"窗体。

③ "学生成绩查询"项目：在"编辑"模式下打开"学生主窗体"窗体。

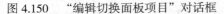

图 4.150　"编辑切换面板项目"对话框　　　　　图 4.151　创建"教师信息管理"项目

④"退出管理系统"项目：退出应用程序（关闭当前数据库）。

（8）创建所需的切换面板项目后，单击"关闭"按钮；返回"切换面板管理器"窗口后，单击"关闭"按钮。

（9）在"布局"视图打开"切换面板"窗体，对标签文本样式进行设置；在"窗体"视图中打开切换面板窗体，通过单击该窗体上按钮可以打开相应的窗体；若要关闭当前数据库，可以单击"退出管理系统"按钮，如图 4.153 所示。

图 4.152　切换面板上的项目　　　　　　　图 4.153　运行切换面板窗体

➤ 知识与技能

切换面板是一种特殊类型的窗体，可以用于打开窗体、报表数据库对象，也可以用于运行宏和代码，或者退出应用程序。在 Access 2010 中，可以使用"切换面板管理器"来创建、自定义和删除切换面板窗体。

1. 创建切换面板

若要创建切换面板，可执行以下操作。

（1）在"数据库工具"选项卡的"数据库工具"组中，单击"切换面板管理器"命令（需要自己添加该命令）。如果 Access 询问是否要创建切换面板，单击"是"按钮。

（2）在"切换面板管理器"对话框中，单击"新建"按钮。

（3）在"新建"对话框中，输入新切换面板的名称，然后单击"确定"按钮。此时，Access 会将切换面板添加到"切换面板页"框的列表中。

（4）在"切换面板管理器"对话框中，单击新的切换面板，然后单击"编辑"按钮。

（5）在"编辑切换面板页"对话框中，单击"新建"按钮。

（6）当出现"编辑切换面板项目"对话框时，在"文本"框中输入第一个切换面板项目的名称，然后从"命令"列表中选择一个命令。例如，在"文本"框中输入"学生信息管理"，在"命令"列表中选择"在'编辑'模式中打开窗体"。

　　若要创建跳转到其他切换面板的切换面板，单击"命令"框中的"转至'切换面板'"命令，然后从该列表中选择切换面板或输入其他切换面板的名称。

　　（7）根据所选择的命令，Access 会在"命令"列表下显示另一个列表。例如，如果选择"打开窗体"命令，则会显示打开数据库中的窗体列表。如果需要，可从此列表选择一个项目。

　　（8）重复步骤（5）~（7），直到将所有项目添加到切换面板；当完成创建切换面板时，单击"关闭"按钮。

　　（9）若要使某个切换面板在打开切换面板窗体处于打开状态时，可在"切换面板管理器"中单击该切换面板的名称，然后单击"创建默认"按钮。

　　（10）若要在打开数据库时自动打开切换面板窗体，可单击 按钮，从"文件"菜单中选择"Access 选项"，在"Access 选项"对话框左侧列表中选择"当前数据库"，然后从"显示窗体"列表中选择要显示的切换面板窗体，再单击"确定"按钮，如图 4.154 所示。

图 4.154　设置打开数据库时自动显示的窗体

　　使用"切换面板管理器"创建切换面板时，Access 会创建一个名为 Switchboard Items 表，用于描述窗体上各个按钮的外观和功能。

2. 更改切换面板

　　若要修改切换面板，可执行以下操作。

　　（1）在"数据库工具"选项卡的"数据库工具"组中，单击"切换面板管理器"命令。

　　（2）在"切换面板管理器"对话框中，选择要编辑的切换面板，然后单击"编辑"按钮。

（3）在"编辑切换面板项目"对话框中，单击切换面板上要更改的项目，然后请执行下列操作之一：

①若要更改项目的文本、项目执行的命令或单击该项目时打开或运行的对象，可单击"编辑"按钮。

②若要添加一个项目，可单击"新建"按钮，输入该项目的文本，然后从"命令"框中选择所需的命令。根据所选命令，Access 会在"命令"框下显示另一个框。如果需要，可从此框中选择所需项目。例如，如果在"命令"框中选择一个打开窗体命令，则需要选择要打开的窗体的名称。

③若要删除一个项目，可单击"删除"按钮。

④若要移动一个项目，单击"上移"或"下移"按钮。

（4）完成更改切换面板时，单击"关闭"按钮。

3. 删除切换面板

若要删除切换面板，可执行以下操作。

（1）在"数据库工具"选项卡的"数据库工具"组中，单击"切换面板管理器"命令。

（2）在"切换面板管理器"对话框中，单击要删除的切换面板，然后单击"删除"按钮。

（3）单击"关闭"按钮。

项目小结

本章通过 12 个任务讲述了如何在 Access 2010 中创建和应用窗体，包括使用构建工具快速创建窗体，以及使用手工方式在设计视图中创建窗体。

1. 窗体的类型、视图和组成

窗体是一种重要的数据库对象。在窗体上可以添加放置控件，用于执行操作，或在字段中输入、显示、编辑数据。按照功能，窗体可以分为数据输入窗体、切换面板窗体和自定义对话框。按照布局和显示方式，窗体可以分为单页窗体、多页窗体、连续窗体、子窗体以及弹出式窗体。

Access 2010 提供了多种窗体视图，包括"设计"视图、"窗体"视图、"布局"视图、"数据表"视图、"分割窗体"视图、"连续窗体"视图、"数据透视表"视图以及"数据透视图"视图，可以根据设计需要来选择合适的视图。

窗体中的信息可以分在多个节中，这些节包括主体、窗体页眉、窗体页脚、页面页眉以及页面页脚。在"设计"视图中，节表现为区段形式，每个节都有特定的用途。

2. 创建窗体的方法

在 Access 2010 中，可以使用以下方法来创建窗体。

（1）使用窗体工具创建窗体。只需要选择一个表或查询作为数据源并单击一次鼠标，即可快速生成一个窗体，在该窗体中只能一次输入一条记录的信息，每个字段占一行。

（2）使用多项目工具创建窗体。该窗体的默认视图为"连续窗体"，在该窗体上一次可以显示多条记录。

（3）使用分割窗体工具创建窗体。该窗体是一个同时具有两种布局方式的分割窗体，其下部的分区中显示一个数据表，下部的分区中显示一个窗体，用于输入数据表中所选记录的相关信息。

（4）使用窗体向导创建窗体。可以从多个表或查询中字段并指定数据的组合和排序方式，也可以确定窗体使用的布局和样式。使用窗体向导还可以创建主/子窗体组合。

（5）使用数据透视表工具创建窗体。在"数据透视表"视图中打开该窗体，可以对行标题、列标题进行重新排列和筛选字段，从而动态地更改窗体的版面，并以各种不同方法分析数据。

（6）使用数据透视图工具创建窗体。这一类窗体中包含图表对象，通过图表可以形象直观地描述数据之间的关系。

（7）使用空白窗体工具创建窗体。当向导或窗体构建工具不符合设计需要时，可以使用空白窗体工具来创建窗体，并根据需要向窗体上添加字段或其他控件。

（8）使用设计视图创建窗体。在"设计"视图中，可以使用"字段列表"窗格向窗体上添加来自表或查询中的字段，使用"设计"选项卡的"控件"组中的工具向窗体上添加各种类型的控件，也可以使用"排列"选项卡各个组中的工具设置窗体格式、控件布局、控件对齐方式、控件大小和位置，以及显示或隐藏窗体的节，或者使用属性表来设置窗体和控件的属性。在"设计"视图中，还可以通过添加子窗体控件创建主/子窗体组合，或者通过添加选项卡控件创建多页窗体。

（9）使用导航窗体工具创建窗体。该窗体包含导航按钮控件，通过这些导航按钮可以方便地打开其他窗体。Access 2010 提供了 6 种导航窗体布局方式，分为单层结构和二层结构两种类型。

（10）使用切换面板管理器创建切换面板窗体。通过切换面板可以打开数据库中的其他窗体、报表或执行其他操作命令。

项目思考

一、填空题

1. 若要使用窗体工具创建窗体，可在＿＿＿＿选项卡上的＿＿＿＿组中单击＿＿＿＿命令。

2. 若要创建弹出式窗体，可将其＿＿＿＿＿＿属性设置为"是"。

3. 在"设计"视图中，通过设置"分割窗体方向"属性可以定义＿＿＿＿显示在窗体的上方、下方、左侧还是右侧。

4. 若要在数据透视图窗体上显示图例，可在＿＿＿＿选项卡的＿＿＿＿＿＿组中选择＿＿＿＿命令。

5. 假如在"查询成绩"窗体上包含一个名称为"姓名"的控件，要在参数查询中引用该控件的值，可使用以下格式：[＿＿＿＿]![＿＿＿＿]![＿＿＿＿]。

6. 窗体由＿＿＿＿＿＿、＿＿＿＿＿＿、＿＿＿＿＿＿、＿＿＿＿＿＿和＿＿＿＿＿＿节组成。

7. 在窗体上添加窗体页眉和页脚，可在＿＿＿＿选项卡的＿＿＿＿组中单击＿＿＿＿＿＿命令。

8. 使用＿＿＿＿属性可设置窗体的标题。如果未设置该属性，则在窗体标题中显示＿＿＿＿＿＿。

9. 若要创建切换面板窗体，可在＿＿＿＿＿＿选项卡的＿＿＿＿＿＿组中单击＿＿＿＿＿＿命令。

二、选择题

1. 在下列各项中，（　　）不是窗体的视图。

　　A. 设计　　　　　　　　　　B. 窗体

　　C. 代码　　　　　　　　　　D. 布局

2. 使用多项目工具创建的窗体的默认视图为（　　）。

　　A. 窗体　　　　　　　　　　B. 分割窗体

　　C. 连续窗体　　　　　　　　D. 数据透视表

3. 若要显示"属性表"窗格，可按（　　）键。

　　A. F1　　　　　　　　　　　B. F3

　　C. F4　　　　　　　　　　　D. F11

4. 选项组控件的值只能是（　　）。

　　A. 数字　　　　　　　　　　B. 文本

　　C. 是/否　　　　　　　　　　D. 日期/时间

三、简答题

1. 在"窗体"视图中，可对数据记录执行哪些操作？

2. 在 Access 2010 中，如何以层叠窗口形式打开数据库？

3. 分割窗体有什么特点？

4. 使用窗体向导创建窗体有哪些主要步骤？

5. 使用窗体向导等工具创建的窗体为什么无法切换到"数据透视表"视图中打开？

6. 使用数据透视表工具创建窗体有哪些主要步骤？

7. 创建主/子窗体组合有哪些方法？

8. 默认情况下，选项卡控件总是两个页。如何向选项卡控件中添加更多的页？

项目实训

1. 使用窗体工具在"成绩管理"数据库中创建一个窗体，用于输入和编辑学生信息。

2. 使用窗体工具在"成绩管理"数据库中创建一个窗体，用于输入和编辑教师信息。

3. 使用多项目工具在"成绩管理"数据库中创建一个窗体，以数据表形式显示课程信息。

4. 使用多项目工具在"成绩管理"数据库中创建一个窗体，以数据表形式显示学生成绩信息。

5. 使用分割窗体工具在"成绩管理"数据库中创建一个窗体，用于查看和编辑学生信息。

6. 使用分割窗体工具在"成绩管理"数据库中创建一个窗体，用于查看和编辑教师信息。

7. 使用窗体向导创建一个窗体，选择"系别"、"班级"和"学生"表创建作为该窗体的数据来源，要求在窗体上显示系别名称、专业名称和学生信息。

8. 使用窗体向导创建一个主/子窗体，用于显示和编辑来自"班级"和"学生"表中的数据。

9. 使用空白窗体工具创建一个窗体，以组合框控件显示学生姓名（存储的值为学号）和课程名称（存储的值为课程编号），当单击命令按钮时运行参数查询，列出所选学生在所选课程中取得的成绩。

10. 在"设计"视图中创建一个窗体，用于显示和编辑学生信息，要求将导航按钮和记录选择器隐藏起来，并添加一组按钮，分别用于执行记录导航、添加和删除记录以及关闭窗体操作。

    11. 创建一个多页窗体，在"教师基本信息"页中显示教师信息，要求以选项组控件来显示系别编号；在"教师授课信息"页中显示所选教师的授课信息。

    12. 创建一个二层结构的导航窗体，要求选择"水平标签和垂直标签，左侧"布局方式，通过导航按钮可以打开用于管理学生、教师、课程和成绩信息的窗体。

    13. 创建一个切换面板窗体，用于打开上面创建的一些窗体或关闭当前数据库。

报表的创建和应用

项目描述

在前面两个项目中学习了查询和窗体的创建、应用和设计技巧，通过查询和窗体可以实现数据联机检索的功能，这是提供信息的主要途径之一。如果希望对表、查询或窗体中的数据进行计算、分析和汇总，并按照指定的格式打印出来，则需要借助于另一种数据库对象来实现，这便是报表。通过本项目的实施将学习在 Access 2010 中创建和使用报表，包括使用各种报表构建工具创建报表，在报表中分组汇总以及打印报表等。

项目目标

（1）理解报表的视图和组成
（2）掌握使用报表工具创建报表的方法
（3）掌握使用报表向导创建报表的方法
（4）掌握使用标签向导创建报表的方法
（5）掌握使用空白报表工具创建报表的方法
（6）掌握使用设计视图创建报表的方法
（7）掌握创建分组报表或汇总报表的方法
（8）创建和使用子报表的方法
（9）掌握设置报表页面和打印报表的方法

任务 5.1　使用报表工具创建报表

➤ 任务描述

"报表"工具提供了最快的报表创建方式。使用"报表"工具可以创建当前所选查询或表中数据的基本报表，随后可以在该基本报表中添加更多功能，例如分组或合计。一旦指定表或查询作为报表的数据来源并选择"报表"工具，它就会立即生成报表，而不提示任何信息。在本任务中，将使用"报表"工具创建一个报表，用于显示学生的基本信息。

➤ 实现步骤

使用"报表"工具创建报表之前，要先选择一个表或查询作为报表的数据源。
（1）打开"学生成绩管理"数据库。
（2）在导航窗格中单击"学生基本信息"查询，选择这个查询作为报表的数据来源。

（3）在"创建"选项卡上的"报表"组中单击"报表"命令，如图 5.1 所示。

图 5.1　选择"报表"命令

此时，Access 将在"布局"视图中生成和显示报表，如图 5.2 所示。

班级编号	学号	姓名	性别	出生日期
计1501	150001	王建华	男	1997/10/1
计1501	150002	李志明	男	1998/3/12
计1501	150003	刘亚楠	女	1997/9/19
计1501	150004	贺新伟	男	1998/6/11
计1501	150005	陈伟强	男	1999/11/3
计1501	150006	张淑美	女	1997/7/12
计1501	150007	温小雅	女	1998/9/9
计1502	150031	汪江涛	男	1998/5/21
计1502	150032	杜晓阳	男	1999/8/16
计1502	150033	马莉莎	女	1998/6/22
计1502	150034	程雅芝	女	1999/9/26
计1502	150035	柳若雨	女	1997/10/9
计1502	150036	吴天昊	男	1998/10/3
计1503	150061	李国华	男	1998/3/26
计1503	150062	杨洁琼	女	1997/5/19

学生基本信息　　　　　　　　　　　　　　2016年1月10日
　　　　　　　　　　　　　　　　　　　　　　9:54:56

图 5.2　在"布局"视图中打开报表

（4）单击快速访问工具栏上的"保存"按钮，当出现如图 5.3 所示的"另存为"对话框时，将报表命名为"学生基本信息"，然后单击"确定"按钮。此时，将在导航窗体的"报表"类别中出现"学生基本信息"报表，如图 5.4 所示。

图 5.3　"另存为"对话框

图 5.4　"学生基本信息"报表

（5）单击 Access 应用程序窗口右下角的 按钮，以切换到"设计"视图，如图 5.5 所示。若要切换到报表的其他视图，可单击下列按钮之一：

①单击 按钮，以切换到"报表"视图。

②单击 按钮，以切换到"打印预览"视图。

③单击 按钮，以切换到"布局"视图。

图 5.5　报表的"设计"视图

➤ 知识与技能

报表用于对数据库中的数据进行计算、分组、汇总和打印。如果希望按照指定的格式来打印输出数据库中的数据,使用报表是一种理想的方法。使用报表可根据指定规则打印格式化和组织化的信息。报表中的大部分内容是从基础表或查询中获得的,它们都是报表的数据来源。报表中的其他信息则存储在报表的设计中。

使用"报表"工具是创建报表的最快方式。当指定报表的数据来源并单击该工具后,会立即生成报表,该报表将显示基础表或查询中的所有字段。使用报表工具可能无法创建最终需要的完美报表,但对于迅速查看基础数据很有用。随后可以保存该报表,并在"布局"视图或"设计"视图中进行修改,以使报表更好地满足实际需求。

1. 报表的视图

在 Access 2010 中,报表有以下 4 种视图。

(1)"设计"视图:用于创建新的报表或修改现有报表的结构。

(2)"报表"视图:报表设计完成后最终要打印的视图。在"报表"视图中,可以对报表应用筛选器。

(3)"布局"视图:可以在查看报表中数据的同时调整报表布局。例如,可以根据报表数据来调整列宽,重新排列各列并添加分组汇总信息。

(4)"打印预览"视图:用于浏览报表中的数据,并且可以改变报表的显示比例。若报表由多个页面组成,则可以在不同页面之间切换,也可以同时查看多个页面。

2. 报表的组成

每个报表由一个或多个报表节组成。主体节是每个报表所共有的。其他节则是可选的,重复率较低,通常用于显示一组记录、一页报表或整个报表的通用信息。在"设计"视图中可以查看报表的所有节。下面描述了每个节的位置及其常见用法。

(1)报表页眉节:只出现一次,位于报表第一页的顶部。使用报表页眉可以放置通常可能出现在报表封面上的信息,例如徽标、标题以及日期等。如果将使用 SUM 聚合函数的计算控件放在报表页眉中,则计算后的总和是针对整个报表的。报表页眉显示在页面页眉之前。

(2)页面页眉节:显示在报表每一页的顶部。例如,使用页面页眉可以在每一页上重复报表的标题。

（3）组页眉节：显示在每个新记录组的开头，此节可以包含作为分组依据的字段。使用组页眉可以显示组名称。例如，在按班级分组的报表中，可以使用组页眉显示班级编号。如果将使用 SUM 聚合函数的计算控件放在组页眉中，则总计是针对当前组的。

（4）主体节：对于记录源中的每一行记录显示一次。主体节是构成报表主要部分的控件所在的位置。

（5）组页脚节：出现在一组记录的最后面。使用组页脚可以显示组的汇总信息，例如求和、计数、平均值等。

（6）页面页脚节：显示在每一页的结尾。使用页面页脚可显示页码或每一页的特定信息。

（7）报表页脚节：仅在报表结尾显示一次，出现在最后一行数据之后，且位于报表最后一页的页脚节之上。使用报表页脚可以显示针对整个报表的报表汇总或其他汇总信息，例如求和、计数、平均值等。

在"设计"视图中，报表页脚显示在页面页脚的下方。不过，在打印或预览报表时，在最后一页上，报表页脚位于页面页脚的上方，紧靠最后一个组页脚或明细行之后。

3. 比较报表和窗体

报表和窗体有许多共同之处，它们的数据来源都是基础表和查询，创建窗体时所用的控件基本上都可以在报表中使用，设计窗体时所用到各种控件操作也同样可以在报表的设计过程中使用。报表与窗体的区别在于：在窗体中可以输入和修改数据，在报表中则不能输入和修改数据，报表的主要用途是按照指定的格式来打印输出数据。

任务 5.2　使用报表向导创建报表

➤ 任务描述

在任务 5.1 中使用"报表"工具创建了"学生基本信息"报表。这种方法虽然快捷，但也存在着不足之处，因为由此创建的报表总是显示数据源中的所有字段，而不能选择在报表中包含哪些字段。若要解决这些问题，可以使用"报表向导"工具来创建报表，这样不仅可以确定在报表上使用哪些字段，也可以指定字段对数据进行分组和排序，还可以设置报表使用的布局方式。

在本任务中，将使用"报表向导"工具创建一个自定义报表，通过该报表可以按系别来查看教师信息。

➤ 实现步骤

使用"报表向导"创建报表时，需要在向导的提示下选择有关记录源、字段、版面以及格式，并由向导收集这些信息后创建报表。

（1）打开"学生成绩管理"数据库。

（2）在"创建"选项卡的"报表"组中，单击"报表向导"命令，如图 5.6 所示。

（3）在如图 5.7 所示的"报表向导"对话框中，从"表/查询"下拉列表框中选择"系别"表，并将"系别名称"字段添加到"选定字段"列表框中，此时不要单击"下一步"按钮。

图 5.6　选择"报表向导"命令

（4）从"表/查询"下拉列表框中选择"教师"表，并将"教师编号"、"姓名"、"性别"、"出生日期"、"参加工作时间"、"政治面貌"、"学历"以及"职称"字段添加到"选定字段"列表框中，然后单击"下一步"按钮，如图 5.8 所示。

图 5.7　从"系别"表中选择字段

图 5.8　从"教师"表中选择字段

（5）在如图 5.9 所示的"报表向导"对话框中，选择"通过 系别"查看数据，然后单击"下一步"按钮。

（6）在如图 5.10 所示的"报表向导"对话框中，可以将一个或多个字段作为报表的分组级别，在这里不添加分组级别，直接单击"下一步"按钮。

图 5.9　确定查看数据的方式

图 5.10　在报表中添加分组级别

（7）在如图 5.11 所示的"报表向导"对话框中，设置明细记录按"教师编号"字段以升序进行排序，然后单击"下一步"按钮。

（8）在如图 5.12 所示的"报表向导"对话框中，选择报表使用"块"布局方式，指定方向为"纵向"，并选中"调整字段宽度使所有字段都能显示在一页中"选项，然后单击"下一步"按钮。

图 5.11　确定明细记录的排序次序　　　　　　图 5.12　确定报表的布局方式

（9）在如图 5.13 所示的"报表向导"对话框中，将报表的标题指定为"按系别查看教师信息"，并选择"预览报表"选项，然后单击"完成"按钮。若要在"设计"视图中打开报表，可选择"修改报表设计"选项。

图 5.13　指定报表的标题

此时，将在"打印预览"视图中打开报表，如图 5.14 所示。

按系别查看教师信息

系别名称	教师编号	姓名	性别	出生日期	参加工作日期	政治面貌	学历	职称
计算机技术系	1	李致远	男	1973/6/19	1998/9/19	共产党员	研究生	副高
	2	张薇薇	女	1983/5/22	2007/9/20	共青团员	大学本科	中级
	3	刘建国	男	1969/3/28	1995/9/10	其他	大学本科	副高
	4	赵丽娟	女	1967/9/20	1992/9/16	共产党员	大学本科	中级
	13	郑伟民	男	1972/3/15	1999/9/26	其他	大学本科	中级
	14	李国强	男	1982/9/10	2008/9/20	共产党员	大学本科	中级
	15	余晓丽	女	1990/8/11	2014/9/22	共青团员	大学本科	中级
	16	张晓蕾	女	1971/9/22	1987/3/13	其他	研究生	副高
	25	王华洲	男	1957/6/15	1982/9/24	其他	大学本科	副高
电子工程系	5	李中良	男	1958/6/19	1982/2/18	共产党员	大学本科	副高
	6	宋晓丽	女	1985/6/25	2012/9/26	共青团员	研究生	中级
	7	赵明德	男	1966/8/17	1988/9/16	其他	大学本科	副高
	8	刘丽雯	女	1991/3/10	2015/9/21	共青团员	大学本科	初级
	17	刘瑞华	男	1960/6/19	1984/9/22	其他	大学本科	副高
	18	袁晓莺	女	1972/12/2	1996/9/26	共产党员	大学本科	中级
	19	张国梁	男	1961/2/20	1985/9/22	其他	大学本科	中级
	20	马冠群	男	1958/3/11	1982/3/16	其他	大学本科	副高

页: 1

图 5.14　在"打印预览"视图中打开报表

➤ **知识与技能**

使用"报表向导"可以选择在报表上显示哪些字段，也可以指定数据的分组和排序方式。此外，如果事先指定了表与查询之间的关系，还可以使用来自多个表或查询的字段。

使用"报表向导"创建报表有以下主要步骤。

（1）在"创建"选项卡上的"报表"组中单击"报表向导"命令，以启动报表向导。

（2）确定在报表上使用哪些字段。如果要在报表中包含多个表和查询中的字段，则从第一个表或查询中选择字段之后，不要单击"下一步"或"完成"按钮，而是重复上述步骤来选择表或查询，并单击报表中要包含的其他字段。将所需字段全部添加到"选定字段"列表框后，单击"下一步"按钮以继续。

（3）在报表中添加分组级别。在报表中可以添加一个或多个分组级别。

（4）确定明细记录使用的排序次序。最多可以按 4 个字段进行排序，可以是升序或降序。

（5）确定报表使用的布局方式。可用的布局方式有"递阶"、"块"和"大纲"，布局方式可以是纵向或横向。

（6）指定报表的标题，然后在"打印预览"或"设计"视图中打开报表。在预览报表时，所看到的报表是该报表打印后的效果，还可以通过提高放大倍数来放大细节。

（7）根据需要，可以在"设计"视图或"布局"视图中对报表结构进行微调。

任务 5.3　使用标签向导创建报表

➤ **任务描述**

Access 2010 提供了一个"标签向导"工具，使用该向导可以轻松地创建各种标准大小的标签。在本任务中，首先基于"系列"表和"教师"表创建一个选择查询，然后选择该查询作为记录源，使用"标签向导"创建一个"教师基本信息"标签报表。

➤ **实现步骤**

使用"标签向导"创建标签报表时，需要选择一个表或查询作为该报表的数据来源，然后指定标签的尺寸、文本的字体、字号和颜色，并设置标签文本的内容和标签的排序次序。

（1）打开"学生成绩管理"数据库。

（2）在"设计"视图中创建一个"教师基本信息"查询，如图 5.15 所示。

图 5.15　创建"教师基本信息"查询

（3）在导航窗格中单击步骤（2）中创建的"教师基本信息"查询，选择这个查询作为标签的记录源。

（4）在"创建"选项卡的"报表"组中单击"标签"，如图 5.16 所示。

图 5.16　选择"标签"命令

（5）在如图 5.17 所示的"标签向导"对话框中，选择标签的型号和尺寸，然后单击"下一步"按钮。

图 5.17　指定标签的型号和尺寸

（6）在如图 5.18 所示的"标签向导"对话框中，设置文本的字体、字号、字体粗细和文本颜色，然后单击"下一步"按钮。

图 5.18　设置标签文字的字体和颜色

（7）在如图 5.19 所示的"标签向导"对话框中，确定标签显示的内容，可以在标签原型上输入文本，也可以从"可用字段"列表框中选择所需字段并将其添加到在原型上，然后单击"下一步"按钮。

提示

　　设置原型标签内容时，可以先输入字段的名称，然后单击"可用字段"列表中的字段并单击 ">" 按钮（添加到标签中的字段以{字段名}表示），再按 Enter 键进入下一行。

图 5.19　确定标签显示的内容

（8）在如图 5.20 所示的"标签向导"对话框中，选择"系别名称"和"教师编号"两个字段作为排序依据，然后单击"下一步"按钮。

图 5.20　确定标签的排序依据

（9）在如图 5.21 所示的"标签向导"对话框中，将标签报表的名称指定为"教师基本信息标签"，并选取"查看标签的打印预览"选项，然后单击"完成"按钮。

图 5.21　确定标签报表的名称

（10）此时将在"打印预览"视图中打开"教师基本信息标签"报表，如图 5.22 所示。在该视图中可以看到标签报表中的信息分成了两列显示（所显示的列数取决于所选定的标签型号），根据需要可以使用 Access 状态栏上的滑块控件来放大细节。

图 5.22　在 "打印预览" 视图中查看标签报表

➤ 知识与技能

在实际工作中，经常需要制作 "客户通信地址"、"教师基本信息" 之类的标签。标签是一种类似于名片的特殊报表。在 Access 2010 中，可以使用 "标签" 工具轻松地创建各种标准大小的标签，主要操作步骤如下。

（1）在导航窗格中单击一个表或查询，选择它作为标签报表的记录源。

（2）在 "创建" 选项卡的 "报表" 组中单击 "标签" 命令，以启动标签向导。

（3）指定标签的型号和尺寸，可以选择现有的标签型号和尺寸，也可以创建自定义标签。

（4）设置标签文本的字体、字号、字型以及文本颜色。

（5）通过在原型上输入文字和添加字段，确定标签报表的显示内容。

（6）设置标签报表的排序次序，可以按照一个或多个字段进行排序。

（7）指定标签报表的名称，并在 "打印预览" 或 "设计" 视图中打开标签报表。在 "打印预览" 视图中可以看到标签的多个列，在其他视图数据将显示在单个列中。

任务 5.4　使用空白报表工具创建报表

➤ 任务描述

如果对使用 "报表" 工具或 "报表向导" 不感兴趣，则可以使用 "空白报表" 工具从头生成报表，为此首先新建一个空白报表，然后在其中添加字段和控件，并可以对该报表的布局进行调整。在本任务中，将使用 "空白报表" 工具在 "学生成绩管理" 数据库中创建一个报表，用于显示学生的各科成绩信息。

➤ **实现步骤**

使用"空报表"工具创建报表时将在"布局"视图中打开一个空白报表，可以根据需要在该报表中添加字段和控件。

（1）打开"学生成绩管理"数据库。

（2）在"创建"选项卡上的"报表"组中单击"空报表"命令，如图 5.23 所示。

图 5.23　选择"空报表"命令

此时 Access 将生成一个空白报表并在"布局"视图中打开该报表，如图 5.24 所示。

图 5.24　使用空白报表工具生成报表

（3）在"设计"选项卡的"工具"组中单击"添加现有字段"命令，以显示"字段列表"窗格，如图 5.25 所示。

图 5.25　显示"字段列表"窗格

（4）在"字段列表"窗格中，单击"学生"表前面的加号，以展开该表，然后将其中的"学号"和"姓名"字段拖到报表中；使用同样的方法，将"成绩"表中的"成绩"字段也拖到报表中，如图 5.26 所示。

（5）在"字段列表"窗格中，单击"课程"表前面的加号，以展开该表，然后将其中的"课程名称"字段拖到报表上的"姓名"列与"成绩"列之间，如图 5.27 所示。

图 5.26　在报表上添加字段　　　　　　图 5.27　在报表上插入字段

注意

在这个报表上添加表字段时，应先添加"学生"表和"成绩"表中的字段，然后再插入"课程"表中的字段，添加字段的顺序不可颠倒。这是因为"学生"表与"成绩"表之间存在一对多关系，"课程"表与"成绩"表之间也存在一对多关系。

（6）在"设计"选项卡的"页眉/页脚"组中单击"标题"命令，然后将报表标题指定为"学生成绩报表"，该标题将自动插入到报表页眉节中。

（7）在"设计"选项卡的"页眉/页脚"组中单击"日期和时间"命令，然后在如图 5.28 所示的"日期和时间"对话框中设置日期和时间的格式，再单击"确定"按钮。此时，当前系统日期和时间将插入到报表页眉节中，如图 5.29 所示。

图 5.28　设置日期和时间格式　　　　图 5.29　在报表中插入标题、日期和时间

（8）在"设计"选项卡的"页眉/页脚"组中单击"页码"命令，如图 5.30 所示。

（9）在如图 5.31 所示的"页码"对话框中设置页码格式，选择"第 N 页，共 M 页"及

"页面底端（页脚）"选项，并从"对齐"下拉式列表框中选择"居中"，然后单击"确定"按钮。此时页码将自动插入到报表的页面页脚节中。

图 5.30 选择"页码"命令

图 5.31 设置页码格式

（10）单击快速访问工具栏上的"保存"按钮，将该报表保存为"学生成绩报表"。

（11）切换到"打印预览"视图，查看该报表的打印效果，如图 5.32 所示。

图 5.32 预览报表的打印效果

➤ **知识与技能**

使用"空白报表"工具从头生成报表，是一种非常快捷的报表生成方式，尤其是计划只在报表上放置很少几个字段时。

使用"空白报表"工具创建报表的主要步骤如下。

（1）在"创建"选项卡上的"报表"组中单击"空报表"命令。此时将在"布局"视图中显示一个空白报表，并显示"字段列表"窗格。

（2）在"字段列表"窗格中，单击包含要显示在报表中的字段的表旁边的加号。

（3）将所需的各个字段逐个拖动到报表上，也可以在按住 Ctrl 键的同时选择多个字段，然后同时将所选定的字段拖动到报表上。

（4）使用"格式"选项卡上的"控件"组中的工具向报表中添加徽标、标题、页码或日期和时间。

（5）在"布局"视图中，可以根据字段值对列宽进行调整。

任务 5.5　使用报表设计工具创建报表

➤ 任务描述

使用 "报表设计" 工具将在 "设计" 视图中打开一个空报表，然后可以根据实际需要在该报表中添加一些字段和控件。在 "设计" 视图中可以从头至尾创建一个自定义报表，整个制作过程包含许多操作步骤，主要包括：创建空白报表并选择记录源，在报表上添加要显示的字段或其他控件，设置报表使用的布局方式，添加页眉和页脚，以及设置报表和控件的属性等。此外，对于使用 "报表向导" 或其他报表工具创建的报表，也都可以在 "设计" 视图中进行微调。

在本任务中，将使用 "报表设计" 工具在 "学生成绩管理" 数据库中创建一个报表，用于显示学生的详细信息。

➤ 实现步骤

使用 "报表设计" 工具创建报表时，将在 "设计" 视图中打开一个空白报表。此时可以在报表的各个部分依次添加所需的内容，包括徽标、标题、日期时间、表字段以及页码等。

（1）打开 "学生成绩管理" 数据库。

（2）在 "创建" 选项卡的 "报表" 组中单击 "报表设计" 命令，如图 5.33 所示。

图 5.33　选择 "报表设计" 命令

此时将在 "设计" 视图中打开一个空白报表，如图 5.34 所示。

图 5.34　在 "设计" 视图中打开空白报表

（3）在 "设计" 选项卡的 "页眉/页脚" 组中单击 "标题" 命令，此时一个标签将出现在报表页眉节中，在该标签中输入 "学生信息一览表"，如图 5.35 所示。

图 5.35　在报表中插入标题

（4）按[Alt+F8]组合键以显示"字段列表"窗格；展开"学生"表，将其中的"学号"、"姓名"、"性别"、"出生日期"、"入学日期"以及"入学成绩"字段添加到报表主体节中；展开"系别"表，将其中的"系别名称"字段添加到报表主体节中；展开"班级"表，将其中的"专业名称"和"班级编号"字段添加到报表主体节中；删除所有标签中的冒号，报表布局效果如图 5.36 所示。

图 5.36　在报表主体节中添加字段

（5）在报表主体节中选择所有控件，然后在"排列"选项卡的"表"组中单击"表格"命令，如图 5.37 所示；此时所有标签控件自动移动到页面页眉节中，用于显示字段值的文本框、列表框和复选框在报表主体节中水平排列，如图 5.38 所示。

图 5.37　选择"表格"命令

图 5.38　创建表格形式的报表布局

（6）选择页面页眉节中的所有标签控件和主体节中的所有文本框、列表框控件，按 F4 以显示"属性表"窗格，将所选控件的"文本对齐"属性设置为"居中"；通过鼠标拖动，将页面页眉节和主体节的高度调整到最小。

（7）选择页面页眉和主体节中的所有控件，然后在"设计"选项卡的"网格线"组中单击"网格线"并选择"垂直和水平"，以便对报表上的字段名和字段值添加网格线。

（8）确保在"设计"选项卡的"控件"组中未选中"使用控件向导"按钮，通过在该组中单击"文本框"命令，在报表页眉节中拖动鼠标以插入一个未绑定文本框，然后在"属性表"窗格中选择"数据"选项卡，将"控件来源"属性设置为"=Now()"，以显示当前日期和时间，如图 5.39 所示。其中 Now()是一个 VBA 函数，用于获取计算机系统的当前日期和时间。

图 5.39　在报表页眉中插入当前日期和时间

（9）确保在"设计"选项卡的"控件"组中未选中"使用控件向导"控件，通过在该组中单击"文本框"命令，在报表页脚节中插入一个未绑定文本框，然后在属性表中选择"数据"选项卡，将"控件来源"属性设置为""第" & [Page] & "页，共" & [Pages] & "页""，以显示当前页码和总页码，如图 5.40 所示。

图 5.40　在页面页眉节中插入页码

（10）在属性表中选择"报表"，在"格式"选项卡中将报表的"标题"属性设置为"学生信息一览表"。

（11）单击快速访问工具栏上的"保存"按钮，在"另存为"对话框中将该报表命名为"学生信息一览表"，然后单击"确定"按钮。

（12）切换到"布局"视图，以查看报表的布局效果，并根据字段值对各列的宽度进行微调；切换到"报表"视图，以查看报表的最终设计效果，如图 5.41 所示。

图 5.41　在"报表"视图中查看报表的设计效果

➤ **知识与技能**

使用"设计"视图可以新建一个空白报表，然后对该报表进行高级设计更改，既可以使用"字段列表"窗格添加来自一个或多个表或查询的字段，也可以使用"设计"选项卡的"控件"组添加各种类型的控件，或者添加徽标、标题、日期、时间和页码信息。此外，还可以使用"设计"选项卡或"排列"选项卡对报表结构进行调整。

1. 在报表上添加日期、时间和页码

若要在报表上显示日期、时间或页码，可在报表上添加非绑定文本框，然后将其"控件来源"属性设置为以下表达式。

①当前日期和时间：=Now()。

②当前日期：=Date()。

③当前时间：=Time()。

④页码：=[Page]。

⑤总页数：=[Pages]。

例如，如果要在报表上显示"第 X 页，共 Y 页"，可以添加文本框并将其"控件来源"属性设置为以下表达式：

="第" & [Page] & "页，共" & [Pages] & "页"

其中&为字符串连接运算符。

2. 使用"报表设计工具"选项卡调整报表

在"设计"视图中,"报表设计工具"选项卡有4个子选项卡,即"设计"选项卡、"排列"选项卡、"格式"选项卡以及"页面设置"选项卡。

(1)"设计"选项卡。该选项卡包含"视图"、"主题"、"分组和汇总"、"控件"、"页眉/页脚"和"工具"这6个命令组,如图5.42所示。

图5.42 "设计"选项卡上用于报表设计的命令组

① "视图"组:可以在"报表"、"打印预览"、"布局"和"设计"视图之间切换。

② "主题"组:用于更改整个数据库的外观(包括字体和颜色)。

③ "分组和汇总"组:可以对报表中的数据进行分组和排序,也可以为组添加总计(例如求和、求平均值)。

④ "控件"组:用于在报表上添加各种控件,例如标签和文本框。

⑤ "页眉/页脚"组:用于在报表上添加徽标、标题、日期和时间以及页码。

⑥ "工具"组:用于显示或隐藏"字段列表"和"属性表"窗格。

⑦ "网格线":可以在报表上添加网格线并设置线宽、线型和线条颜色。

(2)"排列"选项卡。"排列"选项卡上包含"表"、"行和列"、"合并/拆分"、"移动"、"位置"以及"调整大小和排序"6个命令组,如图5.43所示。

图5.43 "排列"选项卡上用于报表设计的命令组

① "表"组:用于在报表上创建堆积或表格布局并设置网格线。

② "行和列"组:用于选择布局或列,以及在布局中插入行或列。

③ "合并/拆分"组:用于合并或拆分单元格。

④ "移动"组:用于在报表的不同节之间移动控件。

⑤ "位置"组:用于设置控件的边距和填充量。

⑥ "调整大小和排序"组:设置所选定的一组控件的大小和间距、对齐方式,或将所选定对象置于所有对象的前面或后面。

(3)"格式"选项卡。该选项卡包含"所选内容"、"字体"、"数字"、"背景"和"控件格式"5个命令组,如图5.44所示。

① "所选内容"组:列出当前选定的报表控件,也可以用于选择全部控件。

② "字体"组:用于设置选定控件的字体、字号、字型和文本对齐方式。

图 5.44　"报表设计工具"选项卡的"格式"子选项卡

③"数字"组：用于设置数字的格式，包括百分比格式、增加或减少小数位置。

④"背景"组：用于设置背景图像或背景颜色。

⑤"控件格式"组：用于设置报表控件的形状填充和形状轮廓。

（4）"页面设置"选项卡。该选项卡包含"页面大小"和"页面布局"两个子选项卡，可用于设置打印纸张大小、页边距以及打印方向等，如图 5.45 所示。

图 5.45　"报表设计工具"选项卡的"页面设置"子选项卡

3. 设置报表的属性

在"设计"视图或"布局"视图中，可以使用"属性表"窗格对报表和控件的属性进行设置。报表的常用属性如下。

（1）"记录源"：指定报表所基于的表或查询。

（2）"标题"：指定用于打开报表的窗口所显示的标题。

（3）"弹出方式"：指定是否以弹出式窗口打开报表并使其保持在其他窗口上面。

（4）"模式"：指定是否以模式窗口打开报表，此类窗口在关闭前始终保留焦点。

（5）"默认视图"：指定打开报表对象使用的视图，可以是"报表视图"或"打印预览"。

（6）"允许报表视图"：指定是否允许在"报表"视图中打开报表。

（7）"允许布局视图"：指定是否允许在"布局"视图中打开报表。

（8）"宽度"：指定报表所有节的宽度。

（9）"自动调整"：指定是否自动调整报表大小以显示一整页报表。

（10）"缩至一页"：指定是否增大报表宽度以填充页面。

（11）"页面页眉和页面页脚"：指定在报表的哪些页面上包含页眉和页脚，可以是"所有页"、"报表页眉不要"、"报表页脚不要"或"报表页眉和页脚都不要"。

任务 5.6　创建分组汇总报表

➤ 任务描述

信息在分组后往往更容易理解。例如，如果在报表中按班级对成绩进行分组，则可以使各个班级的成绩状况一目了然，在其他情况下可能不容易看出这些状况。此外，可以在报表中各个组的结尾处进行汇总，从而避免用计算器完成大量手工计算的工作。

在本任务中，首先创建一个"电子技术专业学生成绩"交叉表查询，然后使用"报表"工具基于该查询创建一个报表，接着按班级对报表中的记录分组，并对组中成绩求平均值。

➤ **实现步骤**

在本任务中将创建一个分组汇总报表，先按班级分组，然后对成绩求平均值。

（1）打开"学生成绩管理"数据库。

（2）在"设计"视图中基于"系别"、"班级"、"学生"、"课程"和"成绩"表创建一个交叉表查询，并将其命名为"计算机技术系学生成绩"，如图5.46所示。

图 5.46　创建"计算机技术系学生成绩"交叉表查询

（3）切换到查询的"SQL"视图，在查询语句的末尾添加"In("计算机应用基础","办公软件","图像处理","动画制作")"，对交叉表查询的列字段进行筛选，指定要显示哪些课程。

（4）在导航窗格中单击"计算机技术专业学生成绩"查询，然后在"创建"选项卡的"报表"组中单击"报表"命令，此时将在"布局"视图打开新报表，如图5.47所示。

系别名称	班级编号	学号	姓名	计算机应用基础	办公软件	图像处理	动画制作
计算机技术系	计1501	150001	王建华	90	86	93	89
计算机技术系	计1501	150002	李志明	86	90	88	80
计算机技术系	计1501	150003	刘亚楠	96	93	89	86
计算机技术系	计1501	150004	贺新伟	82	80	83	65
计算机技术系	计1501	150005	陈伟强	76	78	81	62
计算机技术系	计1501	150006	张淑美	95	96	96	90
计算机技术系	计1502	150031	汪江涛	83	85	76	67
计算机技术系	计1502	150032	杜晓阳	83	85	79	61
计算机技术系	计1502	150033	马莉莎	86	90	87	86
计算机技术系	计1502	150034	程雅芝	89	82	91	68
计算机技术系	计1502	150035	柳若雨	93	91	87	90
计算机技术系	计1502	150036	吴天昊	86	87	91	88
计算机技术系	计1503	150061	李国华	96	93	92	78
计算机技术系	计1503	150062	杨洁琼	83	85	92	78
计算机技术系	计1503	150063	马妍妍	96	93	89	82
计算机技术系	计1503	150064	刘学军	96	93	92	90
计算机技术系	计1503	150065	张雨晨	86	78	69	72

图 5.47　用报表工具创建的报表

（5）在"布局"视图中，单击"系别名称"字段列，然后单击"开始"选项卡的"记录"组中的"删除"命令，从报表中删除该列，再对剩余各列的宽度进行调整。

（6）单击"设计"选项卡的"分组和汇总"组中的"分组和排序"命令，如图 5.48 所示。

图 5.48　选择"分组和排序"命令

此时将显示"分组、排序和汇总"窗格，如图 5.49 所示。

图 5.49　"分组、排序和汇总"窗格

（7）在"分组、排序和汇总"窗格中单击"添加组"，然后从字段列表中选择"班级编号"作为分组字段，即设置按"班级编号"字段对报表中的记录分组，此时报表的布局将发生变化，如图 5.50 所示

班级编号	学号	姓名	计算机应用基础	办公软件	图像处理	动画制作
计1501						
	150002	李志明	86	90	88	80
	150003	刘亚楠	96	93	89	86
	150004	贺新伟	82	80	83	65
	150005	陈伟强	76	78	81	62
	150006	张淑美	95	96	96	90
	150001	王建华	90	86	93	89
计1502						
	150036	吴天昊	86	87	91	88
	150031	汪江涛	83	85	76	6"
	150032	杜晓阳	83	85	79	6:
	150033	马莉莎	86	90	87	86
	150034	程雅芝	89	82	91	68

图 5.50　按"班级编号"字段对报表中的记录分组

（8）在报表中设置分组汇总，按班级计算平均成绩。在"布局"视图中，单击"计算机应用基础"字段，单击"设计"选项卡的"分组和汇总"组中的"汇总"命令，然后选择"平

均值"命令，如图 5.51 所示。此时每班的"计算机应用"字段下方将出现一个平均值。

图 5.51　选择"平均值"命令

（9）在报表中单击"计算机应用基础"平均值，从"格式"选项卡的"数字"组中的"格式"下拉式列表中选择"标准"，然后单击"减少小数位数"按钮两次，使小数位数减少到 1位，如图 5.52 所示。

图 5.52　设置平均成绩的数字格式

（10）对其他科目成绩，重复执行步骤（6）～（7），计算平均值并设置显示格式，效果如图 5.53 所示。使用相同的方法，对总平均值（位于末尾记录下方）设置显示格式。

计算机技术系学生成绩						
					2016年1月11日 21:14:02	
班级编号	学号	姓名	计算机应用基础	办公软件	图像处理	动画制作
计1501						
	150002	李志明	86	90	88	80
	150003	刘亚楠	96	93	89	86
	150004	贺新伟	82	80	83	65
	150005	陈伟强	76	78	81	62
	150006	张淑美	95	96	96	90
	150001	王建华	90	86	93	89
			87.5	87.2	88.3	78.7
计1502						
	150036	吴天昊	86	87	91	88
	150031	汪江涛	83	85	76	67
	150032	杜晓阳	83	85	79	61
	150033	马莉莎	86	90	87	86
	150034	程雅芝	89	82	91	68
	150035	柳若雨	93	91	87	90
			86.7	86.7	85.2	76.7
计1503						
	150062	杨洁琼	83	85	92	78

图 5.53　分组汇总并设置数据显示格式

（11）切换到"设计"视图，可以看到报表中包含一个"班级编号页眉"节，此节中仅包含一个"班级编号"字段；在报表的"班级编号页脚"节中包含一些汇总字段，分别对各科成绩求平均值；在"页面页脚"节中包含一个表达式，用于计算当前页码和总页数；在"报表页脚"节中也包含一些汇总字段，分别对报表中全部记录求平均值，如图 5.54 所示。

图 5.54　在"设计"视图中查看报表的结构

（12）单击快速访问工具栏上的"保存"按钮，在"另存为"对话框中将该报表命名为"计算机技术系学生成绩"，然后单击"确定"按钮。

➤ 知识与技能

分组是指将具有共同特征的相关记录组成一个集合，在显示或打印时将它们集中在一起，并且可以为同一组内的记录设置要显示的概要或汇总信息。通过分组可以增强报表的可读性，从而提高信息的利用率。

1. 设置报表的分组选项

每个组由 3 个部分组成，即组页眉、组文本和组页脚。对报表设置分组选项以后，不同组记录既可以显示或打印在同一个页面中，也可以显示或打印在不同页面中。

若要对报表设置分组选项，则应切换到"布局"视图或"设计"视图中，然后在"设计"选项卡的"分组和汇总"组中单击"分组和排序"命令，以打开"分组、排序和汇总"窗格。

若要在报表中添加分组字段，则可以在"分组、排序和汇总"窗格中单击 [匡 添加组]，然后选择所需的字段，这将会在报表中添加相应的分组页眉节。如果此时正工作在"布局"视图，则会自动向分组页眉节中添加分组字段；如果此时正工作在"设计"视图，则需要通过手动方式，可在分组页眉节中添加分组字段或其他文本。

在"分组、排序和汇总"窗格中单击"更多"右边的三角符号 ▶，可显示更多的选项，如图 5.55 所示。此时，可以对以下选项进行设置。

（1）根据分组字段的值升序或降序对记录进行排序。

（2）单击"有标题"后面的字段名称，然后对标题进行更改。

图 5.55　显示更多的分组选项

（3）设置是否显示分组页眉节和分组页脚节。

（4）设置是否将组中的记录放在同一页上。

（5）如果设置了多个分组字段，则可以通过单击 ➶ 或 ➴ 按钮来调整这些字段的次序。

（6）若要删除分组字段，可单击 ✖ 按钮。

2. 分组字段的数据类型与可用选项

在报表中添加分组字段后，可以使用哪些选项由分组字段的数据类型决定，详见表 5.1。

表 5.1　分组字段的数据类型与可用选项

分组字段的数据类型	可用选项	记录分组形式
文本	每一个值	在字段或表达式中有相同的值
	前缀字符	在字段或表达式中，前面 n 个字符相同
日期/时间	每一个值	在字段或表达式中有相同的值
	年	在相同的日历年中的日期
	季	在相同的日历季中的日期
	月	在相同月份中的日期
	周	在相同周中的日期
	日	在相同日中的日期
	小时	在相同小时中的时间
	分	在相同分中的时间
	每一个值	在字段或表达式中有相同值
自动编号、数字、货币	间隔	在指定间隔中的值

3. 在报表中进行计算

在报表中，可以计算每个记录中各个字段的总和或平均值。具体方法是：在"设计"视图中打开报表，然后在报表主体节中添加未绑定文本框，并在属性表中将该文本框的"控件来源"属性设置为适当的表达式。例如，若要计算几门课程的平均成绩，将相应的字段值相加即可，如"=([办公软件]+[计算机应用基础]+[图像处理])/4"。

在报表中添加分组字段后，可以通过创建计算文本框来计算一组记录或所有记录的总和或平均值。具体方法是：在"设计"视图中打开报表，然后在适当的节中添加未绑定文本框，并在属性表中对该文本框的"控件来源"属性进行设置。例如，若要计算"办公软件"课程的平均成绩，可将该文本框的"控件来源"属性设置为"=Avg([办公软件])"。

至于在什么位置插入绑定文本框，取决于是针对一组记录还是所有记录计算汇总值。若要计算一组记录的汇总值，可将未绑定文本框添加到组页眉或组页脚节中；若要计算所有记录的汇总值，可将未绑定文本框添加到报表页眉或报表页脚节中。

任务 5.7　创建和使用子报表

➤ 任务描述

　　子报表是插在另一个报表中的报表，包含子报表的报表称为主报表。合并两个报表时，必须选择两个报表中的一个作为主报表，主报表可以是绑定的也可以是未绑定的，也就是说，报表可以基于表、查询或 SQL 语句，也可以不基于任何数据库对象。在已有报表中创建子报表以前，应保证主报表与子报表的记录源之间建立了正确的关系，这样才能够使子报表中的记录与主报表中的记录保持正确的对应关系。

　　在本任务中，将创建一个显示学生信息的主报表，并在主报表中插入一个子报表，用于显示学生的各科成绩信息。

➤ 实现步骤

　　下面首先使用"报表设计"工具创建主报表，在该报表中添加来自"学生"表的字段，然后在主报表中插入一个子报表控件，用于显示与学生相关的课程成绩。

　　（1）打开"学生成绩管理"数据库。

　　（2）在"创建"选项卡的"报表"组中单击"报表设计"命令，此时将在"设计"视图中打开一个空白报表。

　　（3）单击快速访问工具栏上的"保存"按钮，将报表保存为"学生与成绩"。

　　（4）在"设计"选项卡的"页眉/页脚"组中单击"标题"命令，此时将在报表页眉节中插入标签，其文本内容为"学生与成绩"。

　　（5）右键单击主体节，取消对"页面页眉/页脚"选项的选择，以隐藏页面页眉节和页面页脚节，如图 5.56 所示。

图 5.56　隐藏页面页眉节和页面页脚节

　　（6）按[Alt+F8]组合键以显示"字段列表"窗格，展开"学生"表，将其中的"学号"、"姓名"、"性别"和"班级编号"字段添加到主体节中；展开"班级"表，将其中的"专业名称"字段添加到主体节中；展开"系别"表，将其中的"系别名称"字段添加到主体节中；将"性别"列表框控件更改为文本框；将附加于文本框或列表框中标签内容中的冒号删除掉；选择主体中的所有控件，在"排列"选项卡的"表"组中单击"堆积"命令，效果如图 5.57 所示。

图 5.57　主报表的布局效果

（7）选择主体节中的所有控件，在"设计"选项卡的"表"组中单击"网格线"下拉框，选择"水平和垂直"，对所选控件添加网格线，此时主报表的布局效果如图 5.58 所示。

图 5.58　主报表的布局效果

（8）确保在"设计"选项卡的"控件"组中选中"使用控件向导"命令，在该组中单击"子窗体/子报表"命令，然后在主体节中拖动鼠标，以添加子报表控件。

（9）在如图 5.59 所示的"子报表向导"对话框中，选取"使用现有的表和查询"选项，然后单击"下一步"按钮。

（10）在如图 5.60 所示的"子报表向导"对话框中，分别将"课程"表中的"课程名称"字段和"成绩"表中的"成绩"字段添加到"选定字段"列表中，然后单击"下一步"按钮。

图 5.59　选择用于子报表的数据来源

图 5.60　确定子报表中包含的字段

（11）在如图 5.61 所示的"子报表向导"对话框中，选择"从列表中选择"选项，并在下面的列表中选择"对<SQL 语句>中的每个记录用学号显示成绩"，然后单击"下一步"按钮。

（12）在如图 5.62 所示的"子报表向导"对话框中，将子报表的名称指定为"课程成绩子报表"，然后单击"完成"按钮。

图 5.61　确定将主报表链接子报表的字段

图 5.62　指定子报表的名称

（13）此时，利用子报表向导创建的子报表添加到主报表中，删除附加于子报表的标签，完成报表设计，效果如图 5.63 所示。

图 5.63　包含子报表的报表

（14）切换到"报表"视图，以查看报表的最终设计结果，如图 5.64 所示。

图 5.64　在"报表"视图中查看报表

➤ 知识与技能

使用关系数据（其中相关的数据存储在不同的表中）时，通常需要从同一报表上的多个表或查询中查看信息。例如，要同时查看学生数据和学生的成绩信息。此时，子报表是非常有用的工具。

1. 插入子报表控件的方法

若要在主报表中插入一个子报表，首先必须保证主报表与子报表的记录源之间建立了正确的关系。在这个前提下，可以使用子报表向导来创建子报表控件，主要步骤包括：

（1）选择用于子报表的数据来源，可以基于现有的表或查询创建子查询，也可以直接使用现有的报表作为子查询。

（2）若选择现有的表或查询作为子报表的记录源，则需要从一个或多个表或查询中选择用于子报表的字段。

（3）确定将主报表链接子报表的字段。

（4）指定子报表的名称。

2. 设置子报表控件的属性

为了使子报表中的记录与主报表中的记录保持正确的对应关系，可使用属性表来设置子报表控件的"链接主字段"和"链接子字段"属性，前者指定主报表中的字段名称，后者指定子报表中的字段名称。

在"属性表"窗格中选择子报表对象，然后单击"链接主字段"或"链接子字段"属性框中的 按钮，此时都会显示如图 5.65 所示的"子报表字段链接器"对话框，在此对话框中可以同时设置主字段和子字段。

图 5.65　设置子报表控件的"链接主字段"和"链接子字段"属性

任务 5.8　创建包含图表的报表

➤ 任务描述

图表是报表、窗体等对象的数据的图形表示形式，通过图表可以形象地描述数据之间的关系。如果在报表中使用图表，会更直观地显示数据之间的关系。

在本任务中，首先使用"报表设计"工具在"学生成绩管理"数据库中创建一个空白报表，然后利用"图表向导"在报表上插入一个图表控件，并选择"学生"表作为此图表的数据来源，通过此图表显示各班入学成绩的平均值。

➤ **实现步骤**

在报表上添加图表控件时，可以在"图表向导"的提示下选择数据来源和所需字段，并对图表类型、汇总方式以及数据在图表中布局方式进行设置。

（1）打开"学生成绩管理"数据库。

（2）在"创建"选项卡的"报表"组中单击"报表设计"命令，此时将在"设计"视图中打开一个空白报表。

（3）右键单击报表主体节的空白处，在弹出菜单中取消对"页面页眉/页脚"命令的选中状态，将报表中的页面页眉和页面页脚节隐藏起来。

（4）在"设计"选项卡的"页眉/页脚"组中单击"标题"命令，在报表页眉中插入一个标签，然后将其文字内容设置为"各班入学成绩平均值"。

（5）确保在"设计"选项卡的"控件"组中选中"使用控件向导"选项，在该组中单击"插入图表"命令，然后在报表主体节中拖动鼠标，以添加图表控件。

（6）在如图 5.66 所示的"图表向导"对话框中选择"学生"表作为图表的数据来源，然后单击"下一步"按钮。

图 5.66　选择用于图表的表或查询

（7）在如图 5.67 所示的"图表向导"对话框中，将"班级编号"和"入学成绩"两个字段添加到"用于图表的字段"列表框，然后单击"下一步"按钮。

图 5.67　选择图表数据所在的字段

（8）在如图 5.68 所示的"图表向导"对话框中，选择图表的类型为"三维柱形图"，然后单击"下一步"按钮。

图 5.68　选择图表的类型

（9）在如图 5.69 所示的"图表向导"对话框中，双击"入学成绩合计"框，然后在"汇总"对话框中选择"平均值"，再单击"确定"按钮。

图 5.69　更改入学成绩的汇总方式

（10）在如图 5.70 所示的"图表向导"对话框中，将"班级编号"字段拖入"系列"框中，然后单击"下一步"按钮。

图 5.70　指定数据在图表中的布局方式

（11）在如图 5.71 所示的"图表向导"对话框中，将图表的标题指定为"各班入学成绩平均值"，并选取"是，显示图例"，然后单击"完成"按钮。

图 5.71　指定图表标题

（12）单击快速访问工具栏上的"保存"按钮，然后将报表命名为"各班入学成绩平均值图表"加以保存。

（13）切换到"报表"视图，查看报表的布局效果，如图 5.72 所示。

图 5.72　在"报表"视图查看报表的布局效果

➤ **知识与技能**

在本任务中，使用"图表向导"创建图表并将其添加到报表上。除此之外，还可以使用以下方法来创建包含图表的报表。

（1）使用数据透视图创建窗体创建一个包含图表的窗体。

（2）使用空白报表工具或设计视图创建一个报表。

（3）在"设计"视图中，将步骤（1）中的窗体拖到报表中。

创建图表后，也可以对该图表的各个部分的样式进行设置。具体方法是：在"设计"视图中双击图表，进入 Microsoft Graph，然后选择要设置的部分并对其格式进行设置。

任务 5.9　预览和打印报表

➤ 任务描述

　　打印报表是设计和创建报表的主要目的，通过将报表打印到纸质介质上，便于信息的传递和共享。在正式打印报表之前，通常需要对页边距、打印方向以及纸张大小等页面参数进行设置，而且还要在屏幕上将报表的打印效果显示出来，当打印预览效果符合实际需要时即可正式付印。在本任务中，将结合"学生成绩管理"数据库中的"学生信息一览表"报表来学习和掌握报表的页面设置、打印预览和打印输出。

➤ 实现步骤

　　打印报表之前，通常需要在"打印预览"视图中打开报表，以便在屏幕上查看报表的打印效果。在该视图中，还可以对报表进行页面设置和打印输出。

　　（1）打开"学生成绩管理"数据库。

　　（2）在导航窗格中右键单击"学生信息一览表"报表，然后从弹出菜单中选择"打印预览"命令，此时将会在"打印预览"视图中打开该报表，同时显示"打印预览"选项卡，如图 5.73 所示。

图 5.73　在"打印预览"视图中打开报表

　　（3）在"打印预览"视图中，通过在"打印预览"选项卡的"显示比例"组中选择以下命令可以更改报表的显示比例。

　　①单击"显示比例"按钮并选择所需的显示比例。

②在 Access 窗口右下角的 100% ⊖ ──────── ⊕ 上单击加号、减号按钮或拖动滑块。

③单击"单页"按钮或"双页"按钮。

④单击"其他页面"按钮并选择"四页"、"八页"或"十二页"命令。

（4）若要设置纸张大小，可在"打印预览"选项卡的"页面布局"组中单击"纸张大小"命令，然后从弹出菜单中选择所需的尺寸（例如 A4）。

（5）若要更改打印方向，可在打印预览"选项卡的"页面布局"组中单击"纵向"或"横向"命令。

（6）若要更改页边距，可在"打印预览"选项卡的"页面布局"组中单击"页边距"下拉框，然后选择"普通"、"宽"或"窄"选项。

（7）若要对各项页面参数进行精确设置，可在"打印预览"选项卡的"页面布局"组中单击"页面设置"命令，然后在"页面设置"对话框中选择适当的选项卡，并对相关参数进行设置。

①在"页面设置"对话框中选择"打印预览"选项卡，可对上、下、左、右页边距进行设置，如图 5.74 所示。

②在"页面设计"对话框中选择"页"选项卡，可对打印方向、纸张大小、纸张来源以及所用的打印进行设置，如图 5.75 所示。

图 5.74　设置页边距

图 5.75　设置打印方向和纸张大小

（8）如果对打印预览效果感到满意，可对报表进行打印输出，操作方法是：在"打印预览"选项卡的"打印"组中单击"打印"命令，然后在如图 5.76 所示的"打印"对话框中选择打印机、打印范围以及打印份数，再单击"确定"按钮。

图 5.76　"打印"对话框

（9）完成报表的页面设置、打印预览和打印输出后，可在"打印预览"选项卡的"关闭预览"组中单击"关闭打印预览"命令，以返回"报表"视图。

➤ 知识与技能

在"打印预览"视图中，除了预览报表打印效果或使用打印机打印输出报表之外，还可以将报表中的数据导出到文件中。为此，可以在"打印预览"选项卡的"数据"组中单击下列命令之一：

（1）若要将报表数据导出到 Excel 电子表格中，可单击"Excel"命令。

（2）若要将报表数据导出到文本文件中，可单击"文本文件"命令。

（3）若要将报表数据导出到 PDF 或 XPS 文件中，可单击"PDF 或 XPS"命令。

（4）若要将报表数据作为电子邮件的附件发送，可单击"电子邮件"命令。

（5）若要将报表数据导出到其他文件中，可单击"其他"并选择所需的命令。

项目小结

本项目通过 9 个任务讲述了如何在 Access 2010 中创建和应用报表，包括使用构建工具快速创建报表，以及使用手工方式在设计视图中创建报表。

1. 报表的作用、视图和组成

报表是一种 Access 数据库对象，可用于对数据库中的数据进行计算、分组、汇总和打印。如果希望按照指定的格式来打印输出数据库中的数据，使用报表是一种理想的方法。

报表有 4 种视图：即"设计"视图、"报表"视图、"布局"视图和"打印预览"视图。在制作报表的过程中，通常选择"设计"视图或"布局"视图；完成报表设计后，可在"报表"视图或"打印预览"视图中查看或打印报表。

报表可由一系列的节组成，包括报表页眉节、页面页眉节、组页眉节、主体节、组页脚节、页面页脚节以及报表页脚节。每个节都有其特定的用途，可将适当的内容添加到不同的节中。

2. 创建报表的方法

在 Access 2010 中，可以使用以下方法来创建报表。

（1）使用报表工具创建报表。这是最快的报表创建方式，只要指定表或查询作为报表的数据来源并选择报表工具，就会立即生成报表，而不提示任何信息。

（2）使用报表向导创建报表。使用这种方法可以选择在报表上显示哪些字段，也可以指定数据的分组和排序方式。此外，如果事先指定了表与查询之间的关系，还可以使用来自多个表或查询的字段。

（3）使用标签向导创建报表。使用这种方法可以轻松地创建各种标准大小的标签。

（4）使用空白报表工具创建报表。使用这种方法可以从头生成报表，首先新建一个空白报表，然后在其中添加字段和控件，并可对该报表的布局进行调整。

（5）使用设计视图创建报表。使用这种方法可以在"设计"视图中打开一个空白报表，然后添加字段、控件、徽标、标题、日期和时间以及页码等，并使用"设计"选项卡和"排列"选项卡对报表布局进行调整。

　　学习本项目时，除了掌握使用上述方法外，还要掌握创建分组报表或汇总报表、创建和使用子报表以及设置报表页面、预览和打印报表的方法。

项目思考

一、填空题

1. 报表有 4 种视图：_____视图、_____视图、_____视图和_____视图。

2. 要启动报表向导，可在_____选项卡上的_____组中单击_____。

3. 要在报表上显示"第 X 页，共 Y 页"，可将文本框的"控件来源"属性设置为_____。

4. 在"设计"视图中，若要显示"分组、排序和汇总"窗格，可在_____选项卡的_____组中单击_____。

5. 在已有报表中创建子报表以前，应保证_____与_____的记录源之间建立了正确的关系。

二、选择题

1. 使用报表向导时，最多可按（　　）个字段对记录进行排序。

 A. 1　　　　　　　　　　B. 2

 C. 3　　　　　　　　　　D. 4

2. 向报表中添加字段时，可在按住（　　）键的同时选择多个字段。

 A. Alt　　　　　　　　　B. Ctrl

 C. Shift　　　　　　　　D. Tab

3. 若要显示"字段列表"窗格，可按（　　）键。

 A. Alt+F8　　　　　　　B. F4

 C. F8　　　　　　　　　D. Alt+F4

4. 要在报表上显示总页数，应将文本框的"控件来源"属性设置为（　　）。

 A. =[Page]　　　　　　　B. =[Pages]

 C. =Now()　　　　　　　D. =Date()

三、简答题

1. 报表与窗体有哪些共同点？有哪些区别？

2. 报表由哪些节组成？

3. 在报表中进行计算时，应将未绑定文本框添加在哪个节中？

项目实训

1. 使用报表工具创建一个报表，用于显示学生的基本信息。

2. 使用报表向导创建一个报表，用于按系别来查看学生信息。

3. 使用标签向导创建一个报表，用于显示学生基本信息。

4. 使用空白报表工具创建一个报表，用于学生的各科成绩。

5. 使用设计视图创建一个报表，用于显示学生的详细信息。

6. 创建一个学生成绩报表，要求按班级分组并对每个班级计算平均值。

7. 创建一个包含子报表的报表，在主报表中显示学生信息，在子报表中显示学生的成绩信息。

8. 创建一个包含子报表的报表，在主报表中显示教师信息，在子报表中显示教师的授课信息。

9. 创建一个包含图表的报表，通过图表对各个班级的入学成绩平均值进行比较。

10. 创建一个报表，用于显示教师详细信息，并将该报表导出到 PDF 文件中。

宏的创建和应用

在前面各项目中学习了表、查询、窗体和报表等类型的 Access 数据库对象。每种类型的数据库对象都有其特定的用途，可以独立完成特定的数据处理任务。为了使各种数据库对象相互协调、相互调用，还需要借助于另一个数据库对象来实现，这就是宏。

宏是一种工具，可以用来自动完成任务，并向窗体、报表和控件中添加功能。在 Access 中，可以将宏看作一种简化的编程语言，这种语言是通过生成一系列要运行的操作来编写的。通过使用宏，无须在 VBA 模块中编写代码，即可向窗体、报表和控件中添加所需的功能。宏提供了 VBA 中可用命令的子集，生成宏通常要比编写 VBA 代码容易。

通过本项目的实施，将学会如何在 Access 2010 中创建和应用宏，能够通过宏来打开数据库对象、实现记录操作和窗体查询，还能够通过宏来验证密码、导出子窗体数据、邮寄报表数据以及集成数据库管理系统等。

（1）理解宏的概念、类型和结构
（2）掌握创建和使用独立宏的方法
（3）掌握创建和使用嵌入宏的方法
（4）掌握运行和调试宏的方法
（5）掌握常用宏操作的使用方法

任务 6.1　通过宏打开数据库对象

➤ 任务描述

在 Access 2010 中，通过在导航窗格中双击某个数据库对象可以在默认视图中打开该对象。若要在指定视图中打开某个数据库对象，则需要在导航窗格中右键该对象并从弹出菜单中选择所需的视图。除了使用导航窗格外，也可以通过创建自定义窗体来打开数据库对象，为此可以在窗体上添加命令按钮控件，并指定在单击命令按钮时执行的宏对象，以完成打开指定数据库对象的操作。

在本任务中将创建一个自定义窗体，运行该窗体时可以从组合框中选择要打开的数据对象（表、查询、窗体和报表），然后通过单击命令按钮来打开该数据库对象。此外，还可以通过单击命令按钮来关闭当前窗体，或者退出 Access 2010 应用程序。

➤ **实现步骤**

在本任务中，首先创建一个窗体，然后创建一个宏组，最后通过设置窗体上命令按钮的事件过程，以指定单击命令按钮时执行的宏。

1. 创建"打开数据库对象"窗体

下面使用"窗体设计"工具创建一个窗体，然后在该窗体上添加一些控件，包括标签、组合框以及命令按钮等。

（1）打开"学生成绩管理"数据库。

（2）在"创建"选项卡的"窗体"组中单击"窗体设计"命令，此时在"设计"视图中打开一个空白窗体，将其保存为"打开数据库对象"。

（3）在"设计"选项卡的"窗体页眉/页脚"组中单击"标题"命令，在窗体页眉节中添加标题，在标题中输入文字内容为"打开数据库对象"，如图 6.1 所示。

图 6.1　在窗体页眉中插入标题

（4）确保"设计"选项卡的"控件"组中的"使用控件向导"选项处于选中状态，选择该组中的"组合框"命令，然后单击窗体主体节以添加组合框控件。

（5）在如图 6.2 所示的"组合框向导"对话框中，选择"自行键入所需的值"选项，然后单击"下一步"按钮。

（6）在如图 6.3 所示的"组合框向导"对话框中，输入要在组合框中显示的表名称，包括"系别"、"班级"、"学生"、"教师"、"课程"、"授课"和"成绩"，单击"下一步"按钮。

图 6.2　确定组合框获取数据的方式

图 6.3　确定在组合框显示的值

（7）在如图 6.4 所示的"组合框向导"对话框中，将组合框标签指定为"表名称："，然后单击"完成"按钮。此时一个附有标签的未绑定组合框控件被添加到窗体上，如图 6.5 所示。

图 6.4 为组合框指定标签

图 6.5 用向导在窗体上添加的未绑定组合框

（8）按 F4 键以显示"属性表"窗格，单击刚才添加的组合框控件，然后在"属性表"窗格中将其名称更改为 cmbTableName。这个名称将在创建宏时引用。

（9）在组合框 cmbTableName 右边添加一个命令按钮，并将其命名为 cmdOpenTable，将其标题更改为"打开表"。

（10）在组合框 cmbTableName 下方添加另一个组合框控件和另一个按钮，将该组合框命名为 cmdQueryName，将其"行来源"属性设置为一组查询名称，即""学生基本信息";"教师基本信息";"学生课程成绩""；将该按钮命名为 cmdOpenQuery，将其标题设置为"打开查询"。

（11）在组合框 cmbQueryName 下方添加另一个组合框控件和另一个按钮，将该组合框命名为 cmdFormName，将其行来源设置为一些窗体的名称（"学生信息管理";"学生主窗体";"教师详细信息"）；将该按钮命名为 cmdOpenForm，将其标题设置为"打开窗体"。

（12）在组合框 cmbFormName 下方添加另一个组合框控件和另一个按钮，将该组合框命名为 cmbReportName，将其行来源设置为一组报表的名称（"学生基本信息";"教师基本信息标签";"学生信息报表";"计算机技术系学生成绩"），将按钮命名为 cmdOpenReport，将其标题设置为"打开报表"。

（13）在组合框 cmbReportName 下方画一条线段。

（14）在线段下方添加两个按钮，分别命名为 cmdClose 和 cmdQuit，标题分别设置为"关闭窗口"和"退出程序"。窗体用户界面设计效果如图 6.6 所示。

图 6.6 "打开数据库对象"窗体用户界面设计效果

2. 创建"打开数据库对象"宏组

当从某个组合框中选择一个数据库对象并单击该组合框右边的命令按钮时，应能打开这个数据库对象。为此，需要创建一个名为"打开数据库对象"的宏组，其中包含 4 个子宏，每个宏用于打开特定的数据库对象。

（1）在"创建"选项卡的"宏与代码"组中单击"宏"命令，如图 6.7 所示。

图 6.7　选择"宏"命令

此时将打开宏生成器，同时显示与创建宏相关的"设计"选项卡，如图 6.8 所示。

图 6.8　宏生成器窗口与宏设计相关选项卡

（2）单击快速访问工具栏上的"保存"按钮，将宏保存为"打开数据库对象"，此时在导航窗格的"宏"类别中可以看到这个宏对象。

（3）通过以下操作创建名为"打开表"子宏。

①单击"添加新操作"框右侧的向下箭头并选择"Submacro"操作，然后将子宏命名为"打开表"，如图 6.9 所示。

图 6.9　创建并命名子宏

提示

　　在一个宏对象中可以创建多个子宏。对于每个子宏都要指定一个唯一的名称。每个子宏均以 End Submacro 结束，而且可以包含多个宏操作。与 Access 早期版本相比，在 Access 2010 中创建子宏和设置宏操作的方法有很大变化。

②在子宏"打开表"下方单击"添加新操作"框右侧的箭头，选择"If"操作，在"条件表达式"框中输入"Not IsNull([Forms]![打开数据库对象]![cmbTableName])"，如图 6.10 所示。

图 6.10　设置 If 操作的条件表达式

提示

　　If 操作用于指定一个条件表达式，当该表达式的值为 True 时，将执行下面指定的宏操作。IsNull 函数返回一个布尔值，如果返回值为 True，则表示测试表达式包含无效数据；Not 为逻辑运算符；表达式"[Forms]![打开数据库对象]![cmbTableName]"引用"打开数据库对象"窗体上名称为 cmbTableName 的组合框控件的值。如果用户已从该组合框中选择了一个表名称，则 IsNull 函数返回 False 值，再进行 Not 运算取非，条件表达式最终结果为 True，此时将执行"If…Then"下面一行中指定的宏操作。

③在"If"操作下方单击"添加新操作"框右侧的向下箭头，选择"OpenTable"操作，在"表名称"框中输入"=[Forms]![打开数据库对象]![cmbTableName]"，"视图"参数设置为"数据表"，"数据模式"设置为"编辑"，如图 6.11 所示。

图 6.11　添加并设置 OpenTable 操作

提示

　　OpenTable 宏操作用于打开数据库中的一个表。这个宏操作有 3 个参数："表名称"、"视图"和"数据模式"。这些参数分别指定要打开的表名称、打开这个表时所使用的工作视图以及数据模式。当使用一个表达式的值来设置"表名称"参数时，必须在这个表达式前面添加一个等号"="。

④单击"OpenTable"操作框左上角的减号按钮以折叠该操作；单击"If"操作框右下角的"添加 Else"链接，在"Else"下方单击"添加新操作"框右侧的向下箭头，选择"MessageBox"

操作（用于弹出消息框），在"消息"框中输入"请选择要打开的表！"，"标题"框中输入"提示信息"，其他参数取默认值。完成设置后将"MessageBox"操作折叠起来，如图 6.12 所示。

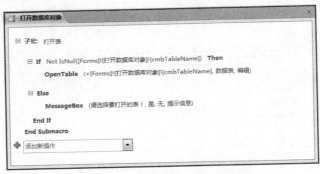

图 6.12　添加并设置 MessageBox 操作

提示

通过设置 Else 分支指定当 If 条件不成立时执行的宏操作。

⑤完成"打开表"子宏创建后，通过单击减号按钮将其折叠起来。

（4）通过以下操作创建"打开查询"子宏。

①在子宏"打开表"下面单击"添加新操作"框右侧的向下箭头，选择"Submacro"以创建新的子宏，然后将这个子宏命名为"打开查询"。

②在子宏"打开查询"下面单击"添加新操作"框右侧的向下箭头，选择"If"操作；然后在 If 操作的"条件表达式"框中输入：

Not IsNull([Forms]![打开数据库对象]![cmbQueryName])

③在"If"操作行下方单击"添加新操作"框右侧的向下箭头，选择"OpenQuery"操作；在"查询名称"参数框输入以下表达式：

=[Forms]![打开数据库对象]![cmbQueryName]

将"OpenQuery"操作的"视图"参数设置为"数据表"，"数据模式"参数设置为"编辑"；然后折叠"OpenQuery"操作。

④在"If"操作框中单击"添加 Else"链接，选择"MessageBox"操作，将其"消息"参数设置为"请选择要打开的查询！"，"标题"参数设置为"提示信息"，其他参数均取默认值；然后将"MessageBox"操作折叠起来，如图 6.13 所示。

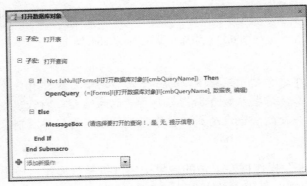

图 6.13　创建"打开查询"子宏

⑤通过单击减号按钮将子宏"打开查询"折叠起来。

（5）通过以下操作创建"打开窗体"子宏。

①在子宏"打开查询"下面单击"添加新操作"框右侧的向下箭头，选择"Submacro"以创建新的子宏，然后将这个子宏命名为"打开窗体"。

②在子宏"打开窗体"下面单击"添加新操作"框右侧的向下箭头，选择"If"操作；在 If 操作的"条件表达式"框中输入：

Not IsNull([Forms]![打开数据库对象]![cmbFormName])

③在"If"操作行下方单击"添加新操作"框右侧的向下箭头，选择"OpenForm"操作；在"窗体名称"参数框输入以下表达式：

=[Forms]![打开数据库对象]![cmbFormName]

将"OpenForm"操作的"视图"参数设置为"数据表"，"数据模式"参数设置为"编辑"，"窗口模式"参数设置为"普通"；然后折叠"OpenForm"操作。

④在"If"操作框中单击"添加 Else"链接，选择"MessageBox"操作，将其"消息"参数设置为"请选择要打开的窗体！"，"标题"参数设置为"提示信息"，其他参数均取默认值；然后将"MessageBox"操作折叠起来，如图 6.14 所示。

图 6.14 创建"打开窗体"子宏

⑤单击减号按钮，将子宏"打开窗体"折叠起来。

（6）通过以下操作创建子宏"打开报表"。

①在子宏"打开窗体"下面单击"添加新操作"框右侧的向下箭头，选择"Submacro"以创建新的子宏，然后将这个子宏命名为"打开报表"。

②在子宏"打开报表"下面单击"添加新操作"框右侧的向下箭头，选择"If"操作；在 If 操作的"条件表达式"框中输入：

Not IsNull([Forms]![打开数据库对象]![cmbReportName])

③在"If"操作行下方单击"添加新操作"框右侧的向下箭头，选择"OpenReport"操作；在"查询名称"参数框输入以下表达式：

=[Forms]![打开数据库对象]![cmbReportName]

将"OpenReport"操作的"视图"参数设置为"报表"，"窗口模式"参数设置为"普通"；

然后折叠"OpenReport"操作。

④在"If"操作框中单击"添加 Else"链接，选择"MessageBox"操作，将其"消息"参数设置为"请选择要打开的报表!"，"标题"参数设置为"提示信息"，其他参数取默认值；然后将"MessageBox"操作折叠起来，如图 6.15 所示。

图 6.15 创建"打开报表"子宏

⑤单击减号按钮，将子宏"打开报表"折叠起来。

（7）单击"设计"选项卡的"折叠/展开"组中的"全部折叠"命令，使宏组中的 4 个子宏都处在折叠状态，如图 6.16 所示。

图 6.16 "打开数据库对象"宏组包含的子宏

（8）创建"打开数据库对象"宏组完成后，关闭宏生成器。

3. 指定单击命令按钮时运行的宏

下面通过设置窗体上命令按钮的事件属性将宏与窗体联系起来。

（1）在"设计"视图中打开"打开数据库对象"窗体，按 F4 键以显示属性表。

（2）在窗体上单击"打开表"按钮，在属性表中选择"事件"选项卡，将"单击"属性设置为"打开数据库对象.打开表"，如图 6.17 所示；使用相同的方法，将"打开查询"按钮的"单击"属性设置为"打开数据库对象.打开查询"，如图 6.18 所示。

图 6.17　选择"打开表"子宏

图 6.18　选择"打开查询"子宏

（3）在窗体上单击"打开窗体"按钮，在属性表的"事件"选项卡中将其"单击"属性设置为"打开数据库对象.打开窗体"；使用相同的方法，将"打开报表"按钮的"单击"属性设置为"打开数据库对象.打开报表"。

（4）在窗体上单击"关闭窗口"按钮，在属性表中选择"事件"选项卡，单击"单击"事件属性框右侧的[...]按钮，如图6.19所示；当出现如图6.20示的"选择生成器"对话框时，选择"宏生成器"，然后单击"确定"按钮。

图 6.19　设置"单击"事件

图 6.20　选择宏生成器

（5）此时将打开宏生成器，用于创建嵌入宏。选择"CloseWindow"宏操作，设置"对象类型"参数为"窗体"，"对象名称"参数为"打开数据库对象"，"保存"参数为"提示"，如图6.21所示。

图 6.21　在宏生成器创建嵌入宏

（6）关闭宏生成器。

由于所创建的宏是一个嵌入宏，是命令按钮的一个组成部分，故在导航窗格中看不到它。

（7）重复步骤（4）～（6），将"退出系统"按钮的"单击"属性设置为另一个嵌入宏。打开宏生成器后，在"条件"行输入以下条件表达式：

1=MsgBox("您确实要退出 Access 2010 应用程序吗？ ",1+32,"提示信息")

提示

　　MsgBox 函数是一个 VBA 函数，用于显示包含提示或警告信息的消息框。这个函数有 3 个参数：第 1 个参数指定要显示的文本信息，第 2 个参数指定要显示的图标和按钮（1 表示显示"确定"和"取消"按钮，32 表示问号图标），第 3 个参数指定消息框的标题。如果用户单击了"确定"按钮，则 MsgBox 函数的返回值为 1。

　　（8）在"添加新操作"下拉列表中选择"QuitAccess"操作（用于退出 Access 应用程序），并将"选项"参数设置为"全部保存"，如图 6.22 所示。

图 6.22　为"退出程序"按钮设置嵌入宏

　　（9）保存窗体，然后在"窗体"视图中对窗体功能进行以下测试，如图 6.23 所示。

①选择一个数据库对象并单击相应的命令按钮，此时应能打开该数据库对象。

②如果未选择数据库对象而单击命令按钮，则会弹出一个消息框。

③单击"关闭窗体"按钮，则会关闭当前窗口。

④单击"退出程序"按钮，将会弹出一个消息框，单击"确定"按钮，则会退出 Access 2010 应用程序。

图 6.23　通过单击命令按钮执行独立宏或嵌入宏

➤ **知识与技能**

　　宏是 Access 数据库中的一种重要对象。通过宏可以对 Access 数据库中的表、查询、窗体和报表进行组织，从而自动执行常规任务。例如，通过运行宏可以使用户在单击某个命令按钮时打印报表。不过，使用宏也可能无法执行某些复杂的任务，在这种场合可以通过 VBA（Visual Basic for Application）编程来实现所需的功能。开发 Access 数据库应用程序时，是使用宏还是使用 VBA，主要取决于要完成的任务。

1. 宏的概念

宏是用来自动执行任务的一个操作或一组操作，这些操作称为宏操作，每个宏操作都实现特定的功能，例如打开某个窗体或报表等。每个宏操作都有一个名称，操作的命名是 Access 事先确定的，用户不能更改。一个宏中的所有操作是封装在一起的，一次必须执行所有操作，而不能只执行其中的部分操作。宏操作是宏的基本组成部分，可以与其他操作相结合起来自动执行任务。Access 2010 提供了几十种预定义的宏操作，为应用开发带来很大方便。使用这些宏操作可以完成许多开发工作，而不必编写代码。

宏组是共同存储在一个宏名下的相关子宏的集合，该集合通常只作为一个宏引用，通过宏组可以执行一系列相关的操作。将相关的子宏分到不同的宏组中，有助于更方便地对数据库进行管理。宏可以按照其名称来引用。在宏组中，每个子宏必须有自己的宏名，在需要的场合可以通过"宏组名.子宏名"格式来引用这些子宏。

2. 宏的类型

在 Access 2010 中，宏分为独立宏和嵌入宏。独立宏包含在宏对象中，独立于其他数据库对象而存在。独立的宏对象在导航窗格中的"宏"类别下可见，可以通过在导航窗格中双击宏对象来运行。嵌入宏已成为所嵌入到的窗体、报表或控件的一部分。嵌入宏在导航窗格中是不可见的，只能通过包含它的窗体、报表或控件来运行。

在本任务中，创建了一个名为"打开数据库对象"的独立宏对象，这就是一个宏组，它由"打开表"、"打开查询"、"打开窗体"和"打开报表"4 个子宏组成，每个子宏则由 2 个宏操作组成，通过 If...Then...Else 对执行流程进行控制：如果条件表达式的值为 True，则执行其中的一个宏操作，否则执行另一个宏操作。

为了在单击命令按钮时运行宏，应将命令按钮的"单击"事件属性设置为所需的宏。例如，"打开表"按钮的"单击"事件属性被设置为"打开数据库对象.打开表"，其中"打开数据库对象"是宏组名，"打开表"是子宏名。

除了独立宏之外，在本任务中还创建了两个嵌入宏，它们分别包含在"关闭窗口"和"退出程序"命令按钮中。

3. 宏的结构

宏由条件、操作和参数组成。包含在宏组中的每个子宏，除了前面这些部分外，还必须拥有一个宏名。

（1）宏名：如果宏对象仅包含一个宏，则宏名不是必选的；但对于宏组来说，则必须为其中包含的每个子宏指定一个唯一的宏名。宏对象可以通过其名称来引用；对于子宏，则需要通过"宏组名.子宏名"形式来引用。

（2）宏条件：用于控制宏的执行流程，以便在满足条件时运行宏中的一个或多个操作。若要设置宏操作的执行条件，可以在"添加新操作"下拉式列表框中单击"If"（也可以在"If"框中单击"添加 ElseIf"链接），然后输入所需的条件表达式。宏条件可以是任何计算结果为 True/False 的表达式。在条件表达式中，可以使用以下格式来引用窗体或报表上的控件值：

[Forms]![窗体名称]![控件名称]

[Reports]![报表名称]![控件名称]

（3）宏操作：操作是宏的基本组成部分。Access 2010 提供了大量的宏操作，可以用来执行各种常见任务。例如，OpenTable 用来打开表，OpenQuery 用来打开查询，OpenForm 用来打开窗体，OpenReport 用来打开报表。在宏生成器中，可以单击"添加新操作"下拉框，然后选择所需要的宏操作。

（4）参数：为宏操作提供必要的信息。例如，对 OpenTable 操作需要指定"表名称"、"视图"和"数据模式"3 个操作参数。设置操作参数时，可以从列表框中选择所需的值，也可以使用表达式。若要使用表达式作为操作参数的值，则要在表达式的前面添加一个等号（=）。

4. 创建和编辑宏

若要创建独立宏对象，可在"创建"选项卡的"宏与代码"组中单击"宏"命令。

若要在宏组中创建子宏，可在"添加新操作"框中选择"Submacro"并指定一个名称。

若要创建嵌入宏，可在属性表中选择"事件"选项卡，在窗体、报表或控件的事件属性框右侧单击按钮，然后在"选择生成器"对话框中选择"宏生成器"，并单击"确定"按钮。

若要编辑独立宏，可在导航窗格中用右键单击宏对象并选择"设计视图"命令；若要编辑嵌入宏，可在属性表中选择包含嵌入宏的窗体、报表或控件，然后在相关属性框右侧单击按钮以打开宏生成器。

在宏生成器中打开宏之后，可以对宏进行各种编辑操作。

（1）若要在宏中添加操作，可单击"添加新操作"框右侧的向下箭头，然后从列表中选择所需要的操作并对操作参数进行设置，建议完成设置后将该操作折叠起来。

（2）若要从宏中删除操作，可用鼠标指针指向待删除的操作，然后单击"删除"按钮✕，如图 6.24 所示。

图 6.24　从宏中删除操作

（3）若要调整操作在宏中的位置，可用鼠标指针指向该操作，然后单击"上移"按钮⬆或"下移"按钮⬇。

对宏操作也可以进行复制、剪切和粘贴操作。此外，还可以对宏操作添加注释，以增加可读性。具体方法是：在"添加新操作"下拉框中选择"Comment"，然后输入注释文字，这些注释文字将放置在"/*"与"*/"之间并以绿色斜体文字来表示，如图 6.25 所示。

图 6.25　对宏操作添加注释

5. 在本任务中用到的宏操作

在本任务中，主要用到了以下宏操作。

（1）OpenForm 操作：可以在"窗体"视图、"设计"视图、"数据表"视图中打开窗体，还可以为窗体选择数据输入和窗口模式，并可以限制窗体显示的记录。

（2）OpenQuery 操作：可以在"数据表"视图、"设计"视图、或"打印预览"视图中打开选择查询或交叉表查询，还可以为查询选择数据输入模式。

（3）OpenReport 操作：可以在"设计"视图或"打印预览"视图中打开报表，或将报表直接发送到打印机，还可以限制报表中打印的记录。

（4）OpenTable 操作：可以在"数据表"视图、"设计"视图或"打印预览"视图中打开表，还可以选择该表的数据输入模式。

（5）CloseWindow 操作：可以关闭指定的 Access 2010 文档选项卡，如果未指定任何文档选项卡，则关闭活动文档选项卡。

（6）QuitAccess 操作：退出 Access 2010，还可以在退出前保存数据库对象。

本任务中用到一个 VBA 函数 MsgBox，它可以显示一个包含警告或信息性消息的消息框。例如，可将 MsgBox 函数与验证宏一起使用。当某一控件或记录不满足宏中的验证条件时，消息框将显示错误消息并提供有关应输入的数据类型的说明。

除此之外，在本任务中，还使用 If、Else 和 Then 生成了程序流程控制结构，以实现二选一的目的。在 If 块和 Else 块中都可以包含多个宏操作。在实际应用中，还可以根据需要添加 Else If 块，以便从更多的操作中进行选择。

任务 6.2　通过宏实现记录操作

➤ 任务描述

Access 2010 提供了许多宏操作，可以用来对数据库记录进行操作。例如，使用 GoToRecord 操作可以使打开的表、窗体或查询结果集中的指定记录成为当前记录，也可以添加新记录；使用 RunMenuCommand 操作可以执行内置的 Access 2010 命令，以查找、保存、撤消和删除记录等。这些宏操作既可以用在独立宏中，也可以用在嵌入宏中。

在本任务中，将在"学生成绩管理"数据库中创建一个"教师信息管理"窗体，并针对各个命令按钮的"单击"事件创建嵌入宏，以实现记录导航和记录的添加、修改、查找、保存、撤消以及删除等操作。

➤ 实现步骤

在本任务中，首先基于"教师"表创建一个窗体，然后在该窗体上添加一些命令按钮，最后针对每个命令按钮创建嵌入宏。

（1）打开"学生成绩管理"数据库。

（2）在导航窗格中单击"教师"表，选择该表作为新窗体的数据来源，然后在"创建"选项卡的"窗体"组中单击"窗体"命令，此时将在"布局"视图中打开一个新窗体，如图 6.26 所示。

图 6.26　基于"教师"表创建的窗体

（3）在属性表将窗体的"标题"属性设置为"教师信息管理"，将其"记录选择器"和"导航按钮"均设置为"否"。

（4）在快速访问工具栏上单击"保存"按钮，将该窗体保存为"教师信息管理"。

（5）将窗体页眉节中的标题标签内容更改为"教师信息管理"。

（6）确保"设计"选项卡的"控件"组中的"使用控件向导"选项处于未选定状态，然后单击该组中的"按钮"，在窗体页脚节中添加一个按钮控件，将其命名为 cmdFirst，并将其标题设置为"首记录"。

（7）重复步骤（6），依次在窗体页脚节中添加另外 9 个命令按钮，并将它们分别命名为 cmdPrev、cmdNext、cmdLast、cmdFind、cmdAdd、cmdSave、cmdUndo、cmdDelete 以及 cmdClose，将它们的标题分别设置为"上一条"、"下一条"、"末记录"、"查找记录"、"添加记录"、"保存记录"、"撤消记录"、"删除记录"以及"关闭窗口"。在"布局"视图中查看该窗体的布局，用户界面的设计效果如图 6.27 所示。

图 6.27　在窗体页脚节中添加 10 个命令按钮

（8）创建单击"首记录"按钮时运行的嵌入宏。切换到"设计"视图，按 F4 键以显示属性表，单击窗体上的"首记录"按钮，在属性表中选择"事件"选项卡，单击"单击"属性框右侧的按钮，然后在"选择生成器"对话框中选择"宏生成器"，并单击"确定"按钮；在宏生成器中，从"操作"单元格的列表中选择 GoToRecord 操作，并操作参数"记录"设置为"首记录"，如图 6.28 所示。

图 6.28 创建单击"首记录"按钮时运行的嵌入宏

（9）在窗体上单击"上一条"按钮，在宏生成器中创建单击该按钮时运行的嵌入宏，这个嵌入宏由 3 个宏操作组成，如图 6.29 所示。

图 6.29 创建单击"上一条"按钮时运行的嵌入宏

（10）在窗体上单击"下一条"按钮，在宏生成器中创建单击该按钮时运行的嵌入宏，这个嵌入宏由 3 个宏操作组成，如图 6.30 所示。

图 6.30 创建单击"下一条"按钮时运行的嵌入宏

（11）在窗体上单击"末记录"按钮，在宏生成器中创建单击该按钮时运行的嵌入宏，这个嵌入宏由 3 个宏操作组成，如图 6.31 所示。

（12）在窗体上单击"查找记录"按钮，在宏生成器中创建单击该按钮时运行的嵌入宏，这个嵌入宏由 5 个宏操作组成，如图 6.32 所示。

（13）在窗体上单击"添加记录"按钮，在宏生成器中创建单击该按钮时运行的嵌入宏，这个嵌入宏由 3 个宏操作组成，如图 6.33 所示。

图 6.31　创建单击"末记录"按钮时运行的嵌入宏

图 6.32　创建单击"查找记录"按钮时运行的嵌入宏

图 6.33　创建单击"添加记录"按钮时运行的嵌入宏

（14）在窗体上单击"保存记录"按钮，在宏生成器中创建单击该按钮时运行的嵌入宏，这个嵌入宏由 3 个宏操作组成，如图 6.34 所示。

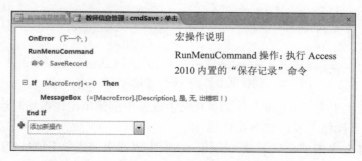

图 6.34　创建单击"保存记录"按钮时运行的嵌入宏

（15）在窗体上单击"撤消记录"按钮，在宏生成器中创建单击该按钮时运行的嵌入宏，这个嵌入宏由 3 个宏操作组成，如图 6.35 所示。

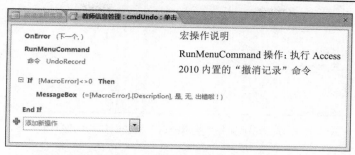

图 6.35　创建单击"撤消记录"按钮时运行的嵌入宏

（16）在窗体上单击"删除记录"按钮，在宏生成器中创建单击该按钮时运行的嵌入宏，这个嵌入宏由 7 个宏操作组成，如图 6.36 所示。

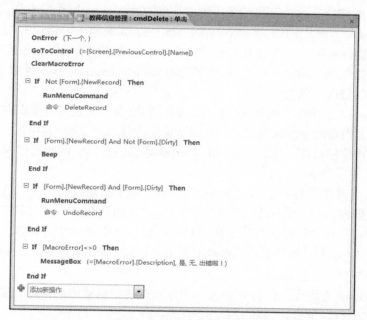

图 6.36　创建单击"删除记录"按钮时运行的嵌入宏

下面对其中的 3 个 If 块加以说明。

第 1 个 If 块：如果条件表达式 Not [Form].[NewRecord]的计算结果为 True，即当前记录**不是**新记录，则通过 RunCommand 宏操作来执行 Access 2010 内置的"删除记录"命令。

第 2 个 If 块：如果条件表达式[Form].[NewRecord] And Not [Form].[Dirty]的值为 True，即当前记录为新记录并且尚未对其进行修改，则通过 Beep 宏操作使计算机发出嘟嘟声。

第 3 个 If 块：如果条件表达式[Form].[NewRecord] And [Form].[Dirty]的值为 True，即当前记录为新记录并且已对其进行修改，则通过 RunCommand 宏操作来执行 Access 2010 内置的"撤消"命令。

（17）创建单击"关闭窗口"按钮时运行的嵌入宏，通过执行 Close 宏操作来关闭当前窗口，如图 6.37 所示。

（18）保存对窗体设计所做的修改，然后切换到"窗体"视图，通过单击各个命令按钮对相应嵌入宏的功能进行测试。

图 6.37　创建单击"关闭窗口"按钮时运行的嵌入宏

➤ **知识与技能**

在本任务中，通过为命令按钮创建嵌入宏实现了记录导航和记录的编辑操作。下面对本任务中所用到的宏操作做一个简要的归纳。

（1）Beep 宏操作：通过计算机的扬声器发出嘟嘟声。Beep 操作没有任何参数。

（2）ClearMacroError 宏操作：清除存储在 MacroError 对象中的错误的相关信息，例如错误说明、宏名、操作名称、条件和参数等。该操作不包含任何参数。如果宏发生错误，错误的相关信息则存储在 MacroError 对象中。如果使用 ClearMacroError 操作清除 MacroError 对象，则会将该对象中的错误号重置为 0。

（3）GoToControl 宏操作：在打开的窗体、窗体数据表、表数据表或查询数据表的当前记录中，将焦点移至指定的字段或控件。当希望特定字段或控件获得焦点时，可以使用此操作。然后，此字段或控件便可用于比较或 FindRecord 操作，还可以使用此操作根据某些条件在窗体中导航。

GoToControl 宏操作具有一个"控件名称"参数，用于指定需要获得焦点的字段或控件的名称。在宏生成器窗格中"操作参数"部分的"控件名称"框中，输入字段或控件的名称。这个参数为必选项。在"控件名称"参数中只需要输入字段或控件的名称，而不是完全限定标识符。在本任务中，将"控件名称"参数设置为表达式"=[Screen].[PreviousControl].[Name]"，这样会把焦点移至上一个控件。

（4）GoToRecord 宏操作：使打开的表、窗体或查询结果集中的指定记录成为当前记录。GoToRecord 操作具有以下参数。

①对象类型：其中的记录要成为当前记录的对象，可以是"表"、"查询"或"窗体"等。将此参数保留为空，可选择活动对象。

②对象名称：其中的记录要成为当前记录的对象名称。"对象名称"框可显示当前数据库中属于对象类型参数所选类型的所有对象。如果将对象类型参数保留为空，也应将该参数保留为空。

③记录：要使之成为当前记录的记录。在"记录"列表框中可选择"向前移动"、"向后移动"、"首记录"、"末记录"、"定位"或"新记录"。默认值为"向后移动"。

④偏移量：整数或计算结果为整数的表达式。在表达式前面必须使用等号（=）。此参数可指定要使之成为当前记录的记录。可通过两种方式使用偏移量参数：当"记录"参数为"下一条"或"上一条"时，Access 2010 将向前或向后移动偏移量参数所指定的记录数；当"记录"参数为"转到"时，Access 将移动到编号等于偏移量参数的记录。

（5）OnError 宏操作：指定宏出现错误时如何处理。OnError 操作通常放在宏的开头，但也可以放在宏的后面。OnError 操作具有以下参数。

①转到：指定在遇到错误时应运行的常规行为。其值可以是："下一个"（在 MacroError 对象中记录错误的详细信息，但并不停止宏，宏将继续执行下一操作）、"宏名"（停止当前宏并运行在宏名参数中命名的宏）、"失败"（停止当前宏并显示一条错误消息）。当宏出现错误时，可使用 MsgBox 操作显示由表达式"=[MacroError].[Description]"指定的错误信息。

②宏名称：如果将"转到"参数设置为"宏名"，可输入要用于错误处理的宏的名称。输入的名称必须与当前宏的"宏名"列中的名称匹配，不能输入其他宏对象的名称。如果将"转到"参数设置为"下一个"或"失败"，则必须将此参数保留为空。

（6）RunMenuCommand 宏操作：执行 Access 2010 内置的命令。RunMenuCommand 宏操作具有一个"命令"参数，用于指定要运行的命令的名称此参数为必选项；可从"命令"框选择 Access 2010 中的可用内置命令。在本任务中，通过 RunCommand 宏操作调用了以下内置命令。

①Find："开始"选项卡的"查找"组中的"查找"命令。

②SaveRecord："开始"选项卡的"记录"组中的"保存记录"命令。

③UndoRecord：快速访问工具栏中的"撤消"命令。

④DeleteRecord："开始"选项卡的"记录"组中的"删除记录"命令。

任务 6.3　通过宏实现窗体查询

➤ 任务描述

通过参数查询可以在运行查询时显示自己的对话框来提示用户输入信息，这些信息可以应用于搜索条件或作为要插入到字段中的值，为选择查询或操作查询带来了更大的灵活性。但是，使用预定义的"输入参数值"对话框时，只能通过文本框来输入参数值，而且一次只能输入一个参数值；如果要提供多个参数值，就需要多次显示"输入参数值"对话框。为了改善输入参数值时的用户界面，可以根据查询的需要来创建自定义窗体，并在该窗体上添加各种类型的控件（例如文本框、组合框等），还可以通过子窗体控件来显示查询结果。

在本任务中，将创建一个"学生成绩查询"窗体，并在该窗体上创建 3 个联动的组合框和一个子窗体。当从"系别"组合框中选择一个系别时，将在"班级"组合框中列出所选系别的所有班级；当从"班级"组合框中选择一个班级时，将在"学生"组合框中列出所选班级的所有学生；当从"学生"组合框中选择一个学生时，将在子窗体中列出所选学生的所有课程成绩。这种联动效果是通过组合框控件中的数据发生更改时执行嵌入宏来实现的。

这个任务具有一定的实用价值。一个学校往往有成百上千学生，如果"学生"组合框包含全部学生，要从中选择某个学生将会很费事。通过组合框的联动，则可以大大减少"学生"组合框包含的项数，即一次仅显示一个班级的学生，从而提高成绩查询的效率。

➤ 实现步骤

在本任务中，首先创建两个参数查询，然后设计查询窗体的用户界面，最后针对窗体控件创建一些嵌入宏。在参数查询中将用到查询窗体上的控件值，在设置控件事件属性时将用到嵌入宏。

1. 创建参数查询

下面创建 3 个参数查询，即"按系别查询班级"查询、"按班级查询学生"查询以及"按学生查询成绩"查询。

（1）打开"学生成绩管理"数据库。

（2）选择"系别"表和"班级"表作为数据来源，创建一个名为"按照系别查询班级"的参数查询，在"系别编号"字段列的"条件"单元格中输入"[Forms]![学生成绩查询]![系别]"作为参数（其中"学生成绩查询"为窗体名称，"系别"为组合框控件名），如图 6.38 所示。

图 6.38　创建"按系别查询班级"参数查询

（3）选择"学生"表作为数据来源，创建一个名为"按班级查询学生"的参数查询，在"班级编号"字段列的"条件"单元格中输入"[Forms]![学生成绩查询]![班级]"作为参数，如图 6.39 所示。

图 6.39　创建"按班级查询学生"参数查询

（4）选择"学生"表、"课程"表和"成绩"表作为数据来源，创建一个名为"按学生查询成绩"的参数查询，在"学号"字段列的"条件"单元格中输入"[Forms]![学生成绩查询]![学生]"作为参数，如图 6.40 所示。

2. 创建窗体用户界面

下面先创建一个空白窗体，然后在该窗体上添加两个组合框和一个子窗体，以完成查询窗体的用户界面设计。

（1）在"设计"视图中创建一个空白窗体，并将其保存为"学生成绩查询"。

图 6.40　创建"按学生查询成绩"参数查询

（2）按 F4 键以显示属性表，然后将该窗体的"记录选择器"和"导航按钮"属性都设置为"否"。

（3）在窗体页眉节中添加一个标题，并将其文字内容设置为"学生成绩查询"。

（4）确保在"设计"选项卡的"控件"组中选中"使用控件向导"选项，然后单击该组中的"组合框"命令，并在主体节中单击鼠标以添加组合框控件。

（5）在如图 6.41 所示的"组合框向导"对话框中，选择"使用组合框获取其他表或查询中的值"，然后单击"下一步"按钮。

（6）在如图 6.42 所示的"组合框向导"对话框中，选择"系别"表作为组合框的数据来源，然后单击"下一步"按钮。

图 6.41　确定组合框获取数据的方式

图 6.42　确定组合框的数据来源

（7）在如图 6.43 所示的"组合框向导"对话框中，将"系别编号"和"系别名称"字段都添加到"选定字段"列表中，然后单击"下一步"按钮。

（8）在如图 6.44 所示的"组合框向导"对话框中，确定列表框中的项按照"系别编号"进行升序排序，然后单击"下一步"按钮。

（9）在如图 6.45 所示的"组合框向导"对话框中，选中"隐藏键列（建议）"复选框，并调整列的宽度，然后单击"下一步"按钮。

（10）在如图 6.46 所示的"组合框向导"对话框中，将附加在组合框上的标签标题设置为"系别:"，然后单击"完成"按钮，此时一个组合框添加到窗体上，将其命名为"系别"。

（11）重复步骤（4）~（10），使用组合框向导创建另一个组合框，设置该组合框的数据来源为"按系别查询班级"查询，并将其命名为"班级"，将附加标签标题设置为"班级:"。

图 6.43　确定在组合框中包含的字段

图 6.44　确定列表框中的项的排序次序

图 6.45　隐藏键列并调整列宽

图 6.46　为组合框指定标签

（12）重复步骤（4）~（10），使用组合框向导再创建一个组合框，设置该组合框的数据来源为"按班级查询学生"查询，将"姓名"字段添加到"选定字段"列表中，然后将该组合框命名为"学生"，将附加标签标题设置为"学生:"。此时的窗体设计效果如图 6.47 所示。

图 6.47　使用向导在窗体上添加组合框控件

（13）确保在"设计"选项卡的"控件"组中选中"使用控件向导"选项，在该组中单击"子窗体/子报表"，然后在 3 个组合框下方单击鼠标，以添加子窗体控件。

（14）在如图 6.48 所示的"子窗体向导"对话框中，选择"使用现有的表或查询"，然后单击"下一步"按钮。

（15）在如图 6.49 所示的"子窗体向导"对话框中，选择"按学生查询成绩"查询，并将"课程名称"和"成绩"字段添加到"选定字段"列表中，然后单击"下一步"按钮。

图 6.48　确定用于子窗体的数据来源　　　　图 6.49　确定子窗体中包含的字段

（16）在如图 6.50 所示的"子窗体向导"对话框中，将子窗体命名为"按学生查询成绩子窗体"，然后单击"完成"按钮；删除附加于子窗体的标签，窗体设计效果如图 6.51 所示。

图 6.50　命名子窗体

图 6.51　窗体用户界面设计效果

3. 创建实现联动效果的嵌入宏

下面针对窗体上的 3 个组合框控件的"更改"事件，分别创建 3 个嵌入宏，以实现这些组合框的联动效果。

（1）在窗体上单击"系别"组合框控件，在属性表中选择"事件"选项卡，单击"更改"属性框右侧的按钮，在"选择生成器"对话框中单击"宏生成器"，然后单击"确定"按钮。

（2）在宏生成器中创建"系别"组合框的值发生变化时运行的嵌入宏，在这个宏中创建一个 If-Else 程序块，要设置一个条件和两个宏操作，如图 6.52 所示。

图 6.52　创建"系别"组合框的值变化时运行的嵌入宏

（3）重复步骤（1）和步骤（2），针对"班级"组合框控件的"更改"事件属性创建一个嵌入宏，如图 6.53 所示。

图 6.53　创建"班级"组合框的值变化时运行的嵌入宏

（4）重复步骤（1）和步骤（2），针对"学生"组合框控件的"更改"事件属性创建一个嵌入宏，如图 6.54 所示。

图 6.54　创建"学生"组合框的值变化时运行的嵌入宏

（5）保存对窗体所做的更改，然后切换到"窗体"视图，通过从组合框中选择系别、班级和学生，对各个嵌入宏进行以下测试，如图 6.55 所示。

图 6.55　测试"学生成绩查询"窗体

①从"系别"组合框中选择一个系别，此时"班级"组合框中仅列出该系的所有班级。
②从"班级"组合框中选择一个班级，此时"学生"组合框中仅列出该班级的所有学生。
③从"学生"组合框中选择一个学生，此时子窗体中列出该生的各科成绩。

➤ **知识与技能**

在本任务中，通过执行嵌入宏实现了组合框与组合框以及组合框与子窗体之间的联动效果。嵌入宏是通过设置组合框控件的"更改"事件属性来创建的，在每个嵌入宏中都用到了一个 Requery 宏操作。

使用 Requery 操作可以对活动对象上的指定控件的数据源进行重新查询，以此实现对该控件中数据的更新。如果没有指定控件，该操作会对对象自身的源进行重新查询。使用该操作可确保活动对象或其某个控件显示的是最新数据。

Requery 操作具有一个名为"控件名称"的参数，用于指定要更新的控件的名称。在宏生成器窗格的"操作参数"部分的"控件名称"框中输入控件名称。只能使用控件名称，不能使用完全限定的标识符。要对活动对象的源进行重新查询，可将该参数保留为空。如果活动对象是数据表或查询结果集，则必须将该参数保留为空。

基于查询或表的控件主要包括：列表框和组合框；子窗体控件；OLE 对象（例如图表）。

如果保留"控件名称"参数为空，Requery 操作的效果就等同于在对象具有焦点的情况下按[Shift+F9]组合键。如果某个子窗体控件具有焦点，则该操作仅对该子窗体的数据源进行重新查询。

在本任务中，Requery 操作用于对组合框和子窗体控件进行重新查询。

Requery 操作可执行以下任务之一：重新运行控件或对象所基于的查询；显示任何新添加的或更改以后的记录，以及从控件或对象所基于的表中删除任何已删除的记录。

Requery 操作不影响记录指针的位置。

如果想对并未处于活动对象之上的控件进行重新查询，就必须使用 VBA 模块中的 Requery 方法，而不是 Requery 操作或与之对应的 DoCmd 对象的 Requery 方法。VBA 中的 Requery 方法比 Requery 操作或 DoCmd.Requery 方法要迅速一些。

此外，使用 Requery 操作或 DoCmd.Requery 方法时，Access 2010 会关闭查询然后从数据库中进行重新加载；而使用 Requery 方法时，Access 将直接重新执行该查询，而不执行关闭与重新加载操作。

任务 6.4   通过自动运行宏实现密码验证

➤ **任务描述**

使用 Access 2010 开发的信息管理系统通常就存储在一个 Access 数据库文件中，只要打开该数据库文件，便可以查看和更改数据库中的信息。为了提供系统的安全性，可以在数据库中创建一个用于打开登录窗体的宏，并且将这个宏命名为 AutoExec，以便在打开数据库文件时自动执行这个宏，以模式窗口方式打开登录窗体。

在本任务中，将创建"系统登录"窗体和可自动运行的 AutoExec 宏。在登录窗体上，如果输入了正确的用户名和登录密码，则单击"确定"按钮即可进入数据库；如果输入了错误的用户名或密码，单击"确定"按钮时将弹出一个消息框，提示密码错误；如果未输入用户名和密码而直接单击"确定"按钮，则会弹出一个对话框，提示输入用户名和密码。对于未授权的用户，由于没有账号信息，只能单击"取消"按钮，此时将关闭数据库。

➤ **实现步骤**

在本任务中，首先创建"系统登录"窗体用户界面，然后创建单击命令按钮时运行的嵌入宏，最后创建打开数据库时自动运行的命名宏。

1. 设计"系统登录"窗体用户界面

下面在"设计"视图中打开一个空白窗体，然后在该窗体上添加一些控件，主要包括文本框和命令按钮。文本框用于输入用户名和密码，命令按钮用于执行密码验证操作。

（1）打开"学生成绩管理"数据库。

（2）在"创建"选项卡的"窗体"组中单击"窗体设计"，在"设计"视图中打开一个空白窗体，然后在窗体页眉节中插入一个徽标和标题，标题文字设置为"系统登录"，然后将该窗体保存为"系统登录"。

（3）在属性表中，将窗体的"自动居中"属性设置为"是"，"记录选择器"和"导航按钮"属性设置为"否"，"控制按钮"和"关闭按钮"属性设置为"否"，"弹出方式"和"模式"属性设置为"是"。

（4）在窗体主体节中添加以下控件。

①未绑定文本框：将该文本框命名为 txtUsername；将其附加标签的"标题"属性设置为"用户名:"。

②未绑定文本框：将该文本框命名为 txtPassword，将其"输入掩码"属性设置为 Password；将其附加标签的"标题"属性设置为"密　码:"。

③命令按钮：将其命名为 cmdLogin，将其"标题"属性设置为"登录"。

④命令按钮：将其命名为 cmdCancel，将其"标题"属性设置为"取消"。

至此，"系统登录"窗体的用户界面设计已完成，布局效果如图 6.56 所示。

图 6.56　"登录"窗体布局设计效果

2. 创建单击命令按钮时运行的嵌入宏

下面针对窗体上的两个命令按钮创建嵌入宏，以实现密码验证功能。

（1）在"设计"视图中，单击窗体上的"确定"按钮，在属性表中选择"事件"选项卡，单击"单击"属性框右侧的⊡按钮，在"选择生成器"对话框中选择"宏生成器"，然后单击"确定"按钮。

（2）在宏生成器中，创建单击"确定"按钮时运行的嵌入宏。这个宏由以下两个 If 程序块和一个 If...Else 程序块组成，如图 6.57 所示。

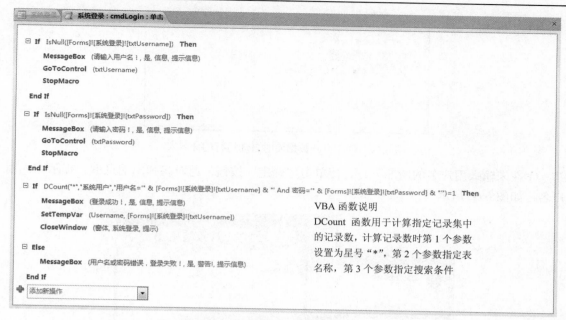

图 6.57　创建单击"登录"按钮时运行的嵌入宏

第 1 个 If 程序块：如果"用户名"框为空，则弹出对话框，提示输入用户名，并将焦点移至"用户名"框，然后停止宏的运行。

第 2 个 If 程序块：如果"密码"框为空，则弹出对话框，提示输入密码名，并将焦点移至"密码"框，然后停止宏的运行。

If...Else 程序块：检查输入的用户名和密码是否与存储在数据库中的字段值相匹配，如果匹配，则弹出对话框提示登录成功，将用户名保存到临时变量中，并关闭"系统登录"窗体。

（3）创建单击"取消"按钮运行的嵌入宏，如图 6.58 所示。

图 6.58　创建单击"取消"按钮时运行的嵌入宏

3. 创建打开数据库时自动运行的命名宏

下面创建一个特殊的宏，它能在打开数据库时自动运行，从而打开"系统登录"窗体，使密码验证功能生效。

（1）在"创建"选项卡的"其他"组中单击"宏"，此时将打开宏生成器，将该宏命名为"AutoExec"；在宏生成器中添加一个注释，然后添加一个 OpenForm 操作，用于打开"系统登录"窗体，如图 6.59 所示。

（2）保存对宏所做的更改，关闭宏生成器，然后关闭当前数据库。

（3）重新在 Access 2010 中打开"学生成绩管理"数据库，此时将显示"系统登录"对话框，通过输入用户名和密码并单击命令按钮，对嵌入宏进行测试。

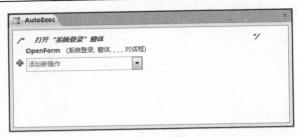

图 6.59　创建打开数据库时自动运行的命名宏

①在未输入用户名的情况下，直接单击"确定"按钮，此时将弹出消息框，提示输入用户名，如图 6.60 所示。

图 6.60　未输入用户名的情形

②在输入用户名但未输入密码的情况下，单击"确定"按钮，此时将弹出消息框，提示输入密码，如图 6.61 所示。

图 6.61　未输入密码的情形

③输入了用户名和密码，但输入的用户名和密码与存储在数据库中的信息不匹配，此时将弹出对话框，提示用户名或密码错误，登录失败，如图 6.62 所示。

图 6.62　用户名或密码错误的情形

④输入了正确的用户名和密码，此时弹出对话框，提示登录成功，单击"确定"按钮即可关闭"系统登录"窗体，进入 Access 2010 对数据库进行操作，如图 6.63 所示。

图 6.63　登录成功的情形

⑤如果单击"取消"按钮，则关闭当前数据库并返回 Backstage 视图，如图 6.64 所示。

图 6.64　Backstage 视图

➤ 知识与技能

在本任务中，创建了一个自动运行的宏，通过它打开"系统登录"窗体，然后对用户名和密码进行验证。

1. 宏的运行

一个宏中的所有操作是封装在一起的，一次必须执行所有操作，而不能只执行其中的部分操作。不过，如果要对宏进行调试，也可以分步执行宏，即一次执行宏中的一个操作，这样便于确定问题所在。宏的这种运行方式称为单步运行。

若要一次运行宏中包含的所有操作，可以在导航窗格中双击宏对象。

在宏生成器中，宏可以通过以下方式来运行。

如果已经在宏生成器打开宏对象，可在"设计"选项卡的"工具"组中单击"运行"命令，如图 6.65 所示。

图 6.65 通过"工具"组中的命令运行宏

若要以单步方式来运行宏，可在宏生成器中打开宏，然后在"设计"选项卡的"工具"组中单击"单步"命令。

在实际应用中，宏通常是与窗体控件联系在一起的。设置窗体控件的事件属性时，可以选择已存在的宏对象或子宏。这样，发生控件事件时就会运行相应的宏或子宏。

2. 自动运行的宏

通常情况下，可以通过在导航窗格中双击宏对象或者单击命令按钮来运行宏，以执行某个任务。如果希望每次打开数据库时宏都能够自动运行，则可以向 Access 数据库中添加一个名为 AutoExec 的宏，正常情况下打开数据库时这个宏都会自动运行。在本任务中，就是通过运行 AutoExec 宏来打开"登录"窗体的。如果要禁止打开数据库时自动运行 AutoExec 宏，可在打开数据库时按住 Shift 键。

3. DCount 函数

在本任务中，使用宏生成器创建"登录"按钮的嵌入宏时，为了验证用户输入的用户名和密码用到了 DCount 函数。下面介绍一下这个函数的用法。

DCount 函数用于计算指定记录集中的记录数，可在 VBA 模块、宏、查询表达式或计算控件中使用 DCount 函数。语法如下：

```
DCount(表达式, 记录集 [, 准则])
```

其中"表达式"是必选参数，用于标识要对其记录进行计数的字段。该表达式可以是标识表或查询中字段的字符串表达式，也可以是对该字段中的数据执行计算的表达式。该参数中可以包括表中字段的名称、窗体上的控件、常量或函数。如果该参数中包括函数，则该参数可以是内置函数或用户定义函数，但不能是其他域聚合函数或 SQL 聚合函数。

参数"记录集"也是必选的，它是一个字符串表达式，用于标识构成域的记录集。它可以是不需要参数的查询的表名或查询名。

参数"准则"是可选的，是一个字符串表达式，用于限制执行 DCount 函数的数据范围。例如，"准则"通常等效于 SQL 表达式中的 WHERE 子句，只是不包含 WHERE 一词。如果省略"准则"，则 DCount 函数针对整个记录集计算"表达式"。"准则"中包括的任何字段都必须是"记录集"中的字段，否则 DCount 函数将返回 Null。

例如，要计算"系统用户"表中包含的记录数，可以使用以下表达式：

```
DCount("*", "系统用户")
```

　　要计算"系统用户"表中拥有管理员权限的记录数，则需要在函数 DCount 中添加一个准则参数，即：

> DCount("*", "系统用户", "权限='管理员'")

　　由于准则参数是一个字符串，所以要使用双引号括起来。在这种情况下，字段值则可以使用单引号括起来。

　　在本任务中，使用 DCount 函数实现验证密码功能，实际上就是计算"系统用户"表中具有指定用户名和密码的记录数，准则参数同时包含用户名和密码两个字段，而字段值是通过"系统登录"窗体上的文本框分别输入的，两个条件使用逻辑运算符 And 组合起来，使用字符串连接运算符&组合各个部分，通过以下条件表达式来验证用户名和密码：

> DCount("*","系统用户","用户名='" & [Forms]![系统登录]![txtUsername] & "' And 密码='" & [Forms]![系统登录]![txtPassword] & "'") = 1

　　在宏生成器中创建"登录"按钮的嵌入宏时，可以将这个表达式作为 If 程序块中的条件表达式。如果这个条件的计算结果为 True，则通过密码验证，通过消息框提示登录成功，单击"确定"按钮即可进入数据库；否则提示用户名或密码错误，登录失败。

4. SetTempVar 宏操作

　　SetTempVar 宏操作用于创建一个临时变量并将其设置为特定值。在后续操作中可以将该变量用作条件或参数，也可以在其他宏、事件过程、窗体或报表中使用该变量。

　　SetTempVar 宏操作具有以下参数。

　　（1）"名称"：输入临时变量的名称。

　　（2）"表达式"：输入将用来为临时变量设置值的表达式。设置该参数时，不要在表达式前面加等号（=）。单击"生成"按钮可以使用表达式生成器设置此参数。

　　一次最多只能定义 255 个临时变量。如果不删除临时变量，它会一直保留在内存中，直到关闭数据库为止。在使用完临时变量后，最好将其删除。若要删除单个临时变量，请使用 RemoveTempVar 操作并将其参数设置为要删除的临时变量的名称。如果有多个临时变量并且要一次将其全部删除，请使用 RemoveAllTempVars 操作。

　　临时变量是全局的。一旦创建了临时变量，就可以在宏、事件过程、VBA 模块、查询或表达式中引用。例如，如果创建了名为 Username 的临时变量，就可以使用下面的语法将该变量用作文本框的控件来源：

> =[TempVars]![Username]

任务 6.5　通过宏导出子窗体数据

➤ 任务描述

　　在成绩管理系统中，可按照各种方式来检索学生的成绩信息。按照某种方式来检索成绩后，除了在屏幕上浏览查询结果外，还可以根据需要将查询结果导出到 Excel 工作簿、HTML 网页、XML 文档或文本文件中，以便于共享和交换数据。

　　在本任务中，将创建一个"按班级和课程查询成绩"窗体，可以从列表框中选择班级和课程并通过子窗体显示出查询结果，此时可以将子窗体数据输出到文件中。

➤ **实现步骤**

在本任务中，首先创建一个包含参数的选择查询，然后创建一个窗体并添加各种控件，最后通过创建响应控件事件的嵌入宏。

1. 创建选择查询

下面创建一个选择查询，其功能是根据按班级和课程查询学生成绩，班级和课程信息均来自窗体上的控件。

（1）打开"学生成绩管理"数据库。

（2）在"设计"视图中，创建一个名为"班级课程成绩查询"的选择查询，在"班级编号"和"课程名称"字段列的"条件"单元格中包含两个参数，分别用于从窗体控件中获取数据，如图 6.66 所示。

图 6.66　创建"班级课程成绩查询"

2. 创建窗体用户界面

下面创建一个窗体，然后在该窗体上添加一些控件，完成用户界面设计。

（1）在"设计"视图中创建一个空白窗体，将其标题设置为"按班级和课程查询成绩"，将该窗体保存为"班级课程成绩查询"。

（2）在属性表中，将窗体的"记录选择器"和"导航按钮"属性均设置为"否"。

（3）在窗体主体节中添加一个标签，并将其标题设置为"按班级和课程查询成绩"。

（4）确保在"设计"选项的"控件"组中选中"使用控件向导"选项，然后单击"列表框"，并在窗体主体节中单击鼠标，以添加列表框控件。

（5）在如图 6.67 所示的"列表框向导"对话框中，选择"使用列表框获取其他表或查询中的值"，然后单击"下一步"按钮。

（6）在如图 6.68 所示的"列表框向导"对话框中，选择"班级"表作为列表框的数据来源，然后单击"下一步"按钮。

（7）在如图 6.69 所示的"列表框向导"对话框中，将"班级编号"字段添加到"选定字段"列表中，然后单击"下一步"按钮；

（8）在如图 6.70 所示的"列表框向导"对话框中，指定按"班级编号"字段对列表框中的项进行升序排序，然后单击"下一步"按钮。

图 6.67　确定列表框获取数据的方式

图 6.68　确定列表框的数据来源

图 6.69　确定列表框中包含的字段值

图 6.70　确定列表框中的项的排序次序

（9）在如图 6.71 所示的"列表框向导"对话框中，确定列表框中列的宽度，然后单击"下一步"按钮。此时，一个列表框控件添加到窗体主体节中，在"属性表"窗体中将该控件命名为"班级"。

（10）在如图 6.72 所示的"列表框向导"对话框中，将列表框的标签标题设置为"班级："，然后单击"完成"按钮。

图 6.71　设置列表框中列的宽度

图 6.72　指定列表框的标签标题

（11）使用向导在窗体主体节中添加另一个列表框控件，从"课程"表中获取数据，通过该列表框显示"课程名称"字段值，并存储"课程编号"值，将该列表框控件命名为"学生"，将附加于其上的标签标题设置为"学生："。

（12）在"设计"选项卡的"控件"组中取消对"使用控件向导"选项的选择，在该组中单击"按钮",在"学生"列表框右边添加一个命令按钮,将其命名为 cmdExport,将其标题设置为"导出数据";在该按钮下方添加另一个命令按钮并命名为 cmdClose,将其标题设置为"关闭窗口"。

（13）在"设计"选项卡的"控件"组中选中"使用控件向导"选项,在该组中单击"子窗体/子报表",然后在两个列表框下方单击鼠标以添加子窗体控件。

（14）在如图 6.73 所示的"子窗体向导"对话框中,选择"使用现有的表和查询",然后单击"下一步"按钮;在如图 6.74 所示的"子窗体向导"对话框中,将选择查询中的全部字段添加到"选定字段"列表中,然后单击"下一步"按钮。

图 6.73　确定子窗体的数据来源　　　　　图 6.74　确定子窗体上包含的字段

（15）在如图 6.75 所示的"子窗体向导"对话框中,将子窗体命名为"班级课程成绩查询子窗体",然后单击"完成"按钮。

（16）将附加于子窗体上的标签删除掉,窗体布局效果如图 6.76 所示。

图 6.75　命名子窗体　　　　　　　　　图 6.76　窗体设计效果

3. 创建与窗体控件的事件属性相关的嵌入宏

下面针对窗体上各个控件的"单击"事件创建嵌入宏。

（1）在窗体上单击"班级"列表框,在属性表中选择"事件"选项卡,单击"单击"属性框右侧的 [...] 按钮,在"选择生成器"对话框中选择"宏生成器",然后单击"确定"按钮。

（2）在宏生成器中创建单击"班级"列表框中的项时运行的嵌入宏，在"操作"单元格的列表中选择 Requery 操作，并将"控件名称"参数设置为"班级课程成绩查询子窗体"，如图 6.77 所示。

图 6.77 创建单击"班级"列表项时运行的嵌入宏

（3）在宏生成器中，创建单击"课程"列表框中的项时运行的嵌入宏，如图 6.78 所示。

图 6.78 创建单击"课程"列表项时运行的嵌入宏

这个嵌入宏的组成如下：首先通过 Requery 操作对子窗体进行重新查询；然后通过 If 程序块检查运行"班级课程成绩查询"生成的结果集所包含的记录数，如果记录数为 0，则弹出消息框，提示未检索到任何成绩记录。

（4）在宏生成器中，创建单击"导出数据"按钮时运行的嵌入宏，如图 6.79 所示。

图 6.79 创建单击"导出数据"按钮时运行的嵌入宏

这个嵌入宏的组成如下：第 1 个 If 程序块检查"班级课程成绩查询"的结果集中包含的记录数，如果记录数为 0，则弹出消息框，提示"未检索到任何成绩记录，无需导出！"，然后通过 StopMacro 操作终止当前正运行的宏。第 2 个 If 程序块检查上述查询的结果集包含的记录数，如果记录数大于 0，则通过 ExportWithFormatting 操作将子窗体中的数据导出为各种格式的文件。由于未指定输出格式，执行导出操作时可以选择输出格式，可以是 Excel 电子表格、Word RTF 文档、HTML 网页、PDF 文档、XML 文件、XPS 文件或文本文件等。

（5）在宏生成器中，创建单击"关闭窗口"按钮时运行的嵌入宏，如图 6.80 所示。

图 6.80　创建单击"关闭窗口"按钮时运行的嵌入宏

（6）切换到"窗体"视图，对数据导出功能进行测试。从列表框中选择一个班级和一门课程，当在子窗体中列出成绩时单击"导出数据"按钮（如图 6.81 所示），在"输出到"对话框中选择所需的输出格式，然后单击"确定"按钮，如图 6.82 所示。

图 6.81　选择班级和课程并导出数据

图 6.82　选择输出格式

（7）当出现如图 6.83 所示的"输出到"对话框时，选择一个保存位置并指定输出文件的名称，然后单击"确定"按钮，完成数据导出操作。

图 6.83　将子窗体中的数据导出到文件

（8）如果从列表框中选择一门课程后未返回任何成绩记录，则会弹出如图 6.84 所示的消息框，提示未检索到任何记录；如果在这种情况下单击"导出数据"按钮，则会弹出如图 6.85 所示的消息框，提示子窗体不包含任何记录，无需导出。

图 6.84 未检索到记录   图 6.85 无需导出数据

（9）单击"关闭窗口"按钮，以关闭"班级课程成绩查询"窗体。

➤ 知识与技能

在本任务中，使用 ExportWithFormatting 宏操作将指定子窗体中的数据输出到文件中。ExportWithFormatting 操作可将 Access 2010 数据库对象、窗体、报表、模块或数据访问页中的数据输出为多种输出格式。在 Access 2007 中，与 ExportWithFormatting 等效的是 OutputTo。

ExportWithFormatting 操作具有以下参数。

（1）"对象类型"：包含要输出数据的对象的类型。在宏生成器窗格的"操作参数"部分的"对象类型"框中，可以选择"表"、"查询"、"窗体"或"报表"等对象类型。若要输出活动对象，可用该参数选择它的类型，但保留对象名称参数为空。这个参数为必选项。默认值为"表"。

（2）"对象名称"：包含要输出数据的对象的名称。可从"对象名称"框中选择数据库中属于对象类型参数所选类型的所有对象。

（3）"输出格式"：输出数据时将要采用的格式的类型。可从"输出格式"框中选择"Excel 97 – Excel 2003 工作簿 (*.xls)"、"Excel 二进制工作簿 (*.xlsb)"、"Excel 工作簿 (*.xlsx)"、"HTML (*.htm; *.html)"、"Microsoft Excel 5.0/95 工作簿 (*.xls)"、"PDF 格式 (*.pdf)"、"RTF 格式 (*.rtf)"、"文本文件(*.txt)" 或 "XPS 格式 (*.xps)"。如果将该参数保留为空，则 Access 会提示选择所需的输出格式。

（4）"输出文件"：作为数据输出目标的文件（包括完整路径）。可以包括用输出格式参数选择的输出格式所对应的标准文件扩展名，但该参数不是必选项。如果保留输出文件参数为空，则 Access 会提示选择输出文件名。

（5）"自动启动"：指定当输出文件参数所指定文件处于打开状态时，在执行 OutputTo 操作后，是否立即启动相应的软件。

（6）"模板文件"：将要用作 HTML 文件模板的那个文件的路径和文件名。模板文件是一种文本文件，其中包含对 Access 而言具有唯一性的 HTML 标记和符号。

（7）"编码"：将要用于输出文本或 HTML 数据的字符编码格式的类型。可以选择"MS-DOS"、"Unicode" 或 "Unicode (UTF-8)"。"MS-DOS"参数设置仅对文本文件提供。如果将该参数保留为空，那么对于文本文件，Access 将采用 Windows 默认编码来输出数据；对于 HTML 文件，Access 将采用默认系统编码来输出数据。

（8）"输出质量"：选择"打印"可以优化打印输出，选择"屏幕"可以优化屏幕的输出显示。

任务 6.6　通过宏邮寄报表数据

➤ 任务描述

　　"学生成绩管理"数据库中包含一些报表，其中包含与教师、学生和课程相关的各种信息。在大力发展信息化的今天，学校有关部门往往要通过电子邮件将报表数据发送给教师。这就需要将报表输出到文件中，然后使用手动方式撰写邮件并添加由报表输出的文件作为附件。为了提高工作效率，可以使用 EMailDatabaseObject 宏操作将指定的报表包含在电子邮件消息中，并将报表输出文件和电子邮件信息发送到电子邮件应用程序中进行查看和转发。

　　在本任务中，将创建一个"报表邮寄系统"窗体。该窗体列出"学生成绩管理"数据库中的所有报表名称和"教师"表中的所有教师，可以从"报表"列表框中选择要发送的报表，并从"教师"列表框中选择接收该报表的教师，然后单击"邮寄报表"按钮，此时将显示一个"对象发送为"对话框，从中选择所需的输出格式后将在电子邮件应用程序中生成一封新邮件，其中包含一个或多个报表输出文件附件，可将该邮件发到所选教师的电子信箱中。

➤ 实现步骤

　　在本任务中，首先创建一个选择查询以获取报表列表，然后创建邮寄窗体的用户界面，最后创建实现发送邮件功能的嵌入宏。

1. 创建用于获取报表名的选择查询

　　下面创建一个选择查询，用于获取当前数据库中的所有报表对象。

　　（1）打开"学生成绩管理"数据库。

　　（2）在"创建"选项卡的"其他"组中单击"查询设计"，不添加任何表或查询，进入创建的"设计"视图；然后切换到 SQL 视图，输入以下 SELECT 语句，用于获取当前数据库中的所有报表对象。

```
SELECT MSysObjects.Name AS 名称
FROM MSysObjects
WHERE (((MSysObjects.Type)=-32764) AND ((MSysObjects.Flags)=0));
```

　　其中 MSysObjects 为 Access 2010 数据库中的一个系统表，其中存储着表、查询、窗体、报表、宏等数据库对象的相关信息，默认情况下该表处于隐藏状态。对于用户创建的报表对象而言，Type 字段值为-32764，Flags 字段值为 0。

　　（3）单击快速访问工具栏上的"保存"按钮📄，将该查询保存为"报表对象"。

2. 创建报表邮寄窗体用户界面

　　下面在"设计"视图中打开一个空白窗体，然后在该窗体上添加两个列表框，分别列出报表名称和教师的电子邮件地址。此外在该窗体上添加两个命令按钮，分别用于邮寄报表和关闭窗口。

　　（1）在"创建"选项卡的"窗体"组中单击"窗体设计"，在"设计"视图中打开一个空白窗体；在"属性表"窗格中将其"标题"设置为"报表邮寄系统"，然后将该窗体保存为"报表邮寄系统"。

（2）在"属性表"窗格中，将该窗体的"记录选择器"和"导航按钮"属性均设置为"否"。

（3）在窗体页眉节中插入一个标题，设置标题内容为"报表邮寄系统"。

（4）确保在"设计"选项卡的"控件"组中未选中"使用控件向导"选项，在该组中单击"列表框"命令，在窗体主体节中添加一个列表框控件，将该列表框命名为"报表"，将附加标签的标题设置为"要发送哪个报表？"。

（5）在窗体上单击"报表"列表框，在属性表中选择"数据"选项卡，在"行来源"属性框中输入以下查询语句：

SELECT 报表对象.名称 FROM 报表对象;

（6）确保在"设计"选项卡的"控件"组中选中"使用控件向导"选项，在该组中单击"列表框"命令，然后在"报表"列表框右边添加一个列表框控件。

（7）在如图 6.86 所示的"列表框向导"对话框中，选择"使用列表框获取其他表或查询中的值"，然后单击"下一步"按钮；在如图 6.87 所示的"列表框向导"对话框中，选择"教师"表作为列表框的数据来源，然后单击"下一步"按钮。

图 6.86　确定列表框获取数据的方式　　　　图 6.87　确定为列表框提供数据的查询

（8）在如图 6.88 所示的"列表框向导"对话框中，将"教师编号"、"姓名"和"电子信箱"字段添加到"选定字段"列表中，然后单击"下一步"按钮；在如图 6.89 所示的"列表框向导"对话框中，设置列表框中的项按"教师编号"升序排序，然后单击"下一步"按钮。

图 6.88　确定列表框中包含的字段值　　　　图 6.89　确定列表框中的项的排序次序

（9）在如图 6.90 所示的"列表框向导"对话框中，选中"隐藏键列（建议）"复选框，并调整列的宽度，然后单击"下一步"按钮；在如图 6.91 所示的"列表框向导"对话框中，将列表框的标签标题设置为"要邮寄给哪位教师？"，然后单击"完成"按钮。

图 6.90　隐藏键列并调整列宽   图 6.91　设置列表框标签的标题

（10）使用向导添加列表框控件后，在属性表中将该控件命名为"教师"。

（11）在列表框控件下方添加两个命令按钮，分别命名为 cmdSend 和 cmdClose，将其标题分别设置为"邮寄报表"和"关闭窗口"，并对窗体布局进行调整，效果如图 6.92 所示。

图 6.92　报表邮寄系统窗体布局效果

3. 创建单击命令按钮时运行的嵌入宏

下面针对两个命令按钮设置"单击"事件，在宏生成器中分别创建两个嵌入宏。

（1）在窗体上单击"邮寄报表"按钮，在属性表中选择"事件"选项卡，单击"单击"属性框右侧的┅按钮，在"选择生成器"对话框中选择"宏生成器"，然后单击"确定"按钮。

（2）在宏生成器中，创建单击"邮寄报表"按钮时运行的嵌入宏，如图 6.93 所示。

图 6.93　创建单击"邮寄报表"按钮时运行的嵌入宏

这个嵌入宏主要由以下 3 个部分组成。

①OnError 操作：指定宏出现错误时在 MacroError 对象中保存错误信息，然后继续执行后面的宏操作。

②If 程序块：条件表达式如下。

IsNull([Forms].[报表邮寄系统].[报表]) Or IsNull([Forms].[报表邮寄系统].[教师])

意即未在"报表"和"教师"列表框中选择报表和教师。

若条件为 True，则执行 MessageBox 操作，弹出一个消息框，显示提示信息；然后执行 StopMacro 操作，终止当前正在运行的宏。

③Else 分支：若条件为 False，则意味着已经在"报表"和"教师"列表框中选择报表和教师，此时通过执行操作将发送所选报表至所选教师的电子信箱中。

以下是对 EMailDatabaseObject 操作的各个参数的设置。

"对象类型"参数：指定要发送的对象类型，选择"报表"。

"对象名称"参数：指定要发送的对象名称，在这里指定为以下表达式。

=[Forms].[报表邮寄系统].[报表]

"到"参数：指定收件人的电子邮件地址，在这里指定为以下表达式。

=[Forms].[报表邮寄系统].[教师].[Column](2)

其中[Forms].[报表邮寄系统].[教师].[Column](2)为"教师"列表框中的第 2 列，即电子信箱。

"主题"参数：电子邮件主题行中的文本，在这里指定为以下表达式。

=[Forms].[报表邮寄系统].[报表] & "报表"

"消息文本"参数：指定电子邮件的正文信息，在此指定为以下表达式。

=[Forms].[报表邮寄系统].[教师].[Column](1) & "老师：现将" & [Forms].[报表邮寄系统].[报表] & "报表发给您了，请查收！"

其中[Forms].[报表邮寄系统].[教师].[Column](1)为"教师"列表框中的第 1 列，为教师姓名。

④If 程序块：若邮寄过程中未出现错误，则通过 MessageBox 操作显示报表发送成功信息。

（3）在宏生成器中创建单击"关闭窗口"按钮运行的嵌入宏，通过执行 Close 操作来关闭当前窗口，如图 6.94 所示。

图 6.94 创建单击"关闭窗口"按钮时运行的嵌入宏

（4）切换到"窗体"视图，对"报表邮寄系统"窗体进行测试。选择一个报表和一个教师，然后单击"邮寄报表"按钮，如图 6.95 所示。

（5）在如图 6.96 所示的"对象发送为"对话框中，选择 HTML 网页、RTF 文档、报表快照或文本文件作为对象的输出格式，然后单击"确定"按钮。

（6）此时将在电子邮件应用程序（如 Outlook）中生成一封新邮件，报表的输出文件作为该邮件的附件，如图 6.97 所示；单击"发送"按钮，即可将该邮件发至发件箱中，此时会弹出如图 6.98 所示的消息框，提示报表发送成功。

图 6.95　选择报表和教师

图 6.96　选择输出格式

图 6.97　在电子邮件应用程序中生成的新邮件

图 6.98　提示报表发送成功

➤ 知识与技能

在本任务中，使用 EMailDatabaseObject 宏操作将"学生成绩管理"数据库中的指定报表发送到指定教师的电子信箱中。

1. EMailDatabaseObject 宏操作

EMailDatabaseObject 宏操作将指定的 Access 2010 数据表、窗体、报表、模块或数据访问页包含在电子邮件中，以便在其中进行查看和转发。在 Access 2007 中，与 EMailDatabaseObject 等效的宏操作是 SendObject。

EMailDatabaseObject 操作具有以下参数。

（1）"对象类型"：要包含在邮件中的对象的类型。在宏生成器窗格的"操作参数"部分的"对象类型"框中，单击"表"、"查询"、"窗体"、"报表"或"模块等。如果要包含活动对象，可使用该参数选择相应的类型，但需要将对象名称参数保留为空。

（2）"对象名称"：要包含在邮件中的对象的名称。"对象名称"框显示数据库中属于对象类型参数所选类型的所有对象。如果将对象类型和对象名称参数均保留为空，则 Access 会向邮件应用程序发送一封不带任何数据库对象的邮件。

（3）"输出格式"：要用于包含的对象的格式类型。从其选择格式的列表将根据为对象类型选择的格式的不同而变化。"输出格式"框中可用的格式包括："Excel 97 – Excel 2003 工作簿 (*.xls)"、"Excel 二进制工作簿 (*.xlsb)"，"Excel 工作簿 (*.xlsx)"、"HTML (*.htm, *.html)"、"Microsoft Excel 5.0/95 工作簿 (*.xls)"、"PDF 格式"、"RTF 格式 (*.rtf)"、"文本文件 (*.txt)"或者 "XPS 格式 (*.xps)"。模块只能以文本格式发送。数据访问页只能以 HTML 格式发送。如果将该参数保留为空，Access 会提示提供输出格式。

（4）"到"：希望将其姓名放到邮件的收件人行上的收件人。如果将该参数保留为空，则 Access 会提示输入收件人的姓名。将在该参数中（以及抄送和暗送参数中）指定的收件人的姓名用分号（;）分隔。如果邮件应用程序不能识别收件人的姓名，则不会发送邮件并产生一个错误。

（5）"抄送"：希望将其姓名放到邮件的抄送（"副本"）行上的收件人。如果将该参数保留为空，则邮件中的抄送行为空。

（6）"暗送"：希望将其姓名放到邮件的暗送（"匿名副本"）行上的收件人。如果将该参数保留为空，则邮件中的暗送行为空。

（7）"主题"：邮件的主题。此文本出现在邮件中的主题行上。如果将该参数保留为空，则邮件中的主题行为空。

（8）"消息文本"：除数据库对象外，希望包含在邮件中的任何文本。此文本出现在邮件的正文中并在数据库对象之后。如果将该参数保留为空，则邮件中不包含其他文本。如果将对象类型和对象名称参数保留为空，则可以使用该参数发送一封没有数据库对象的邮件。

（9）"编辑消息"：指定邮件发送前是否可以进行编辑。如果选择"是"，则电子邮件应用程序会自动启动，并且可以编辑邮件。如果选择"否"，则发送邮件且用户无法编辑邮件。默认值为"是"。

（10）"模板文件"：希望用作 HTML 文件模板的文件的路径和文件名。模板文件是包含 HTML 标记的文件。

邮件中的对象为所选的输出格式。双击该对象时，对应的软件将启动并打开该对象。

2. 使用多列列表框

在本任务中，"教师"列表框是使用"列表框向导"创建的。该列表框包含"教师编号"、"姓名"和"电子信箱"3 个字段，称为多列列表框。

若要引用多列列表框中某个字段的值时，需要使用 ListBox 对象的 Column 属性。语法格式如下：

```
表达式.Column(Index, Row)
```

其中表达式代表 ListBox 对象。参数 Index 为必选，是一个长整型整数，其范围为 0 到 ColumnCount 属性的设置值减 1。Row 参数为可选，是一个整数，其范围为 0 到 ListCount 属性的设置值减 1 的整数。

因此，可用 0 引用第一列，用 1 引用第二列，依此类推。例如，在本任务中，由于被隐藏的键列（"教师编号"字段）为 0，在设置 SendObject 操作的参数时，需要通过以下表达式来引用"姓名"和"电子信箱"字段的值：

```
=[Forms].[报表邮寄系统].[教师].[Column](1)
=[Forms].[报表邮寄系统].[教师].[Column](2)
```

任务 6.7　通过宏实现系统集成

➤ 任务描述

通过前面各个任务的实施，已经在"学生成绩管理"数据库中创建了表、查询、报表以及窗体等对象。为了方便快捷地使用这个数据库对学生成绩进行有效的管理并保存数据的安全性，还必须将各个数据库对象组合起来，形成一个完整的信息管理系统。这个过程通常称为系统集成。在本任务中，将通过创建命名宏、自定义功能区以及设置数据库选项来实现学生成绩管理系统的集成。

➤ 实现步骤

在本任务中，首先使用宏生成器创建一组用于打开数据处理窗体的命名宏，然后通过自定义功能区创建新的选项卡和新的命令组并将这些命名宏添加到新建命令组中，最后通过设置当前数据库选项来指定应用程序的标题和图标，并将导航窗格隐藏起来。

1. 创建命名宏

在"系统用户"表中用户的权限分为"管理员"、"教师"和"学生"。这3种类型的用户具有不同的权限，其中"管理员"可以打开所有窗体，"教师"只能打开用于教师和成绩管理的窗体，"学生"只能打开用于成绩管理的窗体。此外，"系统登录"窗体对所有用户开放，因为登录到系统之前不可能保存用户名，更谈不上权限了。下面创建5个命名宏，它们的功能是打开"系统登录"窗体或者退出系统，或者对当前登录用户的权限进行检查，如果具有所需的权限，则打开实现相应管理功能的窗体。在这些命名宏中有4个包含子宏。

（1）打开"学生成绩管理"数据库。

（2）在"创建"选项卡的"宏与代码"组中单击"宏"命令，打开宏生成器，在宏对象中创建两个子宏，分别命名为"登录系统"和"退出系统"，向每个子宏中添加宏操作，"登录系统"子宏用于直接打开"系统登录"窗体，"退出系统"子宏则是退出 Access，将宏对象保存为"系统"，如图 6.99 所示。

图 6.99　创建"系统"宏

（3）在宏生成器中创建一个名为"学生"的宏对象，在其中创建两个子宏，分别命名为"学生信息分页管理"和"学生信息分班管理"。它们的功能是根据当前登录用户名获取该用户的权限（通过调用 VBA 函数 DLookUp），如果其权限是"管理员"，则允许打开指定窗体，否则弹出消息框显示提示信息，如图 6.100 所示。

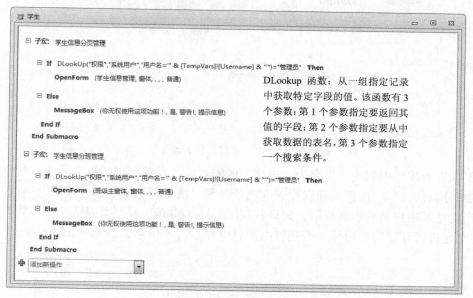

图 6.100　创建"学生"宏

（4）在宏生成器中创建一个名为"教师"的宏对象，在其中创建两个子宏，分别命名为"教师信息分页管理"、"教师信息分割视图"和"教师授课信息管理"。它们的功能是根据当前登录用户名获取用户的权限，如果其权限是"教师"或"管理员"，则允许打开指定窗体，否则弹出消息框显示提示信息，如图 6.101 所示。

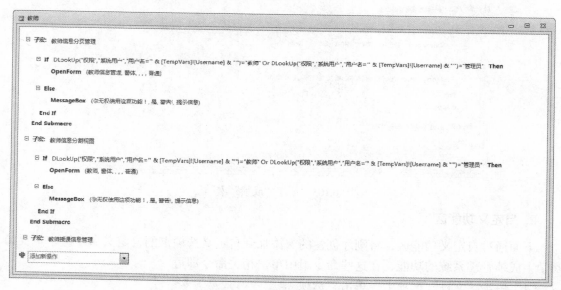

图 6.101　创建"教师"宏

（5）在宏生成器中创建一个名为"课程信息管理"的宏对象，其功能是根据当前登录用户名获取其权限，如果其权限是"管理员"，则允许打开"课程"窗体，否则弹出消息框显示提示信息，如图 6.102 所示。

图 6.102　创建"课程信息管理"宏

（6）在宏生成器中创建一个名为"成绩"的宏对象，在其中创建 3 个子宏，分别命名为"学生成绩分页信息"、"按班级和课程查询成绩"和"按系班和学生查询成绩"，它们的功能是根据当前登录用户名获取其权限，如果其权限不是 Null 值（只要登录成功，不管具有何种权限），则允许打开指定的窗体，否则弹出消息框显示提示信息，如图 6.103 所示。

图 6.103　创建"成绩"宏

2. 自定义功能区

下面通过自定义功能区，将刚才创建的宏添加到自定义选项卡的自定义命令组中。要访问学生成绩管理系统的功能，在这些命令组中单击相关命令即可。

（1）单击"文件"选项卡，单击"选项"。

（2）在"Access 选项"对话框中单击"自定义功能区"。

（3）单击"新建选项卡"按钮，此时将出现"新建选项卡（自定义）"，这个新建选项卡下方有一个"新建组（自定义）"，如图 6.104 所示。

图 6.104　在功能区创建新选项卡

（4）单击这个新选项卡，单击"重命名"按钮，将该选项卡改名为"学生成绩管理系统"；单击"学生成绩管理系统"选项卡下方的"新建组（自定义）"，单击"重命名"按钮，将该组改名为"系统"。

（5）通过单击"新建组"按钮在"学生成绩管理系统"选项卡下方创建另外 4 个命令组，并分别重命名为"学生"、"教师"、"课程"和"成绩"。

（6）在"从下列位置选择命令"下拉列表框中选择"宏"，然后将各个宏或子宏分别添加到 5 个自定义命令组中，并通过重命名为每个命令选择一个图标，如图 6.105 所示。

图 6.105　将宏添加到自定义命令组中

（7）将原有的各主选项卡都隐藏起来，只保留自定义的"进销存管理系统"选项卡，单击"确定"按钮。此时的应用程序窗口界面如图 6.106 所示。

图 6.106　"学生成绩管理系统"选项卡及其包含的自定义命令组

3. 设置当前数据库选项

对功能区进行自定义后，还需要对当前数据库的启动选项进行设置，以指定应用程序标题和图标，设置打开 Access 应用程序时显示的窗体，隐藏导航窗体和其他选项卡等。具体操作步骤如下。

（1）单击"文件"选项卡，单击"选项"命令。

（2）在"Access 选项"对话框中选择"当前数据库"，在"应用程序选项"下指定应用程序的标题和图标，并选取"用作窗体和报表图标"复选框，如图 6.107 所示。

图 6.107　设置应用程序的标题和图标等选项

（3）在"文档窗口选项"下，选取"重叠窗口"复选框，取消"使用 Access 特殊键"（以防止按 F11 键显示或隐藏导航窗格等）。

（4）在"导航"下，取消"显示导航窗格"复选框，取消"允许全部菜单"和"允许默认快捷菜单"复选框。

（5）完成以上设置后，单击"确定"按钮，关闭"Access 选项"对话框；当弹出如图 6.108 所示的对话框时，单击"确定"按钮。

图 6.108　完成选项设置时弹出的对话框

（6）关闭并重新打开当前数据库，使指定的选项生效。此时将看到的"学生成绩管理系统"窗口如图 6.109 所示。

图 6.109　最终完成的学生成绩管理系统

➤ **知识与技能**

在本任务中，通过创建命名宏、自定义功能区和设置数据库选项完成了学生成绩管理系统的集成，最终完成学生成绩管理系统的开发工作。

系统集成主要包括以下内容。

（1）创建命名宏。其主要目的是提高系统的安全性，即通过检查当前登录用户的权限来确定该用户是否能够打开相关的数据管理窗体。

（2）自定义功能区。使用宏生成器创建的命名宏或其子宏后，还必须通过自定义功能区将它们添加到自定义选项卡的自定义命令组中，才能供用户使用。

（3）设置数据库选项。其主要目的有两个：一是通过设置应用程序的标题和图标来定制个性化的学生成绩管理系统；二是通过隐藏系统菜单、快捷菜单和导航窗格以及禁用特殊键等措施进一步提高系统的安全性。

项目小结

本项目通过 7 个任务介绍了如何在 Access 2010 中创建和应用宏。

宏是 Access 数据库中的一种重要对象，是用来自动执行任务的一个操作或一组操作。在 Access 2010 中，宏分为独立宏和嵌入宏，前者可以独立于其他数据库对象而存在，后者则成为所嵌入到的窗体、报表或控件的一部分。

宏组是共同存储在一个宏名下的相关子宏的集合。通过"宏组名.子宏名"格式来引用宏组中的宏。宏由条件、操作和参数组成。包含在宏组中的每个子宏必须有一个宏名。

独立宏可以通过在导航窗格中双击宏对象来运行，也可以用来设置对象或控件的事件属性。嵌入宏则只能在引发对象或控件的事件时运行。AutoExec 宏可在每次打开数据库时自动运行。若要对宏进行调试，以确定问题所在，则可以通过单步方式来运行宏。

Access 2010 提供了许多宏操作，每个操作都能实现特定的功能。本项目主要用到以下宏操作。

CloseDatabase 操作：关闭当前数据库。

CloseWindow 操作：关闭指定的 Access 2010 文档选项卡或者活动文档选项卡。

GoToControl 操作：将焦点移至指定的控件或字段。

GoToRecord 操作：使结果集中的指定记录成为当前记录。

MessageBox 操作：显示一个包含警告或信息性消息的消息框。

OnError 操作：指定宏出现错误时如何处理。

OpenForm 操作：打开窗体。

OpenQuery 操作：打开选择查询或交叉表查询。

OpenReport 操作：打开报表。

OpenTable 操作：打开表。

ExportWithFormatting 操作：将指定子窗体中的数据输出到多种格式的文件中。

QuitAccess 操作：退出 Access 2010。

Requery 操作：对活动对象上的指定控件的源进行重新查询。

RunMenuCommand 操作：执行 Access 内置的命令。

EMailDatabaseObject 操作：将指定的数据库对象包含在电子邮件中，以便在其中进行查看和转发。

SetTempVar 操作：创建一个临时变量并将其设置为特定值。在后续操作中可以将该变量用作条件或参数，也可以在其他宏、事件过程、窗体或报表中使用该变量。

Submacro 操作：定义子宏，可以通过"宏组.子宏"格式引用每个子宏。

If..Else...操作：定义 If 程序块，如果满足指定条件，则执行一组操作，否则执行另一组操作。根据需要还可以添加 Else If 分支，以便从更多操作中进行选择。

此外，在本项目中还用到以下 VBA 函数。

IsNull 函数：检测表达式是否为 Null 值。

MsgBox 函数：在对话框中显示一条消息，等待用户单击按钮，然后返回一个指示用户所单击按钮的整数值。

DCount 函数：用于计算指定记录集中的记录数。

DLookup 函数：从一组指定记录中获取特定字段的值。

项目思考

一、填空题

1. 宏是用来自动执行任务的一个或一组_____；在 Access 2010 中，宏分为_____和_____。

2. 宏组是共同存储在一个_____下的相关宏的集合，宏组中的每个子宏可以通过_____格式来引用。

3. 在宏生成器中创建宏时，若要创建并命名子宏，可选择_____操作。

4. 在宏生成器中创建宏时，若要创建 If 程序块，可在"添加新操作"框中选择_____组操作。

5. 在一个名为"成绩查询"的窗体上，有一个名为"课程"的组合框，若要在宏的条件表达式中引用此组合框的值，可使用的语法格式为_____。

6. _____对象用于存储运行宏过程中出现的错误信息，使用_____操作该对象中的错误信息，并使错误信号变成_____。

7. 若要删除当前记录，可使用_____操作并将"命令"参数设置为_____。

8. 在 GoToControl 操作中，将"控件名称"参数设置为表达式"=[Screen].[PreviousControl].[Name]"，可将焦点移至_____。

9. 使用 Requery 操作可以对活动对象上的指定控件的数据源进行_____，以此实现对该控件中数据的_____。

10. 如果要禁止打开数据库时自动运行 AutoExec 宏，可在打开数据库时按住_____键。

二、选择题

1. 使用（   ）操作可打开窗体。

    A. OpenTable   B. OpenForm

    C. OpenReport   D. OpenQuery

2. 如果要使用表达式作为操作参数的值，则需要在表达式的前面添加一个（   ）。

    A. !   B. #

    C. $ D. =

3. 要退出 Access 2010，可使用（   ）操作。

    A. CloseWindow   B. CloseDatabase

    C. QuitAccess   D. ExitAccess

4. （   ）操作用于执行 Access 2010 的内置命令。

    A. RunMenuCommand   B. GoToControl

    C. OnError   D. GoToRecord

5. 若要使用 RunMenuCommand 操作执行"开始"选项卡的"记录"组中的"保存记录"命令，可将"命令"参数设置为（   ）。

    A. Find   B. SaveRecord

    C. Undo   D. DeleteRecord

6. 若要在打开数据库时自动运行一个宏，则应将该宏命名为（　　）。

　　A. Auto　　　　　　　B. Access

　　C. AutoExec　　　　　D. AutoMacro

三、简答题

1. 独立宏和嵌入宏有哪些区别？

2. 在宏组中如何创建子宏？

3. 如何将子窗体中的数据导出到文件？

4. 如何获取选择查询返回的记录数？

5. 如何从一组指定记录中获取特定字段的值？

项目实训

1. 创建一个用于打开数据库对象的窗体，并在该窗体上添加 4 个组合框和 4 个命令按钮，其中组合框用于显示"学生成绩管理"数据库中的表、查询、窗体和报表。当从组合框中选择一个数据库对象并单击相应的按钮时，可以打开该数据库对象。

2. 在创建一个用于管理学生信息的窗体，通过针对命令按钮的"单击"事件创建嵌入宏，来实现记录导航和记录的添加、修改、查找、保存、撤消以及删除操作。

3. 创建一个窗体并在其中创建 3 个联动的组合框和一个子窗体。当从"系别"组合框中选择一个系别时，将在"班级"组合框中列出所选系别的所有班级；当从"班级"组合框中选择一个班级时，将在"学生"组合框中列出所选班级的所有学生；当从"学生"组合框中选择一个学生时，将在子窗体中列出所选学生的所有课程成绩。

4. 创建一个登录窗体，用密码进行验证，如果用户名和密码正确，则关闭登录窗体；如果用户名或密码错误，则弹出消息框，显示出错信息；单击"取消"按钮，可退出 Access 2010。要求该窗体以模式窗口方式打开，并且每次打开数据库时自动弹出该窗体。

5. 创建一个窗体，其功能是按班级和课程查询成绩。当从列表框中选择班级和课程后，将通过子窗体显示出查询结果，此时可将子窗体数据输出到文件中。

6. 创建一个窗体，其功能是向教师发送包含报表数据的电子邮件。当从列表框中选择报表和教师后，可将所选报表中的数据以文件形式发送到所选教师的电子信箱中。

7. 通过以下操作实现"学生成绩管理"系统的集成。

（1）创建 4 个宏组，每个宏组包含一些子宏，分别用于打开以上创建的各个窗体。

（2）通过自定义功能区创建一个自定义选项卡，在该选项卡下面创建两个自定义命令组，将步骤（1）中创建的各个子宏分别添加到不同的命令组中。

（3）将 Access 2010 原有的各个主选项卡隐藏起来。

（4）设置应用程序的标题和图标。

（5）设置文档窗口选项为"重叠窗口"，禁用 Access 特殊键。

（6）隐藏全部菜单和默认快捷菜单。

开发进销存管理系统

进销存管理是企业经营管理中的核心环节，也是一个企业能否取得效益的关键。为了减少企业购进商品的库存量，增加商品的销售量，就需要对商品、供应商以及客户等信息进行有效的管理，这些都是进销存管理的内容。

通过前面 6 个项目的实施，已经学习和掌握了 Access 2010 数据库应用的基本知识和技能。作为这些知识和技能的综合应用，在本项目中将使用 Access 2010 开发一个进销存管理系统，主要任务包括设计和实现数据库、创建用户注册及权限管理窗体、创建数据管理窗体以及集成进销存管理系统等。

（1）掌握设计和实现数据库的方法
（2）掌握创建用户注册和权限管理窗体的方法
（3）掌握创建各种数据处理窗体的方法
（4）掌握集成数据库管理系统的方法

任务 7.1 设计和实现数据库

➤ 任务描述

开发一个数据库管理系统，首先要进行需求分析以确定数据库的用途，在这个基础上确定将相关信息存储在哪些表中，每个表中包含哪些字段，每个字段是什么类型，以及在哪些表之间可以建立关系等。在本任务中，首先根据需求分析来确定对进销存管理系统的功能，然后确定数据库中包含的表及其字段组成，最后创建数据库、表和关系。

➤ 实现步骤

在本任务中，首先完成系统功能分析和数据库设计，然后创建数据库和表。

1. 系统功能分析

通过与相关业务人员交流，可以确定进销存管理系统主要由系统用户管理、基本信息管理、进销存信息管理以及进销存信息管理等功能模块组成。

具体来说，进销存管理系统具有以下各项功能。

（1）系统用户信息管理：实现系统用户的注册、登录、修改密码以及权限设置等功能。注册用户登录成功后，才能按照自己的权限使用系统的相关功能。

（2）商品信息管理：实现对企业所经营的所有商品的进行管理和维护的功能，包括商品的录入、修改和删除等操作。

（3）供应商信息管理：实现对企业商品供应商的资料进行管理和维护的功能，包括供应商信息的录入、修改和删除等操作。

（4）客户信息管理：实现对客户资料进行管理和维护的功能，包括客户信息的录入、修改和删除等基本操作。

（5）进货信息管理：实现对企业购进商品的资料进行管理和维护的功能，包括购进商品的录入、修改和删除等基本操作。

（6）销售信息管理：实现对企业销售商品的资料进行管理和维护的功能，包括销售商品的录入、修改和删除等基本操作。

（7）进销存信息管理：实现对进货资料、销售资料和库存资料的管理，用户可以添加进货和销售记录并更新库存信息，也可以对报表进行打印或导出为其他格式的文件。

2. 数据库表设计

进销存管理系统一共需要 9 个表，分别用来保存系统用户、系统窗体、系统权限、商品、供应商、客户、进货、销售以及库存等相关信息。

（1）"系统用户"表：该表用于保存使用该系统的用户的信息，它以"用户编号"字段作为主键，表中各个字段的属性在表 7.1 中列出。

表 7.1 "系统用户"表字段

字段名称	数据类型	字段大小	允许为空	备　注
用户编号	自动编号	长整型		主键
用户名	文本	10	否	
密码	文本	10	否	输入掩码：密码
密码提示	文本	20	是	显示控件：组合框
密码答案	文本	20	是	

（2）"系统窗体"表：用于保存各个系统窗体的信息。该表以"窗体编号"作为主键字段，表中各字段的属性在表 7.2 中列出。

表 7.2 "系统窗体"表字段

字段名称	数据类型	字段大小	允许为空	备　注
窗体编号	自动编号	长整型		主键
窗体名称	文本	30	否	

（3）"系统权限"表：用于保存系统用户对各个系统窗体的访问权限信息。该表以"用户编号"和"窗体编号"字段作为主键，表中各字段的属性在表 7.3 中列出。

注意

　　所有系统用户按权限分为普通用户和管理员，普通用户可以访问某些进销存数据处理窗体，管理员除了拥有普通用户的权限外，还可以对普通用户进行管理。

表 7.3 "系统权限"表字段

字段名称	数据类型	字段大小	允许为空	备 注
用户编号	数字	长整型	否	主键
窗体编号	数字	长整型	否	主键
权限	是/否			默认值：False

（4）"商品"表：用于保存企业所经营的所有商品的信息。该表以"商品编号"字段作为主键，表中各个字段的属性在表 7.4 中列出。

表 7.4 "商品"表字段

字段名称	数据类型	字段大小	允许为空	备 注
商品编号	自动编号	长整型		主键
商品名称	文本	10	否	
拼音码	文本	20	否	
单位	文本	4	是	显示控件：组合框
品牌	文本	10	是	
规格	文本	15	是	
类别	文本	10	是	显示控件：组合框
备注	文本	50	是	

（5）"供应商"表：用于保存企业所经营的所有商品的信息。该表以"商品编号"字段为主键，表中各个字段的属性在表 7.5 中列出。

表 7.5 "供应商"表字段

字段名称	数据类型	字段大小	允许为空	备 注
供应商编号	自动编号	长整型		主键
公司名称	文本	40	否	
联系人姓名	文本	30	否	
联系人职务	文本	30	否	
公司地址	文本	60	否	
城市	文本	10	否	显示控件：组合框
地区	文本	8	否	显示控件：组合框
邮编	文本	6	否	
国家	文本	14	否	默认值："中国"
电话	文本	24	是	
传真	文本	24	是	
备注	文本	50	是	

（6）"客户"表：用于保存公司所有客户的信息。该表以"客户编号"字段作为主键，表中各个字段的属性在表 7.6 中列出。

提示

"客户"表与"供应商"表结构基本相同，可以采取复制、粘贴的方式来创建"客户表"，即先创建"供应商"表的副本，然后重命名该副本，并在"设计"视图中进行修改。

表 7.6　"客户"表字段

字段名称	数据类型	字段大小	允许为空	备　　注
客户编号	自动编号	长整型		主键
公司名称	文本	40	否	
联系人姓名	文本	30	否	
联系人职务	文本	30	否	
公司地址	文本	60	否	
城市	文本	10	否	显示控件：组合框
地区	文本	8	否	显示控件：组合框
邮编	文本	6	否	
国家	文本	14	否	默认值："中国"
电话	文本	24	是	
传真	文本	24	是	
备注	文本	50	是	

（7）"进货"表：用于保存企业购进商品的相关信息。该表以"进货编号"字段作为主键，表中各个字段的属性在表 7.7 中列出。

表 7.7　"进货"表字段

字段名称	数据类型	字段大小	允许为空	备　　注
订单编号	自动编号	长整型		主键
供应商编号	数字	长整型		
商品编号	数字	长整型		
商品名称	文本	10	否	
拼音码	文本	20	否	
单位	文本	4	是	显示控件：组合框
进货数量	数字	长整型	否	默认值：0
进货价格	数字	单精度型	否	默认值：0
进货金额	数字	单精度型	否	默认值：0
仓库	文本	6	否	显示控件：组合框
进货日期	日期/时间		是	输入掩码：短日期
进货人	文本	10	是	显示控件：组合框
是否入库	文本	是/否	是	默认值：0（False）
备注	文本	50	是	

（8）"库存"表：用于保存企业商品的库存信息。该表以"商品编号"字段作为主键，表中各字段的属性在表 7.8 中列出。

表 7.8　"库存"表字段

字段名称	数据类型	字段大小	允许为空	备　　注
商品编号	数字	长整型		主键
商品名称	文本	10	否	
拼音码	文本	20	否	

（续表）

字段名称	数据类型	字段大小	允许为空	备 注
单位	文本	4	是	显示控件：组合框
仓库	文本	6	否	显示控件：组合框
库存数量	数字	长整型	否	默认值：0
库存价格	数字	单精度型	否	默认值：0
库存金额	数字	单精度型	否	默认值：0
备注	文本	50	是	

（9）"销售"表：用于保存企业销售商品的信息。该表以"销售编号"字段为主键，表中各字段的属性在表 7.9 中列出。

表 7.9　"销售"表字段

字段名称	数据类型	字段大小	允许为空	备 注
订单编号	自动编号	长整型		主键
客户编号	数字	长整型		
商品编号	数字	长整型		
商品名称	文本	10	否	
拼音码	文本	20	否	
单位	文本	40	是	显示控件：组合框
销售数量	数字	长整型	否	默认值：0
进货价格	数字	单精度型	否	默认值：0
销售价格	数字	单精度型	否	默认值：0
销售金额	数字	单精度型	否	默认值：0
利润	数字	单精度型	否	默认值：0
仓库	文本	6	否	显示控件：组合框
出库日期	日期/时间		是	输入掩码：短日期
是否出库	是/否	是/否	是	默认值：0（False）
销售人	文本	10	是	显示控件：组合框
备注	文本	50	是	

3. 创建数据库表

完成数据库设计后，即可着手创建数据库和表。具体操作步骤如下：

（1）在 Access 2010 中，单击"文件"选项卡，在中部"可用模板"下单击"空数据库"，在右侧"空数据库"下单击文件夹图标 📁，指定目标文件夹为"D:\Access 2010"，数据库文件名为"进销存管理.accdb"，然后单击"创建"按钮。

（2）创建"系统用户"表。按表 7.1 中的要求，在"进销存管理"数据库中创建"系统用户"表，如图 7.1 所示。

图 7.1　"系统用户"表

（3）创建"系统窗体"表。按表 7.2 中的要求，在"进销存管理"数据库中创建"系统窗体"表，如图 7.2 所示。

图 7.2　"系统窗体"表

（4）创建"系统权限"表。按表 7.3 中的要求，在"进销存管理"数据库中创建"系统权限"表，如图 7.3 所示。

图 7.3　"系统权限"表

（5）创建"商品"表。按表 7.4 中的要求，在"进销存管理"数据库中创建"商品"表，如图 7.4 所示。

图 7.4　"商品"表

（6）创建"供应商"表。按表 7.5 中的要求，在"进销存管理"数据库中创建"供应商"表，如图 7.5 所示。

图 7.5　"供应商"表

（7）创建"客户"表。在导航窗体中单击"供应商"表，然后在"开始"选项卡的"剪贴板"组中单击"复制"命令，在同一组中单击"粘贴"命令，并将生成的副本重名为"客户"。按表 7.6 中的要求对"客户"表中的字段进行重命名，如图 7.6 所示。

图 7.6　"客户"表

（8）创建"进货"表。按表 7.7 中的要求，在"进销存管理"数据库中创建"进货"表，如图 7.7 所示。

图 7.7　"进货"表

（9）创建"库存"表。按表 7.8 中的要求，在"进销存管理"数据库中创建"库存"表，如图 7.8 所示。

图 7.8　"库存"表

（10）创建"销售"表。按表 7.9 中的要求，在"进销存管理"数据库中创建"销售"表，如图 7.9 所示。

图 7.9　"销售"表

4. 在表之间建立关系

为了将这些独立的表组合成一个整体，还要以公共字段作为纽带在相关表之间建立起关系，如图 7.10 所示。

图 7.10　"进销存管理"数据库关系图

➤ **知识与技能**

数据库应用系统的开发过程一般包括需求分析、系统初步设计、系统详细设计、编码、调试、系统切换等几个阶段，每个阶段应提交相应的文档资料，包括需求分析报告、系统初步设计报告、系统详细设计报告、系统测试大纲、系统测试报告以及操作使用说明书等。但根据应用系统的规模和复杂程度在实际开发过程中往往有一些灵活处理，有时候把两个甚至3 个过程合并进行，不一定完全刻板地遵守这样的过程，产生这样多的文档资料，但是不管所开发的应用系统的复杂程度如何，需求分析、系统设计、编码–调试–修改这一个基本过程是不可缺少的。

1. 需求分析

这一阶段的基本任务简单说来有两个，一是摸清现状，二是理清将要开发的目标系统应该具有哪些功能。具体说来，摸清现状就要做深入细致的调查研究、摸清人们现在完成任务所依据的数据及其联系、使用什么规则、对这些数据进行什么样的加工、加工结果以什么形式表现；理清目标系统的功能就是要明确说明系统将要实现的功能，也就是明确说明目标系统将能够对人们提供哪些支持。需求分析完成后，应撰写需求分析报告并请项目委托单位签字认可，以作为下阶段开发方和委托方共同合作的一个依据。

2. 系统设计

在明确了现状与目标后，还不能马上就进入程序设计（编码）的阶段，还要对系统的一些问题进行规划和设计，这些问题包括：设计工具和系统支撑环境的选择怎样组织数据也就是数据库的设计（即设计表的结构、字段约束关系、字段间的约束关系、表间约束关系）、系统界面的设计（菜单、表单等）、系统功能模块的设计、对一些较为复杂的功能，还应该进行算法设计。

3. 系统实现

这个阶段的工作任务比较明确，就是依据前两个阶段的工作，具体建立数据库和数据表，定义各种约束，并录入部分数据；具体设计系统菜单、系统表单、定义表单上的各种控制对象、编写对象对不同事件的响应代码或宏、编写报表和查询等。

4. 系统测试

测试阶段的任务就是验证系统设计与实现阶段中所完成的功能能否稳定准确地运行、这些功能是否全面地覆盖并正确地完成了委托方的需求，从而确认系统是否可以交付运行。测试工作一般由项目委托方或由项目委托方指定第3 方进行。在系统实现阶段，一般说来设计人员会进行一些测试工作，但这是由设计人员自己进行的一种局部的验证工作，重点是检测程序有无逻辑错误。

5. 系统交付

这一阶段的工作主要有两个方面，一是全部文档的整理交付，二是对所完成的软件（数据、程序等）打包并形成发行版本，使用户在满足系统所要求的支撑环境的任一台计算机上按照安装说明就可以安装运行。

任务 7.2　实现用户注册及权限管理功能

➤ 任务描述

使用进销存管理系统的用户按权限分为普通用户和管理员两类。普通用户可以使用所有进销存数据管理功能，管理员除了拥有普通用户的所有权限外，还可以对普通用户进行管理。使用进销存管理系统时首先需要注册一个用户账号，有了这个账号才能登录到系统，然后按权限使用相关功能，普通用户可以录入商品信息、进货信息和销售信息或进行相关查询，管理员拥有普通用户的所有权限，此外还可以对普通用户进行管理，包括设置权限、删除用户等。如果忘记了登录密码，可以在验证用户名之后对密码进行重置。

在本任务中将通过创建窗体来实现用户注册及权限管理等功能，首先创建用户注册窗体，然后创建用户登录窗体，最后创建密码重置窗体和用户权限管理窗体。创建这些窗体的步骤大体上是相同的，即先设计用户界面，然后通过创建查询和宏来实现相关系统功能。

➤ 实现步骤

在本任务中，将通过创建一些窗体来实现用户注册、用户登录、密码重置以及权限管理等功能。

1. 实现用户注册功能

用户注册实质上就是向"系统用户"表中添加新记录的过程。这个过程可以通过执行带有参数的 INSERT INTO … VALUES 语句来实现，参数值则从窗体控件中获取。在添加新用户之前，还要检查一下所输入的用户名是否已经存在，若该用户名已存在，则提示出错信息。完成用户注册后，将用户编号保存到临时变量中备用。

（1）在"创建"选项卡的"窗体"组中单击"窗体设计"命令，打开一个空白窗体，将其"标题"设置为"用户注册"。在该窗体上添加以下控件：

①4 个附带标签的文本框，分别命名为"用户名"、"密码"、"确认密码"和"密码答案"；将"密码"和"确认密码"文本框的"输入掩码"属性设置为"密码"。

②一个附带有标签的组合框，命名为"密码提示"，并将其"行来源类型"属性设置为"值列表"，"行来源"属性设置为""生日";"名字";"手机号";"QQ""；

③在窗体底部添加两个命令按钮，分别命名为"确定"和"取消"。将该窗体保存为"用户注册"，其运行效果如图 7.11 所示。

图 7.11　"用户注册"窗体

（2）创建一个包含参数的追加查询。在"创建"选项卡的"查询"组中单击"查询"设计命令，不添加任何表，直接在"SQL"视图下输入以下语句：

```
INSERT INTO  系统用户 (用户名, 密码, 密码提示, 密码答案)
VALUES ([Forms]![用户注册]![用户名], [Forms]![用户注册]![密码],
[Forms]![用户注册]![密码提示], [Forms]![用户注册]![密码答案])
```

将这个查询保存为"用户注册"。

（3）创建一个不包含参数的追加查询，在"创建"选项卡的"查询"组中单击"查询"设计命令，不添加任何表，直接在"SQL"视图下输入以下语句：

```
INSERT INTO  系统权限 (用户编号, 窗体编号
SELECT  系统用户.用户编号, 系统窗体.窗体编号
FROM  系统用户, 系统窗体
WHERE (((系统用户.用户编号) Not In (SELECT  用户编号  FROM  系统权限)));
```

将该查询保存为"权限注册"。通过运行该查询，将针对刚刚注册成功、尚未添加到"系统权限"表中的用户编号和"系统窗体"表中的每个窗体编号，向"系统权限"表中添加一组记录，"权限"字段均取默认值 False。

（4）在"设计"视图中，单击"用户注册"窗体上的"确定"按钮，对其"单击"事件属性进行设置，打开宏生成器，对单击该按钮时运行的宏操作进行设置，如图 7.12 所示。

图 7.12　单击"确定"按钮时运行的嵌入宏

嵌入宏说明：

这个嵌入宏由两个分组程序块组成，分组程序块用 Group…End Group 定义，可以折叠和展开。分组程序块通过添加 Group 操作来创建。

第 1 个分组程序块用于验证窗体数据，包括检查每个文本框和组合框是否有值以及输入的用户名是否已经被注册等。如果窗体数据没有通过验证，则弹出消息框显示相应的提示信息，并将焦点移入相应控件中，然后停止宏的运行。

如果窗体数据通过验证，则执行第 2 个分组程序块，通过运行"用户注册"追加查询来添加新的用户记录，并通过运行"权限注册"追加查询将新注册的用户添加到"系统权限"表中。如果这两个追加查询执行成功，则弹出对话框加以提示，并使用 SetTempVar 宏操作将系统自动生成的用户编号保存到临时变量 UserID 中以备后用；否则弹出对话框提示注册失

败。无论注册成功还是失败，最后都会关闭"用户注册"窗体。

（5）创建单击"取消"按钮时执行的嵌入宏。这个宏只包含一个 CloseWindow 宏操作，其功能是关闭当前窗体。

2. 实现用户登录功能

实现用户登录功能的核心是对输入的用户和密码进行验证，如果"系统用户"表中存在匹配的记录，则通过身份验证，将用户编号保存到临时变量 UserID 中，然后关闭"用户登录"窗体，进入进销存管理系统。如果未通过身份验证，则登录失败，不能进入系统。

（1）在"创建"选项卡的"窗体"组中单击"窗体设计"命令，在"设计"视图中打开一个空白窗体，将窗体的标题设置为"用户登录"，将其"记录选择器"、"导航按钮"以及"控制框"属性均设置为"否"，"模式"属性设置为"是"，"边框样式"属性设置为"对话框边框"，然后在该窗体上添加以下控件：

①在添加两个附带标签的文本框，分别命名为"用户名"和"密码"；将"密码"文本框的"输入掩码"属性设置为"密码"。

②添加 4 个命令按钮，分别命名为"用户登录"、"退出登录"、"用户注册"和"忘记密码"，并设置它们的标题为同样内容。将该窗体保存为"用户登录"，其运行效果如图 7.13 所示。

图 7.13　"用户登录"窗体

（2）在窗体上单击"用户登录"按钮，在属性表中设置其"单击"事件属性，打开宏生成器，创建单击该按钮时运行的嵌入宏，如图 7.14 所示。

图 7.14　单击"用户登录"按钮时运行的嵌入宏

嵌入宏说明：

这个嵌入宏由一个分组程序块和一个 If 程序块组成。

这个分组程序块用于检查"用户名"和"密码"文本框，如果某个文本框为空，则弹出消息框提示输入内容，并将焦点转移到该文本框中，然后停止宏运行。

If 程序块用于检查提交的用户名和密码是否正确，如果这些信息正确无误，则弹出消息框显示欢迎信息，并将该用户的用户编号保存到临时变量 UserID 中以备后用，然后关闭"用户登录"窗体；否则弹出消息框提示用户名或密码错误，登录失败，并将焦点转移到"用户名"文本框。由于"用户登录"窗体是以"模式"窗口方式打开的，而且不包含控制框和关闭按钮，所以在不知道用户名和密码的情况下是无法进入系统的，此时只能选择其他功能，或者注册用户，或者查询密码，或者退出登录。

（3）在窗体上单击"退出登录"按钮，在属性表中设置其"单击"事件属性，打开宏生成器，创建单击该按钮时运行的嵌入宏。这个宏只包含一个 QuitAccess 操作，其功能是退出 Access 2010。

（4）在窗体上单击"用户注册"按钮，在属性表中设置其"单击"事件属性，打开宏生成器，创建单击该按钮时运行的嵌入宏。这个宏只包含一个 OpenForm 操作，其功能是打开"用户注册"窗体。

（5）在窗体上单击"忘记密码"按钮，在属性表中设置其"单击"事件属性，打开宏生成器，创建单击该按钮时运行的嵌入宏。这个宏只包含一个 OpenForm 操作，其功能是打开"重置密码"窗体。

3. 实现密码重置功能

密码重置实质上就是对"系统用户"表中指定记录的"密码"字段进行修改的过程，这个过程是通过执行带有参数的 UPDATE 语句来实现的，参数值则来自窗体控件。

（1）在"创建"选项卡的"窗体"组中单击"窗体设计"命令，在"设计"视图中打开一个空白窗体，将该窗体的"标题"属性设置为"重置密码"，"记录选择器"和"导航按钮"属性均设置为"否"，"边框样式"属性设置为"对话框边框"。然后在该窗体上添加以下控件：

①添加 3 个附带标签的文本框，分别命名为"用户名"、"密码"和"确认密码"，将两个用来输入密码的文本框的"输入掩码"属性设置为"密码"。

②添加两个命令按钮，将这两个按钮分别命名为"确定"和"取消"，将它们的标题也设置为"确定"和"取消"。将新建窗体保存为"密码重置"，该窗体的布局设计效果如图 7.15 所示。

图 7.15　"重置密码"窗体

（2）在"创建"选项卡的"查询"组中单击"查询设计"命令，向查询设计视图中添加"系统用户"表，创建一个更新操作，保存为"重置密码"，如图 7.16 所示。

图 7.16　创建"重置密码"查询

（4）在"设计"视图中，单击"重置密码"窗体上的"确定"按钮，对其"单击"事件属性进行设置，打开宏生成器，对单击该按钮时运行的宏操作进行设置，如图 7.17 所示。

图 7.17　单击"确定"按钮时运行的嵌入宏

嵌入宏说明：

这个嵌入宏由两个分组程序块组成。

第 1 个分组程序块用于验证窗体数据，检查 3 个文本框是否为空，也检查输入的用户名是否存在于数据库，如果未通过验证，则将焦点转移到相应的文本框，弹出消息框显示相应的提示信息，并停止宏的运行。

如果窗体数据通过了验证，则继续执行第 2 个分组程序块，通过 OpenQuery 操作执行"重置密码"更新查询，然后通过 MacroError 对象来检查操作是否成功，并弹出消息框显示相应的提示信息。

（5）单击"重置密码"窗体上的"取消"按钮，对其"单击"事件属性进行设置，打开宏生成器，对单击该按钮时运行的宏操作进行设置。这个嵌入宏只包含一个 CloseWindow 操作，其功能是关闭当前窗体。

4. 实现系统权限管理功能

在进销存管理系统中，管理员属于超级用户，其权限最高。只有管理员才能使用系统权限管理功能，可以赋予或撤销其他用户使用某个系统窗体的权限，也可以将某个用户从数据库中删除。

（1）在"创建"选项卡的"查询"组中单击"查询设计"命令，在"设计"视图中创建一个选择查询，向该查询中添加"系统权限"表和"系统窗体"表，将"系统权限"表中的3 个字段和"系统窗体"表中的"窗体名称"字段添加到查询中，然后在"用户编号"字段所在列的"条件"单元格中输入以下表达式作为参数：

[Forms]![系统权限管理]![用户编号]

将该查询保存为"按用户编号查询权限"，如图 7.18 所示。

图 7.18　创建"按用户编号查询权限"选择查询

（2）在"创建"选项卡的"查询"视图中单击"查询设计"命令，将"系统用户"表添加到查询中，将查询类型更改为"删除"，并设置删除条件，然后将该查询保存为"删除用户"，如图 7.19 所示。

图 7.19　创建"删除用户"删除查询

（3）在"创建"选项卡的"窗体"组中单击"窗体设计"命令，在"设计"视图中打开一个空白窗体，将该窗体的"标题"属性设置为"系统权限管理"，"边框样式"设置为"对话框边框"，"记录选择器"和"导航按钮"属性设置为"否"。然后在该窗体上添加以下控件：

①使用"控件向导"添加一个组合框，将其命名为"用户编号"，其"行来源"属性被设置为"SELECT 系统用户.用户编号 FROM 系统用户;"；将其"默认值"属性设置为"[用户编号].[ItemData](0)"，即在该组合框中显示第 1 个用户的用户编号。

②添加一个附带标签的文本框，将该文本框命名为"用户名"，将其"默认值"属性设置为"=DLookUp("用户名","系统用户","用户编号=" & [Forms]![系统权限管理]![用户编号])"，即在该文本框中显示第 1 个用户的用户名。

提示

　　使用 DLookUp 函数可以从一组指定记录中获取特定字段的值。该函数可以在 VBA 模块、宏、查询表达式中使用，也可以在窗体或报表上的计算控件中使用。DLookUp 函数包含 3 个参数，第 1 个参数指定要返回其值的字段，第 2 个参数可以是一个表名称或查询名称不需要参数的查询，第 3 个参数是一个字符串表达式，用来限制对函数返回数据的条件。

③添加 3 个命令按钮，分别命名为"删除用户"、"修改权限"和"关闭窗口"，并对它们

的"标题"进行相应的设置。

④使用"控件向导"添加一个子窗体控件，将其命名为"系统权限管理 子窗体"，其"记录源"属性被设置为"SELECT 按用户编号查询权限.窗体名称, 按用户编号查询权限.权限 FROM 按用户编号查询权限;"；调整这个子窗体的大小和位置以及各列的宽度；将"是否锁定"属性设置为"是"，以禁止对该子窗体中的数据进行更改。将主窗体保存为"系统权限管理"，其运行效果如图 7.20 所示。

图 7.20　"系统权限管理"窗体

（4）在"设计"视图中，单击窗体上的"用户编号"组合框，在属性表中设置其"更新后"事件属性，打开宏生成器，设置这个嵌入宏包含的操作，如图 7.21 所示。

图 7.21　选择不同的用户编号时运行的嵌入宏

嵌入宏说明：

这个嵌入宏包含两个操作。第 1 个宏操作 SetValue，将"用户名"文本框的内容设置为与当前用户编号匹配的用户名，这个用户名是通过执行 DLookUp 函数获得的。第 2 个宏操作 Requery 用于对指定控件的数据源进行再次查询，以此实现对该控件中数据的更新。

（5）在"设计"视图中，单击窗体上的"删除用户"按钮，设置其"单击"事件属性，在宏生成器中创建嵌入宏，如图 7.22 所示。

嵌入宏说明：

这个嵌入宏在总体上是一个 If 程序块，弹出一个对话框提示确认用户删除操作。如果在该对话框中单击了"确定"按钮，则首先启动错误处理程序，并通过 OpenQuery 操作执行"删除用户"删除查询，然后通过 MacroError 对象对删除执行情况进行检查。如果删除成功，则弹出消息框显示相应的提示信息，并更新"用户编号"组合框、"用户名"文本框以及子窗体的内容；否则弹出消息框显示相应的提示信息，然后通过执行 ClearMacroError 宏操作来清除

MacroError 对象中存储错误的信息。

图 7.22　单击"删除用户"按钮时运行的嵌入宏

（6）在"设计"视图中，单击窗体上的"修改权限"按钮，设置其"单击"事件属性，在宏生成器中创建嵌入宏，如图 7.23 所示。运行这个嵌入宏时，首先弹出一个对话框提示确认修改系统权限的操作，得到确认后将通过 SetValue 宏操作将子窗体控件的 Locked 属性设置为 False（0），从而将子窗体数据解锁，允许修改选定用户对系统的使用权限（默认情况下是不允许修改的）。

图 7.23　单击"修改权限"按钮时运行的嵌入宏

（7）在"设计"视图中，单击窗体上的"修改权限"按钮，设置其"单击"事件属性，在宏生成器中创建嵌入宏。这个嵌入宏只包含一个 CloseWindow 操作，功能是关闭当前窗口。

（8）完成"用户注册"、"用户登录"、"重置密码"和"系统权限管理"等功能模块后，对这些系统模块进行集中测试。

➤ **知识与技能**

　　数据库管理系统中保存着企业各部门大量的重要信息，并不是所有人员都能浏览或修改，而是根据工作需要将不同的使用权限授予不同的人员，这些人员就是所谓的"用户"。"用户"通常分为"普通用户"和"管理员"，"普通用户"只能浏览系统中的部分数据或使用系统的部分功能，"管理员"则可以授予或收回"普通用户"对系统功能的使用权限，并且可以删除"普通用户"。因此，开发一个完整的数据库管理系统时，一般都要设置"用户注册"、"用户登录"、"密码查询"和"权限管理"等功能模块。

1. 权限管理与数据库操作

从数据库操作角度来看，"用户注册"就是向表中添加新记录的过程；"用户登录"就是检查表中是否存在具有指定用户名和密码的记录，若存在则将相应的用户编号保存到临时变量中，以后可以根据这个用户编号获取用户的权限；在本任务中"密码查询"是以"密码重置"的方式进行的，这个过程实际上就是对满足指定条件的记录进行更新的过程；"权限管理"涉及记录的删除和更新操作，删除用户是从表中删除满足指定的记录，修改权限则是解除对子窗体的锁定，允许对子窗体数据进行更新。要执行上述数据库操作，可以事先在数据库中创建查询对象，然后在嵌入宏中通过 OpenQuery 操作来执行查询。

2. SetValue 宏操作

在本任务中用到了一个新的宏操作 SetValue，其功能是设置字段、控件或属性的值。这个宏操作具有以下参数。

（1）"项目"：指定要设置其值的字段、控件或属性的名称。必须使用完整的语法来引用此项，如"控件名"（对于从中调用宏的窗体或报表上的控件）或"[Forms]![窗体名]![控件名"。

（2）表达式：设置此项的值所使用的表达式。必须始终使用完整的语法来引用表达式中的所有对象。不应在该参数中的表达式前使用等号（＝）。

使用 SetValue 操作可以设置窗体、窗体数据表或报表上的字段或控件的值，也可以在任何视图中设置几乎所有控件、窗体和报表属性的值，还可以设置窗体的基础表中的字段的值，即使该窗体不包含绑定控件到该字段的控件也可以设置。在"项目"框中使用语法"[Forms]![表单名]![字段名]"可以设置此类字段的值。

在本任务中，使用 SetValue 宏操作设置了组合框和文本框的值，还设置了子窗体控件的 Locked 属性。

3. DLookUp 函数

DLookUp 函数用于从一组指定记录（域）中获取特定字段的值。在 VBA 模块、宏、查询表达式中可以使用该函数，在窗体或报表上的计算控件中也可以使用该函数。

DLookUp 函数的语法格式如下：

DLookUp(表达式，域[, 标准])

其中参数"表达式"指定要返回其值的字段。"域"是一个字符串表达式，用于标识组成域的记录集的字符串表达式，可以是一个表名称或不需要参数的查询的名称。"标准"是一个字符串表达式，用来限制返回数据的条件。

DLookUp 函数返回单个字段值基于条件中指定的信息。如果没有记录符合的条件或域不包含任何记录，则 DLookUp 函数将返回 Null。

4. 设置控件的默认值

通常仅当不将控件绑定到表字段时，才为控件设置默认值。设置默认值的方法如下：在窗体上单击要更改的控件，单击属性表中的"数据"选项卡，找到"默认值"属性，然后输入默认值。

若要为列表框或组合框设置默认行，可以单击要设置的列表框或组合框，单击属性表中的"数据"选项卡，然后在"默认值"属性框中输入以下内容：

[控件名].ItemData(n)

其中"控件名"是列表框或组合框控件的名称，n是要设为默认值的列表项的序号（第1项的序号为0）。

在本任务中，在"系统权限管理"窗体上对"用户编号"组合框设置第1项作为默认值，即"[用户编号].[ItemData](0)"；此外，对同一窗体上的"用户名"文本框也设置了默认值，即"=DLookUp("用户名","系统用户","用户编号=" & [Forms]![系统权限管理]![用户编号])"。

任务 7.3　实现进销存数据管理功能

➤ 任务描述

进销存管理系统主要由各个功能模块组成，这些功能模块都要通过相应的窗体来提供用户界面，同时也要通过查询和宏来实现其操作过程。此外，在有些功能模块中还会通过报表来汇总和显示数据，对报表数据既可以打印输出，也可以导出到其他程序中。

在本任务中，将通过创建窗体来实现商品、供应商和客户基本信息管理功能、进货信息管理功能、销售信息管理功能以及库存信息管理功能。

➤ 实现步骤

本任务将分成4个子任务来实施，这些任务都是整个进销存管理系统开发的重点内容。

1. 实现基本信息管理功能

下面通过创建3个窗体来实现商品、供应商以及客户基本信息的管理功能。

（1）打开"进销存管理"数据库，基于"商品"表创建一个"商品"报表。

（2）在导航窗格中单击"商品"表，在"创建"选项卡的"窗体"组中单击"其他窗体"并选择"分割窗体"命令，此时将在"布局"视图中打开窗体，如图7.24所示。

图 7.24　商品基本信息管理窗体

（3）切换到"设计"视图，将该窗体的窗体页眉/页脚节隐藏起来，同时也删除在窗体页眉中添加的控件；在属性表中将窗体的"标题"属性设置为"商品信息管理"，将该窗体保存为"商品信息管理"。

（4）选择窗体的主体节，将其"背景色"属性更改为"窗体背景"；选择窗体，将其"记录选择器"和"导航按钮"属性更改为"否"；在窗体上添加 8 个命令按钮，分别命名为"首记录"、"上一条"、"下一条"、"末记录"、"查找记录"、"添加记录"、"删除记录"、"保存记录"、"打印报表"以及"导出数据"，并对它们的"标题"属性进行同样的设置，运行效果如图 7.25 所示。

图 7.25　"商品信息管理"窗体

（5）在窗体上单击"首记录"按钮，在属性表中设置其"单击"事件，打开宏生成器，以创建响应该事件的嵌入宏，然后添加 GoToRecord 操作，并将其"记录"参数设置为"首记录"，如图 7.26 所示

图 7.26　单击"首记录"按钮时运行的嵌入宏

（6）在窗体上单击"上一条"按钮，在属性表中设置其"单击"事件，打开宏生成器，以创建响应该事件的嵌入宏，如图 7.27 所示。

嵌入宏说明：

这个嵌入宏由以下操作组成。

OnError 操作：定义错误处理行为。

GoToRecord 操作：将表中的上一条记录作为当前记录。

If 程序块：如果宏运行过程出现错误，则弹出消息框显示出错信息。

图 7.27　单击"上一条"按钮时运行的嵌入宏

（7）在窗体上单击"下一条"按钮，在属性表中设置其"单击"事件，打开宏生成器，以创建响应该事件的嵌入宏，如图 7.28 所示。这个嵌入宏与响应"上一条"按钮的"单击"事件的嵌入宏基本相同，区别在于将 GoToRecord 操作的"记录"参数设置为"向后移动"。

图 7.28　单击"下一条"按钮时运行的嵌入宏

（8）在窗体上单击"末记录"按钮，在属性表中设置其"单击"事件，打开宏生成器，以创建响应该事件的嵌入宏，添加一个 GoToRecord 操作，并将其"记录"参数设置为"尾记录"，如图 7.29 所示。

图 7.29　单击"末记录"按钮时运行的嵌入宏

（9）在窗体上单击"查找记录"按钮，在属性表中设置其"单击"事件，打开宏生成器，以创建响应该事件的嵌入宏，如图 7.30 所示。

图 7.30　单击"查找记录"按钮时运行的嵌入宏

嵌入宏说明：

这个嵌入宏由以下操作组成。

OnError 操作：定义错误处理行为。

GoToControl 操作：将焦点移到屏幕上的上一个控件。

ClearMacroError 操作：清除存储在 MacroError 对象中的错误的相关信息。

RunMenuCommand 操作：执行 Access 2010 中的"查找"命令。

If 程序块：如果宏运行过程中出现错误，则弹出消息框显示出错信息。

（10）在窗体上单击"添加记录"按钮，在属性表中设置其"单击"事件，打开宏生成器，以创建响应该事件的嵌入宏，如图 7.31 所示。

图 7.31　单击"添加记录"按钮时运行的嵌入宏

嵌入宏说明：

这个嵌入宏由以下操作组成。

OnError 操作：定义错误处理行为。

GoToRecrod 操作：将记录指针移到一条空白记录中，此时可添加新记录。

If 程序块：如果宏运行过程中出现错误，则弹出消息框显示出错信息。

（11）在窗体上单击"删除记录"按钮，在属性表中设置其"单击"事件，打开宏生成器，以创建响应该事件的嵌入宏，如图 7.32 所示。

图 7.32　单击"删除记录"按钮时执行的嵌入宏

嵌入宏说明:

这个嵌入宏由以下操作组成。

OnError 操作: 定义错误处理行为。

GoToControl 操作: 将焦点移到屏幕上的上一个控件。

ClearMacroError 操作: 清除存储在 MacroError 对象中的错误的相关信息。

第 1 个 If 程序块: 如果当前记录不是新记录, 并且在弹出的对话框中单击了 "确定" 按钮, 则通过 RunMenuCommand 宏操作来执行 Access 2010 内置的 "删除记录" 命令。

第 2 个 If 程序块: 如果当前记录是新记录, 并且尚未对其进行修改, 则通过 Beep 宏操作使计算机发出嘟嘟声。

第 3 个 If 程序块: 如果当前记录为新记录并且已对其进行修改, 则通过 RunCommand 宏操作来执行 Access 2010 内置的 "撤消" 命令。

第 4 个 If 程序块: 如果宏运行过程中出现错误, 则弹出消息框显示出错信息。

(12) 在窗体上单击 "保存记录" 按钮, 在属性表中设置其 "单击" 事件, 打开宏生成器, 以创建响应该事件的嵌入宏, 如图 7.33 所示。

图 7.33　单击 "保存记录" 按钮时执行的嵌入宏

嵌入宏说明:

这个嵌入宏由以下操作组成。

OnError 操作: 定义错误处理行为。

RunMenuCommand 宏操作: 执行 Access 2010 内置的 "保存记录" 命令。

If 程序块: 如果宏运行过程中出现错误, 则弹出消息框显示出错信息; 否则对窗体的数据源重新进行查询, 并弹出消息框提示记录保存成功。

(13) 在窗体上单击 "打印报表" 按钮, 在属性表中设置其 "单击" 事件, 打开宏生成器, 以创建响应该事件的嵌入宏, 如图 7.34 所示。

图 7.34　单击 "打印报表" 按钮时运行的嵌入宏

嵌入宏说明：

这个嵌入宏由以下操作组成。

OpenReport 操作：打开"商品"报表。

RunMenuCommand 宏操作：执行 Access 2010 内置的"打印对象"命令。

（14）在窗体上单击"导出数据"按钮，在属性表中设置其"单击"事件，打开宏生成器，以创建响应该事件的嵌入宏，如图 7.35 所示。这个嵌入宏仅包含一个 ExportWithFormtting 操作，其功能是将"商品"报表导出到其他文件中。

图 7.35　单击"导出数据"按钮时运行的嵌入宏

（15）使用相同的方法，创建"供应商信息管理"窗体和"客户信息管理"窗体，运行效果如图 7.36 和图 7.37 所示。

图 7.36　"供应商信息管理"窗体

图 7.37　"客户信息管理"窗体

2. 实现进货信息管理功能

与前面实现的基本信息管理功能类似，进货信息管理功能也可以通过一个分割窗体来实现。不过，实现进货信息管理功能时情况要复杂一些。录入进货信息时，所用到的供应商和商品信息可以用组合框控件来表示，需要分别从"供应商"表和"商品"表中获取；进货金额则可根据进货数量和进货价格来计算。此外，保存进货信息时还需要继续办理入库手续，将相关内容添加到"库存"表中，或者对库存商品的信息进行更新。

（1）在导航窗格中单击"发货"表，在"创建"选项卡的"窗体"组单击"其他窗体"，然后单击"分割窗体"，此时将在"布局"视图中打开一个"进货"窗体，如图 7.38 所示。

图 7.38　"进货"窗体

（2）将"进货"窗体的窗体页眉节隐藏起来，同时删除该节包含的所有控件；从窗体上删除表示"是否入库"字段的复选框及其附加标签；在属性表中，将窗体的"标题"属性设置为"进货信息管理"，"记录选择器"和"导航按钮"属性设置为"否"，将窗体的"允许编辑"属性设置为"否"，将该窗体保存为"进货信息管理"。

（3）将"供应商编号"文本框更改为组合框。右键单击"供应商编号"文本框，在弹出菜单中单击"更改为"，然后选择"组合框"，将文本框更改为组合框；在属性表中单击"数据"选项卡，将"行来源"属性设置为"SELECT 供应商.供应商编号 FROM 供应商;"。

（4）将"商品编号"文本框更改为组合框。右键单击"商品编号"文本框，在弹出菜单中单击"更改为"，然后选择"组合框"，将文本框更改为组合框；在属性表中单击"数据"选项卡，将"行来源"属性设置为"SELECT 商品.商品编号 FROM 商品;"。

（5）将"仓库"文本框更改为组合框。右键单击"商品编号"文本框，在弹出菜单中单击"更改为"，然后选择"组合框"，将文本框更改为组合框；在属性表中单击"数据"选项卡，将"行来源类型"属性更改为"值列表"，并将"行来源"属性设置为""仓库 1";"仓库2";"仓库 3";"仓库 4";"仓库 5""。

（6）在窗体上添加 10 个命令按钮，分别命名为"添加记录"、"修改记录"、"删除记录"、

"保存记录"、"撤消记录"、"查找记录"、"打印记录"、"打印报表"、"导出报表"以及"关闭窗口"，对这些控件的标题也进行相同的设置。"进货信息管理"窗体布局效果如图 7.39 所示。

图 7.39 "进货信息管理"窗体

（7）通过直接输入 SQL 语句创建以下查询。

①"入库"追加查询，其功能是将当前"进货信息管理"窗体上的进货信息添加到"库存"表中，所用 SQL 语句为：

INSERT INTO 库存（商品编号, 商品名称, 拼音码, 单位, 仓库, 库存数量,

库存价格, 库存金额, 备注 ）

VALUES ([Forms]![进货信息管理]![商品编号], [Forms]![进货信息管理]![商品名称],

[Forms]![进货信息管理]![拼音码], [Forms]![进货信息管理]![单位],

[Forms]![进货信息管理]![仓库], [Forms]![进货信息管理]![进货数量],

[Forms]![进货信息管理]![进货价格], [Forms]![进货信息管理]![进货金额],

[Forms]![进货信息管理]![备注]);

②"更新库存"追加查询，其功能是用当前"进货信息管理"窗体上的进货信息更新"库存"表中的相应字段，所用 SQL 语句为：

UPDATE 库存 SET 库存数量 = 库存数量+[Forms]![进货信息管理]![进货数量],

库存价格 = [Forms]![进货信息管理]![进货价格],

库存金额 = 库存金额 + [Forms]![进货信息管理]![进货金额]

WHERE 商品编号=[Forms]![进货信息管理]![商品编号];

③"更新入库"更新查询，其功能是将当前"进货信息管理"窗体上未入库的进货订单记录的"是否入库"字段值更改为–1（True），所用 SQL 语句为：

UPDATE 进货 SET 是否入库 = –1

WHERE 订单编号=[Forms]![进货信息管理]![订单编号];

④"按订单编号查询发货"选择查询，其功能是根据当前"进货信息管理"窗体上的"订单编号"字段值查询该记录中其他各字段的值，为创建报表提供数据，所用 SQL 语句为：

SELECT 进货.* FROM 进货

WHERE (((进货.订单编号)=[Forms]![进货信息管理]![订单编号]));

（8）创建两个报表，分别命名为"进货单"和"进货报表"，前者是基于"按订单编号查询发货"选择查询创建的，查询结果中仅包含当前进货订单信息，后者则是基于"进货"表创建的，查询结果中包含所有进货订单信息。

（9）在"设计"视图中单击"进货信息管理"窗体上的"添加记录"按钮，在属性表的"事件"选项卡中单击"单击"属性框右侧的⋯按钮，在"选择生成器"对话框中单击"宏生成器"，然后在宏生成器中设置这个嵌入宏包含的宏操作，如图 7.40 所示。

图 7.40　单击"添加记录"按钮时所执行的宏

嵌入宏说明：

这个嵌入宏由以下操作组成。

OnError 操作：指定宏出现错误时如何处理。

GoToRecord 操作：移动到表的空白记录，此时可以输入新的进货数据。

If 程序块：如果宏出现错误，则弹出消息框显示错误信息。

（10）设置单击"修改记录"按钮时所执行的宏，如图 7.41 所示。

图 7.41　单击"修改记录"按钮时所执行的宏

嵌入宏说明：

这个嵌入宏仅包含一个 If 程序块，执行时弹出一个对话框，如果单击了"确定"按钮，则通过执行 SetValue 操作将窗体的 AllowEdits 属性（即"允许编辑"）设置为"是"，此时将进行编辑状态。

（11）设置单击"删除记录"按钮时所执行的宏，如图 7.42 所示。

嵌入宏说明：

这个嵌入宏由以下操作组成。

OnError 操作：指定宏出现错误时如何处理。

GoToControl 操作：将焦点转移到窗体上的上一个控件。

ClearMacroError 操作：清除 MacroError 对象中存储错误的信息。

图 7.42　单击"删除记录"按钮时所执行的宏

第 1 个 If 程序块：如果当前记录不是新记录，并且在确认对话框中单击了"确定"按钮，则通过 DeleteRecord 操作执行"删除记录"命令。

第 2 个 If 程序块：如果当前记录是新记录，并且该记录尚未修改，则通过计算机的扬声器发出嘟嘟声。

第 3 个 If 程序块：如果当前记录是新记录，并且该记录已经被修改，则通过 UndoRecord 操作执行"撤消记录"命令。

第 4 个 If 程序块：如果宏出现错误，则弹出消息框显示错误信息。

（12）设置单击"保存记录"按钮时所执行的宏，如图 7.43 所示。

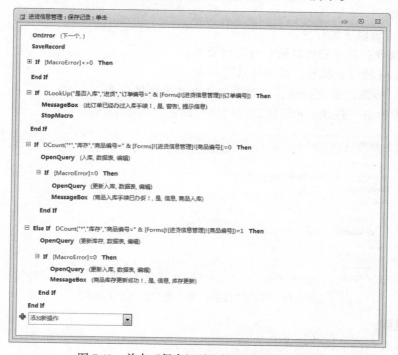

图 7.43　单击"保存记录"按钮时所执行的宏

嵌入宏说明：

这个嵌入宏由以下操作组成。

OnError 操作：指定宏出现错误时如何处理。

SaveRecord 操作：执行"保存记录"命令。

第 1 个 If 程序块：如果宏出现错误，则弹出对话框显示错误信息并停止宏运行。

第 2 个 If 程序块：如果当前订单已经办过入库手续（通过 DLookUp 函数获取当前记录中"是否入库"字段的值），则弹出消息框显示提示信息并停止宏运行。

第 3 个 If...ElseIf...程序块：如果当前商品不存在于"库存"表中，则通过 OpenQuery 操作执行"入库"追加查询将当前订单添加到"库存"表中，并通过执行"更新入库"更新查询将当前记录中的"是否入库"字段设置为 True（以防止重复入库）；如果当前商品已经存在于"库存"表中（Else If），则通过 OpenQuery 操作执行"更新库存"更新查询，用当前订单包含的数据更新"库存"表中的相关记录。

（13）设置单击"撤消记录"按钮时所执行的宏，如图 7.44 所示。

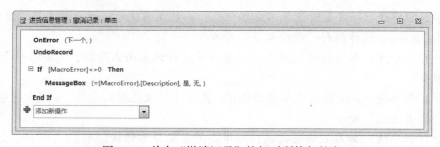

图 7.44   单击"撤消记录"按钮时所执行的宏

嵌入宏说明：

这个嵌入宏由以下操作组成。

OnError 操作：指定宏出现错误时如何处理。

UndoRecord 操作：执行"撤消记录"命令。

If 程序块：如果宏出现错误，则弹出消息框显示错误信息。

（14）设置单击"查找记录"按钮时所执行的宏，如图 7.45 所示。

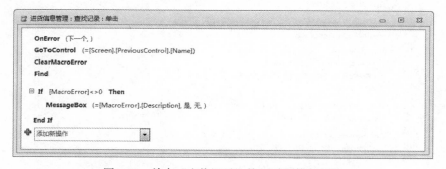

图 7.45   单击"查找记录"按钮时所执行的宏

嵌入宏说明：

这个嵌入宏由以下操作组成。

OnError 操作：指定宏出现错误时如何处理。

GoToControl 操作：将焦点转移到窗体上的上一个控件。

ClearMacroError 操作：清除 MacroError 对象中存储错误的信息。

Find 操作：执行"查找"命令。

If 程序块：如果宏出现错误，则弹出消息框显示错误信息。

（15）设置单击"打印记录"按钮时所执行的宏，如图 7.46 所示。

图 7.46　单击"打印记录"按钮时所执行的宏

嵌入宏说明：

这个嵌入宏由以下操作组成。

OpenReport 操作：在"打印预览"视图中打开"按订单编号查询进货"报表。

PrintObject 操作：执行"打印"命令。

（16）设置单击"打印报表"按钮时所执行的宏，如图 7.47 所示。

图 7.47　单击"打印报表"按钮时所执行的宏

嵌入宏说明：

这个嵌入宏由以下操作组成。

OpenReport 操作：在"打印预览"视图中打开"进货"报表。

PrintObject 操作：执行"打印"命令。

（17）设置单击"打印报表"按钮时所执行的宏，如图 7.48 所示。

图 7.48　单击"导出报表"按钮时所执行的宏

嵌入宏说明：

这个嵌入宏仅包含一个 ExportWithFormatting 操作，其功能是将"进货"报表导出到其他格式的文件中。

（18）设置单击"关闭窗口"按钮时所执行的宏，如图 7.49 所示。

图 7.49　单击"关闭窗口"按钮时所执行的宏

嵌入宏说明：

这个嵌入宏仅包含一个 CloseWindow 操作，其功能是关闭当前窗口。

（19）设置在"商品编号"组合框中选择另一个商品编号时所执行的宏（在属性表中设置"更新后"事件），如图 7.50 所示。

图 7.50　在"商品编号"组合框中选择不同商品编号时所执行的宏

嵌入宏说明：

这个嵌入宏由以下操作组成。

第 1 个 SetValue 操作：根据当前商品编号设置"商品名称"文本框的内容。

第 2 个 SetValue 操作：根据当前商品编号设置"拼音码"文本框的内容。

第 3 个 SetValue 操作：根据当前商品编号设置"单位"文本框的内容。

GoToControl 操作：将焦点转移到"仓库"组合框中。

（20）设置在"购进价格"文本框中输入一个数值后光标离开时所执行的宏（在属性表中设置"更新后"事件），如图 7.51 所示。

图 7.51　响应"购进价格"文本框"更新后"事件的宏

（21）完成进货信息管理功能模块后，对该窗体上的各个命令按钮进行测试。

3. 实现销售信息管理功能

与进货信息管理功能类似，销售信息管理功能也可以通过创建一个分割窗体来实现，同时还需要创建一些查询和报表，以实现销售数据的处理和输出。录入销售信息时，"客户编号"字段的值可以从"客户"表中选择，"商品编号"字段的值则可以从"商品"表中选择，这两个字段可以使用组合框控件来表示。此外，还要根据进货价格、销售价格和销售数量来计算利润。销售某种商品时，需要检查"库存"表中该商品的库存数量是否充足，如果库存数量不足，则不能进行销售。完成销售后，还应该对"库存"表中的库存数量进行更新。

（1）在导航窗格中单击"销售"表，在"创建"选项卡的"窗体"组单击"其他窗体"，然后单击"分割窗体"，此时将在"布局"视图中打开一个"销售"窗体，如图 7.52 所示。

（2）将该窗体的窗体页眉节隐藏起来同时删除该节中包含的控件；删除表示"是否出库"字段的控件；将该窗体的"标题"属性设置为"销售信息管理"，"记录选择器"和"导航按钮"属性设置为"否"，"允许编辑"属性设置为"否"。将该窗体保存为"销售信息管理"。

图 7.52　"销售"窗体

（3）将"客户编号"文本框更改为组合框。右键单击"客户编号"文本框，在弹出菜单中单击"更改为"，然后选择"组合框"，将文本框更改为组合框；在属性表中单击"数据"选项卡，将该文本框的"行来源"属性设置为"SELECT 客户.客户编号 FROM 客户;"。

（4）将"商品编号"文本框更改为组合框。右键单击"商品编号"文本框，在弹出菜单中单击"更改为"，然后选择"组合框"，将文本框更改为组合框；在属性表中单击"数据"选项卡，将该文本框的"行来源"属性设置为"SELECT 库存.商品编号 FROM 库存;"。

（5）在窗体上添加 10 个命令按钮，分别命名为"添加记录"、"修改记录"、"删除记录"、"保存记录"、"撤消记录"、"查找记录"、"打印记录"、"打印报表"、"导出报表"以及"关闭窗口"，对这些控件的标题也进行相同的设置。"销售信息管理"窗体布局效果如图 7.53 所示。

图 7.53　"销售信息管理"窗体

（6）通过直接输入 SQL 语句创建以下查询。

①"更新库存 2"更新查询，其功能是用当前"销售信息管理"窗体上的销售数据来更

新"库存"表中的相应字段，所用 SQL 语句为：

UPDATE 库存 SET 库存数量 = 库存数量 – [Forms]![销售信息管理]![销售数量]，
库存金额 = 库存金额 – [Forms]![销售信息管理]![销售金额]
WHERE 商品编号 = [Forms]![销售信息管理]![商品编号]；

② "更新出库"更新查询，其功能是将当前"销售信息管理"窗体上未出库订单记录的"是否出库"字段值更改为–1（True），所用 SQL 语句为：

UPDATE 销售 SET 是否出库 = –1
WHERE 订单编号 = [Forms]![销售信息管理]![订单编号]；

③ "按订单编号查询销售"选择查询，其功能是根据当前"进货信息管理"窗体上的"订单编号"字段值查询其他各字段的值，为创建报表提供数据，所用 SQL 语句为：

SELECT 销售.* FROM 销售
WHERE (((销售.订单编号)=[Forms]![销售信息管理]![订单编号]))；

（7）创建两个报表，分别命名为"按订单编号查询销售"和"销售报表"，前者是基于"按订单编号查询销售"选择查询创建的，查询结果中仅包含当前进货订单信息，后者则是基于"销售"表创建的，查询结果中包含所有发货订单信息。

（8）创建响应各个命令"单击"事件的宏，所用方法步骤与实现进货信息管理功能时使用的方法步骤类似。这里仅介绍创建单击"保存记录"时执行的嵌入宏的操作步骤：在"设计"视图中单击"销售信息管理"窗体上的"保存记录"按钮，在属性表的"事件"选项卡中单击"单击"属性框右侧的 按钮，在"选择生成器"对话框中单击"宏生成器"，然后在宏生成器中设置这个嵌入宏包含的宏操作，如图 7.54 所示。

图 7.54   单击"保存记录"按钮时所执行的宏

这个嵌入宏由以下操作组成。

OnError 操作：指定宏出现错误时如何处理。

第 1 个 If 程序块：如果当前商品库存数量大于销售数量，则保存销售记录，否则弹出消息框提示库存不足信息，然后停止宏运行。

第 2 个 If 程序块：如果当前销售订单中的商品尚未出库，则执行"更新库存 2"更新查询以更新库存数量和库存金额，继而执行"更新出库"更新查询，将当前销售订单记录的"是否出库"字段更改为 True（以防止重复出库）。

第 3 个 If 程序块：如果宏出现错误，则弹出消息框显示出错信息。

（9）完成销售信息管理功能模块后，对该窗体上的各个命令按钮进行测试。

4. 实现库存信息管理功能

如前所述，由于库存信息已经在进货和销售过程中得到了更新，所以在库存信息管理功能中并不需要包含更新操作，而只需要提供库存信息的查询和打印功能即可。为了实现库存信息的查询和打印功能，还必须创建相关的查询和报表对象。

（1）在"创建"选项卡的"窗体"组中单击"窗体设计"命令，此时将在"设计"视图中打开一个空白窗体；将该窗体的"标题"属性设置为"库存信息管理"，"记录选择器"和"导航按钮"属性设置为"否"，将该窗体保存为"库存信息管理"。

（2）在该窗体上添加 3 个组合框控件，分别命名为"商品编号"、"拼音码"和"仓库"，对 3 个附加标签的"标题"属性也进行相应的设置；将这 3 个组合框的"行来源类型"属性均设置为"表/查询"，将它们的"行来源"属性分别设置为以下 SQL 语句：

SELECT 库存.商品编号 FROM 库存;

SELECT 库存.拼音码 FROM 库存;

SELECT DISTINCT 库存.仓库 FROM 库存;

其中 DISTINCT 关键字用来过滤掉选定字段中包含重复数据的记录。

（3）在"创建"选项卡的"查询"组中单击"查询设计"命令，不添加任何表和查询，直接在"SQL"视图中输入以下语句：

SELECT 库存.商品编号, 库存.商品名称, 库存.单位, 库存.仓库, 库存.库存数量, 库存.库存价格, 库存.库存金额, 库存.拼音码

FROM 库存 INNER JOIN 商品 ON 库存.商品编号 = 商品.商品编号

WHERE (((库存.商品编号)=[Forms]![库存信息管理]![商品编号]) AND ((库存.仓库)=[Forms]![库存信息管理]![仓库]) AND ((InStr([库存].[拼音码],[Forms]![库存信息管理]![拼音码]))>0))

OR ((([Forms]![库存信息管理]![商品编号]) Is Null) AND (([Forms]![库存信息管理]![仓库]) Is Null) AND (([Forms]![库存信息管理]![拼音码]) Is Null))

OR (((库存.仓库)=[Forms]![库存信息管理]![仓库]) AND ((InStr([库存].[拼音码],[Forms]![库存信息管理]![拼音码]))>0) AND (([Forms]![库存信息管理]![商品编号]) Is Null))

OR (((库存.商品编号)=[Forms]![库存信息管理]![商品编号]) AND ((InStr([库存].[拼音码],[Forms]![库存信息管理]![拼音码]))>0) AND (([Forms]![库存信息管理]![仓库]) Is Null))

OR (((库存.商品编号)=[Forms]![库存信息管理]![商品编号]) AND ((库存.仓库)=[Forms]![库存信息管理]![仓库]) AND (([Forms]![库存信息管理]![拼音码]) Is Null))

OR (((InStr([库存].[拼音码],[Forms]![库存信息管理]![拼音码]))>0) AND (([Forms]![库存信息管理]![商品编号]) Is Null) AND (([Forms]![库存信息管理]![仓库]) Is Null))

OR (((库存.商品编号)=[Forms]![库存信息管理]![商品编号]) AND (([Forms]![库存信息管理]![仓库]) Is Null) AND (([Forms]![库存信息管理]![拼音码]) Is Null))

OR (((库存.仓库)=[Forms]![库存信息管理]![仓库]) AND (([Forms]![库存信息管理]![商品编号]) Is Null) AND (([Forms]![库存信息管理]![拼音码]) Is Null));

将该查询保存为"库存商品查询"。

（4）基于"库存商品查询"创建一个报表，将该报表保存为"库存商品查询报表"。

（5）在该窗体上添加两个命令按钮，分别命名为"查询"和"打印"。

（6）在该窗体上添加一个子窗体控件，将其命名为"库存商品查询 子窗体"，将其"记录源"属性设置为以下 SQL 语句：

"SELECT [库存商品查询].[商品编号], [库存商品查询].[商品名称], [库存商品查询].[单位],
[库存商品查询].[仓库], [库存商品查询].[库存数量], [库存商品查询].[库存价格],
[库存商品查询].[库存金额], [库存商品查询].[拼音码] FROM 库存商品查询;"

将该子窗体的"是否锁定"属性设置为"是"。此时，"库存信息管理"窗体的运行效果如图 7.55 所示。

图 7.55　"库存信息管理"窗体

（7）在宏生成器中设置单击"查询"按钮时所执行的宏，如图 7.56 所示。这个宏仅包含一个 Requery 操作，其功能是通过重新查询数据源来更新子窗体中的数据

图 7.56　单击"查询"按钮时所执行的宏

（8）在宏生成器中设置单击"打印"按钮时所执行的宏，如图 7.57 所示。这个宏包含两个操作，首先通过执行 OpenReport 操作在"打印预览"视图中打开"库存商品查询报表"，然后对该报表执行"打印"命令。

图 7.57　单击"打印"按钮时所执行的宏

（9）完成"库存信息管理"窗体创建后，对其功能进行测试。

➤ 知识与技能

在本任务中，针对"进销存管理"数据库中的"商品"、"供应商"、"客户"、"进货"、"销售"和"库存"表，分别创建了一些查询、报表、宏和窗体对象。通过这些数据库对象的相互协同作用，最终实现了进销存数据管理系统的各项功能。

下面对各种数据库对象的应用情况做一个简要的归纳。

（1）表。表是数据库中最重要的基础对象，它包含数据库中的所有数据，其他数据库对象（例如查询和报表等）都是依赖于表而存在的。在本项目中，"进销存管理"数据库中一共有 9 个表，可以分为系统表和用户数据表两类，系统表包括"系统用户"、"系统窗体"和"系统权限" 3 个表，用户数据表包括"商品"、"供应商"、"客户"、"进货"、"销售"和"库存"表 6 个表。在相关的表之间可以创建关系。

（2）窗体。窗体提供了用来处理数据的用户界面，窗体上通常包含一些可执行各种命令的命令按钮和其他控件，可以用来查看、录入和编辑表中的数据。在实际应用中，可以根据具体情况来选择窗体的种类。例如，在实现进销存数据管理功能时，由于表中包含的字段比较多，通常可以选择分割窗体对表中数据进行处理。窗体上的大多数字段可以使用文本框来表示，但某些字段也可以使用组合框或复选框来表示。至于想通过窗体执行的功能则需要命令按钮来实现。一般情况下，数据处理功能应包括添加记录、修改记录、删除记录、保存记录、撤消记录以及打印记录等。除了对作为窗体记录源的表进行操作外，有时还需要对相关的表进行操作。例如，"进货信息管理"窗体不仅对进货数据进行处理，也对库存数据进行更新；"销售信息管理"窗体上不仅对销售数据进行处理，也对库存数据进行查询和更新，库存不足则不能销售，完成销售后则要减少库存数量。

（3）查询。查询分为选择查询和动作查询两种基本类型。选择查询仅仅检索数据以供使用，既可以在屏幕中查看查询结果，也还可以将查询结果用作窗体或报表的记录源，还可以将结果打印出来或者导出到其他文件中。动作查询用于对数据执行某些操作任务，可以用来向现有表中添加数据，也可以更新数据或者删除数据。在本项目中查询的应用比比皆是，例如一些报表是通过选择查询作为记录源来创建的，窗体上的组合框的记录源是选择查询，而修改库存的操作是通过更新查询来实现的。

（4）报表。通常将报表的格式设置为适合打印的格式，但是报表也可以在屏幕进行查看、导出到其他程序或者以电子邮件的形式发送。在本项目中，对各种数据基本上都设置了打印报表和导出报表功能。

（5）宏。宏可以视为一种简化的编程语言，通过宏可以向数据库中添加许多有用的功能。宏是由一个或多个操作组成的集合，其中每个操作用来自动完成特定的任务。在本项目中，对于添加到窗体上的每个命令按钮都创建了嵌入宏。这样每次单击这些按钮时，所附加的宏就会运行。宏是各种数据库对象之间的纽带。通过宏可以将窗体、查询和报表联系起来，通过宏可以打开报表、打印报表、导出数据、运行查询，也可以关闭窗口、关闭数据库或者设置窗体及控件的属性值。大多数手动执行的数据库操作都可以利用宏自动执行，因此宏是非常省时的方法。在 Access 2010 中，创建宏时可以使用 If 程序块（根据需要还可以添加 Else If 或 Else），为设计选择结构程序带来很大方便。利用 If 程序块可以根据某种条件有选择地执行操作任务，即在满足该条件时执行一些操作，不满足条件时执行另一些操作。设置某些宏操作的参数时需要指定某个查询或报表的名称，必须事先创建相应的查询或报表。

任务 7.4　集成进销存管理系统

➤ 任务描述

通过前面 3 个任务的实施，已经按照设计要求在"进销存管理"数据库中创建了一系列表、查询、报表和窗体等对象。但是，出于系统安全的考虑，这些数据库对象在日常进销存管理中并不能对用户直接开放。为了更好地使用数据库进行进销存管理，在本任务中将通过创建宏、自定义功能区以及设置启动选项将这些数据库对象组合起来，从而形成一个使用方便、权限分明的信息管理系统，允许用户按照自己的权限来使用相关的系统管理功能。

➤ 实现步骤

在本任务中，首先在"进销存管理"数据库中创建一组命名宏，然后对 Access 2010 的功能区进行自定义，最后还要对数据库的各种启动选项进行设置。

1. 创建命名宏

宏在系统集成过程中起着关键性的作用。通过宏可以直接打开窗体（例如"用户登录"、"用户注册"等），也可以先检查用户是否具有使用指定窗体的权限，若用户拥有此权限，则可以使用相关的系统管理功能，否则拒绝使用。

（1）创建"用户登录"宏。在"创建"选项卡的"代码与宏"组中单击"宏"命令，在宏生成器中创建一个宏，添加 OpenForm 操作，指定"窗体名称"参数为"用户登录"，然后将这个宏保存为"用户登录"，如图 7.58 所示。

图 7.58　创建"用户登录"宏

（2）创建"用户注册"宏。在"创建"选项卡的"代码与宏"组中单击"宏"命令，在宏生成器中创建一个宏，添加 OpenForm 操作，指定"窗体名称"参数为"用户注册"，然后将这个宏保存为"用户注册"，如图 7.59 所示。

图 7.59　创建"用户注册"宏

（3）创建"退出系统"宏。在"创建"选项卡的"代码与宏"组中单击"宏"命令，在宏生成器中创建一个宏，添加一个 If 程序块，并设置条件表达式和满足这个条件时所执行的操作（QuitAccess），然后将这个宏保存为"退出系统"，如图 7.60 所示。

图 7.60　创建"退出系统"宏

（4）创建"商品信息管理"宏。在"创建"选项卡的"代码与宏"组中单击"宏"命令，在宏生成器中创建一个宏，添加一个 If 程序块，通过 DLookUp 函数检查当前用户对"商品信息管理"窗体（窗体编号为 1）是否拥有访问权，若有则通过执行 OpenForm 操作打开"商品信息管理"窗体，否则通过执行 MessageBox 操作弹出消息框显示提示信息，然后将这个宏保存为"商品信息管理"，如图 7.61 所示。

图 7.61　创建"商品信息管理"宏

提示

　　在"用户登录"窗体中输入正确的用户名和密码后，就可以登录到系统，此时会将用户编号保存到临时变量 UserID 中，这个变量会一直保存下来，直到关闭数据库。因此，可以通过这个变量的值来获取当前用户的各项信息。

（5）参照步骤（4）中的方法，创建其他几个宏，它们的名称分别是"供应商信息管理"、"客户信息管理"、"进货信息管理"、"销售信息管理"、"库存信息管理"以及"系统权限管理"。这些宏的组成结构与"商品信息管理"宏的组成结构相同，只是在 If 程序块的条件表达式中窗体编号各不相同。

2. 自定义功能区

　　在 Access 2010 中，在导航窗格中双击某个宏即可执行它。但是，出于安全原因，对于前面创建的这些命名宏却不能使用这种方式来运行。对于这些命名宏，必须使用另外一种方式来运行，即通过对 Access 2010 的功能区进行自定义，创建新的选项卡和新的命令组，并将这些命名宏添加到新建的命令组中。用户通过在这些命令组中单击相关命令即可执行宏。

　　对 Access 2010 功能区进行自定义的操作步骤如下。

（1）单击"文件"选项卡，单击"选项"。

（2）在"Access 选项"对话框中单击"自定义功能区"。

（3）单击"新建选项卡"按钮，此时将出现"新建选项卡（自定义）"，这个新建选项卡下方有一个"新建组（自定义）"，如图 7.62 所示。

图 7.62　在功能区创建新选项卡

（4）单击这个新选项卡，单击"重命名"按钮，将该选项卡改名为"进销存管理系统"。

（5）单击"进销存管理系统"选项卡下方的"新建组（自定义）"，单击"重命名"按钮，将该组改名为"系统管理"。

（6）通过单击"新建组"按钮在"进销存管理系统"选项卡下方创建两个命令组，并重命名为"基本信息管理"和"进销存数据管理"。

（7）在"从下列位置选择命令"下拉列表框中选择"宏"，然后将各个宏分别添加到 3 个自定义命令组中，并通过重命名为每个命令选择一个图标，如图 7.63 所示。

图 7.63　将宏添加到自定义命令组中

（8）将原有的各主选项卡都隐藏起来，只保留自定义的"进销存管理系统"选项卡，单击"确定"按钮。此时的应用程序窗口界面如图 7.64 所示。

图 7.64　"进销存管理系统"选项卡及其包含的自定义命令组

3. 设置数据库的启动选项

对功能区进行自定义后，还需要对当前数据库的启动选项进行设置，以指定应用程序标题和图标，设置打开 Access 应用程序时显示的窗体，隐藏导航窗体和其他选项卡等。具体操作步骤如下。

（1）单击"文件"选项卡，单击"选项"命令。

（2）在"Access 选项"对话框中选择"当前数据库"，在"应用程序选项"下指定应用程序的标题和图标，并选取"用作窗体和报表图标"复选框，如图 7.65 所示。

图 7.65　设置应用程序的标题和图标

（3）在"文档窗口选项"下，选取"重叠窗口"复选框，取消"使用 Access 特殊键"（以防止按 F11 键显示或隐藏导航窗格等）。

（4）在"导航"下，取消"显示导航窗格"复选框，取消"允许全部菜单"和"允许默认快捷菜单"复选框。

（5）完成以上设置后，单击"确定"按钮，关闭"Access 选项"对话框；当弹出如图 7.66 所示的对话框时，单击"确定"按钮。

图 7.66　完成选项设置时弹出的对话框

（6）关闭并重新打开当前数据库，使指定的选项生效。此时将看到的"进销存管理系统"窗口，如图 7.67 所示。

图 7.67　最终完成的进销存管理系统

➤ **知识与技能**

在 Access 2010 中，可以从一个集中位置为当前数据库设置用户选项。下面介绍一些常用的数据库用户选项。

1. 为当前数据库自定义选项

完成数据库管理系统开发后，可以为当前应用程序或数据库快速自定义的一些功能包括如何显示应用程序名称和徽标、如何显示对象窗口以及如何管理文件。操作步骤如下：从当前打开的数据库中，单击"文件"选项卡；单击"选项"，然后从"应用程序选项"中选择设置以下各项。

（1）"应用程序标题"：指定要在当前数据库的 Windows 标题栏中显示的自定义名称。

（2）"应用程序图标"：为当前数据库选择图标。可以输入图标文件的名称（.ico），也可以单击"浏览"定位图标文件。所选图标将显示在 Windows 标题栏中。

（3）"用作窗体和报表图标"：选择此选项时，应用程序图标将显示在当前数据库的所有窗体和报表选项卡中。如果未启用文档选项卡，则不会显示该图标。

（4）"显示窗体"：指定当前数据库打开时显示的窗体。如果不希望打开数据库时显示任何窗体，则保留默认设置"(无)"。在本项目中，设置"登录窗体"在打开数据库时显示。

2. 选择有关对象窗口的显示方式

在 Access 的以前版本中，所有对象都在自己的窗口中打开，使用多个窗口就需要不断地调整窗口的大小。Access 2010 提供了一个选项，可以将所有打开的对象显示在沿对象窗口顶部排列的一组选项卡中。选择此选项时，只需单击所需选项卡即可更方便地在打开的对象之间切换。可以在"当前数据库"类别的"文档窗口选项"区域中设置下列显示选项。

（1）"重叠窗口"：选择此选项时，多个打开的对象会重叠显示，即一个对象在另一个对象的上方。

（2）"选项卡式文档"：选择此选项时，一次只能看到一个对象，即使打开多个对象也是如此。

（3）"显示文档选项卡"：如果选择"选项卡式文档"选项，还可以选择此选项以显示所有打开对象的选项卡。可以使用"选项卡式文档"设置，而不显示文档选项卡。当用户需要一次使用一个对象时，此设置很有用。如果清除此选项，请确保包含其他导航选项，以允许用户切换到其他对象。

提示

　　建议在数据库管理系统开发阶段选择使用"选项卡式文档"，等到系统开发完成之后，则可以改为"重叠窗口"显示方式。

3. 启用 Access 键盘快捷方式

选择"使用 Access 特殊键"选项时，用户将能够在当前数据库中使用下列键盘快捷方式：按 F11 键显示或隐藏导航窗格。完成系统开发后，为了防止用户未经授权查看基础表和其他对象，应清除"使用 Access 特殊键"选项。

按[Ctrl+G]组合键在 Visual Basic 编辑器中显示"立即"窗口。

按[Alt+F11]组合键启动 Visual Basic 编辑器。

4. 为当前数据库选择导航选项

在 Access 2010 中，可以从下列选项为当前应用程序自定义导航。

（1）"显示导航窗格"：如果清除此选项，则打开当前数据库时将不显示导航窗格。开发完成时，为了保证系统数据的安全性，建议选择此选项。

（2）"导航选项"：选择此选项时，可以更改导航窗格中显示的类别和组，并设置有关对象在当前数据库中打开方式的选项。在开发阶段，若要显示隐藏对象和系统对象，则应对此选项进行设置。

（3）"功能区名称"：为自定义功能区组选择名称。

（4）"快捷菜单栏"：设置或更改快捷菜单的默认菜单栏。

（5）"允许全部菜单"：如果清除此复选框，功能区上将仅显示"开始"选项卡。此外，当单击"文件"选项卡时，"保存"和"另存为"命令将不可用。

（6）"允许默认快捷菜单"：打开或关闭右键单击导航窗格中的数据库对象或者右键单击

窗体或报表上的控件时出现的快捷（弹出）菜单。

完成上述设置后，必须关闭然后重新打开当前数据库，指定的选项才能生效。

项目小结

本项目从设计和实现数据库开始，一步一步地完成了进销存管理系统的开发过程。

在整个开发过程中，各个数据表是开发工作的出发点和落脚点，各项数据的查询和增删改操作是开发工作要实现的主要目标。

窗体的制作始终是一条主线，各项系统功能都是通过窗体来完成的。窗体为数据处理提供了用户界面，实际操作过程本身则是在宏、查询和报表等对象的协同之下实现的。

宏主要用于响应窗体控件的事件，查询用于选择、添加、删除或更新数据，报表则用于打印输出数据。

为了操作的便利并保证数据的安全性，还必须通过系统集成将所有数据库对象相互联系起来构成一个完整的信息管理系统。

项目思考

一、填空题

1. 用户注册实质是＿＿＿＿＿＿＿＿＿＿过程，这个过程通过＿＿＿＿＿＿＿＿＿＿语句实现。

2. 在用户登录中，可通过＿＿＿＿＿＿＿＿＿＿＿＿函数来验证用户名和密码。

3. 在用户登录中，用户名和密码通过验证后可通过＿＿＿＿＿＿＿＿宏操作来保存当前用户名。

4. 重置密码实质上是＿＿＿＿＿＿＿＿＿＿过程，这个过程通过＿＿＿＿＿＿＿＿语句实现。

5. 要禁止对"系统权限管理 子窗体"中的数据进行修改，应在属性表中将子窗体控件的＿＿＿＿＿属性设置为"是"；要解除对该子窗体中数据的锁定，应在 SetValue 宏操作中将该子窗体的＿＿＿＿＿属性设置为 False。

6. 在"系统权限管理"窗体上，要将"用户编号"组合框设置第 1 项作为默认值，应将"默认值"属性设置为＿＿＿＿＿＿＿＿＿＿＿。

二、选择题

1. 要在响应"添加记录"按钮的"单击"事件时添加一条空白记录，应在嵌入宏中添加（　　）宏操作。

　　A. AddRecord　　　　　　　　　　B. NewRecord

　　C. GoToRecord　　　　　　　　　　D. InsertRecord

2. 要在"用户登录"窗体上对用户名和密码进行验证，可在 If 条件表达式中使用（　　）函数。

　　A. DCount　　　　　　　　　　　　B. DLookUp

　　C. CheckUser　　　　　　　　　　D. CheckPassword

3. 要在通过用户名和密码验证后保存当前用户名，可使用（　　）宏操作。

　　A. SetValue　　　　　　　　　　　B. SetTempVar

　　C. SaveUserName　　　　　　　　　D. SaveValue

4. 要在通过用户名和密码验证后保存当前用户名，可使用（　　）宏操作。

　　A. SetValue　　　　　　　　　　B. SetTempVar

　　C. SaveUserName　　　　　　　　D. SaveValue

5. 在"进货信息管理"窗体上，要求选择商品编号后自动填写商品名称、拼音码和单位字段值，为此应针对"商品编号"组合框的（　　）事件创建嵌入宏。

　　A. "单击"　　　　　　　　　　　B. "更改"

　　C. "更新前"　　　　　　　　　　D. "更新后"

三、简答题

1. 进销存管理系统有哪些功能？

2. 进销存管理系统需要哪些表？

3. 使用进销存管理系统的用户分为哪两类？

4. 如何实现进销存管理系统的集成？

 ## 项目实训

参考本项目安排一次课程设计，开发一个信息管理系统。具体内容自定，例如可以是"图书管理系统"或"酒店管理系统"等。

1. 进行需要分析，确定系统功能模块划分，完成数据库的设计和实现。

2. 实现各个系统功能模块。

3. 实现信息管理系统集成。